Jeffrey A. Krames

Peter Druckers kleines Weißbuch

Folgende Titel sind bisher in der Financial Times Deutschland Bibliothek erschienen:

Bernard Baumohl
Die Geheimnisse der Wirtschaftsindikatoren

Jean-Louis Bravard / Robert Morgan
Intelligentes und erfolgreiches Outsourcing

Michael Brückner
Uhren als Kapitalanlage

Michael Brückner
Megamarkt Luxus

Rolf Elgeti
Der kommende Immobilienmarkt in Deutschland

Hans Joachim Fuchs
Die China AG

Charles R. Geisst
Die Geschichte der Wall Street

Adrian Gostick / Chester Elton
Zuckerbrot statt Peitsche

Robert L. Heilbroner
Die Denker der Wirtschaft

Leander Kahney
Steve Jobs' kleines Weißbuch

Steffen Klusmann
101 Haudegen der deutschen Wirtschaft

Steffen Klusmann
Töchter der deutschen Wirtschaft

Dr. Karin Kneissl
Der Energiepoker

Jeffrey K. Liker
Der Toyota Weg

Jeffrey K. Liker / David P. Meier
Praxisbuch „Der Toyota Weg"

Jeffrey K. Liker / David P. Meier
Toyota Talent

Carolin Lüdemann
Business mit Stil

Paul Millier
Auf dem Prüfstand

Geoffrey A. Moore
Darwins Erben

Howard Moskowitz / Alex Gofman
Selling Blue Elephants

Peter Navarro
Das komplette Wissen der MBAs

Daniel Nissanoff
FutureShop

J. Porras, S. Emery, M. Thompson
Der Weg zum Erfolg

Joachim Schwass
Wachstumsstrategien für Familienunternehmen

www.finanzbuchverlag.de/ftd

Jeffrey A. Krames

Peter F. Druckers kleines Weißbuch

Quintessenzen aus dem Lebenswerk eines außergewöhnlichen Denkers

FinanzBuch Verlag

Bibliografische Information der Deutschen Bibliothek:
Die Deutsche Bibliothek verzeichnet diese Publikation in der Deutschen Nationalbibliografie; detaillierte bibliografische Daten sind im Internet über http://dnb.ddb.de abrufbar.

Die Originalausgabe erschien 2008 unter dem Titel „Inside Drucker's Brain" bei Portfolio.

This edition published by arrangement with Portfolio, a member of Penguin Group (USA) Inc.

Übersetzung: Wolfgang Seidel
Lektorat: Marion Reuter
Satz und Druck: Druckerei Joh. Walch, Augsburg

Krames · Peter Druckers kleines Weißbuch
1. Auflage 2009
© 2009
FinanzBuch Verlag GmbH
Nymphenburger Straße 86
80636 München
Tel.: 089 651285-0
Fax: 089 652096

Die Autoren erreichen Sie unter:
krames@finanzbuchverlag.de

ISBN 978-3-89879-462-6

Inhalt

Einführung

Auf der Suche nach Peter Drucker

Gerade von Peter Drucker zu hören, hatte ich an jenem Montagmorgen Anfang November 2008 bestimmt am wenigsten erwartet. Schließlich hatte ich noch nie direkten Kontakt mit ihm aufgenommen und bis heute habe ich nicht herausfinden können, wie er an meine Telefonnummer gekommen ist. Als Lektor und Verleger hatte ich mich in über zweiundzwanzig Berufsjahren schon mit vielen prominenten Autoren unterhalten, aber nun war *Peter Drucker* persönlich am anderen Ende der Leitung.

Ich versuchte zu begreifen, was er sagte. Er stand kurz vor seinem vierundneunzigsten Geburtstag uns sowohl seine Artikulation als auch sein Hörvermögen hatten gelitten – wegen seines ausgeprägten Wiener Akzents waren seine Worte nicht so leicht zu verstehen. Er selbst sprach viel zu laut und obwohl ich meine Antworten praktisch in den Telefonhörer hineinschrie, konnte er mich nicht hören. Offenbar war er sehr aufgebracht und ich konnte mir leicht zusammenreimen, dass ich derjenige war, der ihn so aus der Fassung gebracht hatte.

Zur Erklärung blicke ich kurz zurück: Nachdem ich etliche Bücher über Jack Welch, den früheren langjährigen Vorstandsvorsitzenden des amerikanischen Großkonzerns General Electric herausgebracht und teilweise selbst geschrieben hatte, spukte seit ungefähr vier Jahren der Plan, auch ein Buch über Peter Drucker zu verfassen, in meinem Kopf herum. Eine ganze Reihe von Welchs besten Ideen gingen auf Drucker zurück – das gilt auch für etliche andere Manager und Wirtschaftsautoren –, daher dachte ich mir, es wäre an der Zeit, sich einmal direkt mit dem Urheber dieser Konzepte zu beschäftigen.

Obwohl Drucker rund drei Dutzend Bücher über Wirtschaft und Gesellschaft verfasst hat, hatte ich den Eindruck, dass das maßgebliche Buch über Drucker bisher noch nicht geschrieben worden war. Es war keineswegs meine Absicht, eine Biografie über Drucker zu schreiben, denn ich plante ein Buch, das zwei Ziele erreichen sollte: Erstens wollte ich Druckers wichtigsten Aussagen über Management sowie dic für ihn typischen Strategien vorstellen und darüber hinaus aufzeigen, dass seine Vorgehensweisen heute noch genauso aktuell und nützlich sind wie zu der Zeit, als Drucker sie erstmals formulierte. Zweitens sollte es zeigen, dass viele Bestseller der vergangenen zwanzig Jahre auf Druckers Grundideen beruhen. In meinen Augen besteht seine bedeutendste Leistung darin, dass er zum Thema Management praktisch im gleichen Atemzug die innere Einstellung wie die methodische Vorgehensweise geliefert hat. Bei Drucker dreht sich alles darum, dass Manager lernen, die richtigen Fragen zu stellen. Sie sollen ihren Horizont erweitern, indem sie weiter blicken als auf das, was sie zu kennen und zu beherrschen glauben. Sie sollen über Vergangenheit und Gegenwart hinaussehen, damit sie wenigstens einen Schimmer dessen erhaschen, was sie in der Zukunft erwartet.

Auch wenn Druckers Anruf mich an jenem Novembermorgen ziemlich unverhofft erwischte, kam er dennoch keineswegs aus heiterem Himmel. Die Initiative zu diesem Kontakt war von mir ausgegangen, allerdings hatte ich nicht ihn direkt, sondern einen seiner Verleger angesprochen. Drucker ist bekannt dafür, dass er wie ein Schießhund über seine Autorenrechte wacht und eventuelle Copyright-Verletzungen mit advokatenmäßiger Unerbittlichkeit verfolgt. Deshalb bin ich davon ausgegangen, dass ich um eine Teilabdruckgenehmigung für etwas längere Zitate aus seinen Werken hart würde ringen müssen. Um dies auszutesten, hatte ich Ausschnitte aus einem seiner früheren Bücher ausgewählt und bat den betreffenden Verlag schriftlich um eine Abdruckgenehmigung.

Daher war ich angenehm überrascht, als sein Verleger Truman Talley mir die Genehmigung für das eingesandte Material gegen eine Gebühr von zweihundert Dollar erteilte. *Das war ja nicht so schwer*, dachte ich mir. Allerdings wusste ich zu dem Zeitpunkt noch nicht, was ich mit meiner Anfrage unbeabsichtigt ausgelöst hatte. Nachdem der Verleger die Abdruckgenehmigung erteilt hatte, muss er Peter Drucker angerufen haben, um ihn von dem Vorgang in Kenntnis zu setzen. Das ist keineswegs unüblich, da Drucker persönlich der Inhaber des Copyrights war.

Ein paar Tage nachdem ich den Brief mit der Genehmigung erhalten hatte, ereigneten sich bei mir zu Hause merkwürdige Dinge. Meine Frau erzählte mir, dass sie mehrmals von einem Anrufer am Telefon belästigt worden sei, während ich im Büro war.

„Und was wollte dieser Verrückte von dir?", fragte ich sie. Sie sagte, sie könne es nicht genau beschreiben, da sie nichts von dem merkwürdigen Gekrächze verstanden habe.

„Also habe ich einfach aufgelegt", meinte sie achselzuckend und damit war die Sache für sie erledigt. So war es ein paar Mal gegangen, bis ich in der Woche darauf selbst so einen Anruf von dem gleichen Mann entgegennahm und sofort erkannte, dass es sich um alles andere als um einen Telefonscherz handelte. Und ich brauchte auch nicht lange, bis mir klar wurde, dass meine liebe Frau etwas beinahe Unverzeihliches getan hatte: Sie hatte Peter Drucker einfach aus der Leitung geworfen, und zwar nicht nur einmal!

Da Drucker mich an jenem Morgen am Telefon kaum verstehen konnte, fragte ich ihn, ob ich ihm einen Brief schicken und darin alles näher erklären könne. Ich schrieb daraufhin eine Reihe von Briefen an Drucker, aber bereits im ersten erklärte ich ihm ausführlich, was für eine Art von Buch ich über ihn schreiben wollte. Unter anderem sei es meine Absicht, ihn als den Erfinder des Managements und der Managementtheorie schlechthin zu präsentieren; eine derartige Bezeichnung hatte er jahrzehntelang weit von sich gewiesen (machte aber nun keine Anstalten mehr, sich davon zu distanzieren).

Unsere Korrespondenz zog sich zwei Monate lang hin. Wir wechselten etliche Briefe über das Buch und die Frage, wie ich das Thema anpacken wollte. Mitte November erhielt ich ein gesondertes Schreiben von Drucker, in dem er mir die Erlaubnis erteilte, aus allen seinen Büchern nach Gutdünken zu zitieren, und kurz danach lud er mich zu einem ausführlichen Gespräch in sein Haus in Claremont in Kalifornien ein.

Für dieses Interview einigten wir uns auf den 22. und 23. Dezember, sodass wir zwei Tage Zeit hatten, uns über eine große Bandbreite von Themen zu unterhalten. Ich fragte Drucker, ob er vorab eine Liste mit meinen Fragen sehen wolle. Das bejahte er, also verbrachte ich fast eine Woche damit, eine Liste mit etwa zwei Dutzend Fragen sorgfältig auszuformulieren; natürlich waren es die Fragen, die mir im Zusammenhang mit meinem Buch am wichtigsten waren. Als ich Drucker anschließend darum bat, mir zu sagen, ob er mit den Fragen zufrieden war, antwortete er: „Ja und nein."

„Die Fragen sind gut und berechtigt", schrieb er, „aber es sind einfach zu viele." Daher bat Drucker mich, die Anzahl der Fragen auf maximal sechs zu reduzieren. Ich war völlig perplex. Worüber sollten wir denn zwei Tage lang sprechen, wenn lediglich sechs Fragen zu diskutieren waren? Offensichtlich hatte ich Drucker bisher noch nicht „verstanden". Ich sollte später noch begreifen, dass Drucker mühelos in der Lage war, sich einen ganzen Tag lang über jedes beliebige Thema zu unterhalten – von Management über Gesellschaft bis hin zu japanischer Kunst.

Der Tag X: Montag, 22. Dezember 2003, 5.40 Uhr. Ich wurde vom Aufheulen von Flugzeugturbinen geweckt, als große Maschinen die Startbahn entlangdonnerten, und wusste ein paar Sekunden lang nicht, wo ich war. Ich brauchte einige Augenblicke, um mich zu sammeln. Draußen sah ich den makellos strahlend blauen Dezemberhimmel, wie man ihn nur im südlichen Kalifornien findet, tausende von Kilometern vom Graupelwetter in Chicago entfernt.

Während ich schnell unter die Dusche sprang und mir Anzug und Krawatte anzog, ging mir der Gedanke durch den Kopf, dass ich über den

Menschen Peter Drucker eigentlich nur sehr wenig wusste. Ich hatte die meisten seiner Bücher gelesen, kannte seine Unternehmensphilosophie, seine Managementlehren. Die große Mehrzahl seiner fünfunddreißig Bücher beschäftigt sich mit Management und mit Management und Gesellschaft. (Drucker schrieb immer wieder ausführlich über die Beziehungen zwischen Management und Gesellschaft.) Selbst seine umfangreiche Autobiografie *Adventures of a Bystander* (dt.: Zaungast der Zeit, 1981) gibt wenig darüber preis, wer Drucker *wirklich* ist; im Epilog werde ich auf dieses Buch noch etwas ausführlicher eingehen.

Ich griff nach den beiden Aufzeichnungsgeräten, die ich mitgebracht hatte, nahm die Wagenschlüssel und die Bücher und machte mich auf den Weg nach draußen zu meinem Mietwagen. Unterwegs ging mir die ganze Zeit durch den Kopf, wie ich eigentlich hierher gelangt war. Für meine Kollegen in den Wirtschaftsverlagen war Drucker eine einzigartige Person: Er war derjenige, der Management als akademische Disziplin praktisch erfunden hatte und sozusagen gleichzeitig der Chronist ihrer Entwicklung wurde. Aber Drucker hatte auch viele Kritiker, die meinten, er habe an Aktualität und an Relevanz eingebüßt. Und dabei betrachteten nicht nur die üblichen Verdächtigen in den akademischen Zirkeln, denen Drucker immer schon ein Dorn im Auge gewesen war, ihn mittlerweile als „überholt" oder „völlig veraltet". Selbst der Dekan der Peter F. Drucker Graduate School of Management (die im Jahr 2003 in Peter F. Drucker und Masatoshi Ito Graduate School of Management umbenannt wurde) in Claremont vertraute dem Wirtschaftsjournalisten John Byrne von *Business Week* später an: „Die Marke Drucker zieht nicht mehr so recht."

Drucker, der immer sehr selbstbewusst war, hatte höchstwahrscheinlich ähnliches Gegrummel im Hintergrund vernommen. Ich vermutete, dass er sich auch um sein geistiges Vermächtnis Sorgen machte, als er mir dieses Interview gewährt hatte.

Dabei wusste ich, dass die Kritik an Drucker unbegründet war. Nachdem ich mich viele hundert Stunden lang mit der Materie beschäftigt hatte, wurde mir zunehmend klar, dass sich die Presse und die akademischen Kreise ein falsches Bild zurechtgezimmert hatten. Druckers Werke bildeten nach wie vor auch Grundlage vieler anderer Wirtschaftsbestseller, die seit den 1980er-Jahren erschienen sind, als der Boom bei Wirtschaftsbüchern richtig einsetzte.

Tom Peters, der Autor von *In Search of Excellence* (1982), einem der beiden bahnbrechenden Bücher für den gegenwärtigen Wirtschaftsbücherboom, sagte: „Vor Drucker gab es Management als akademisches Lehrfach praktisch nicht." Außerdem sagte Peters: „Drucker war der Erfinder des modernen Managements, er hat es wirklich erst geschaffen. In den frühen 1950er-Jahren verfügte niemand über ein durchdachtes Instrumentarium für diese überkomplex gewordenen Organisationen, wie sie Großunternehmen nun einmal darstellen; sie waren einfach außer Kontrolle geraten. Drucker war der erste, der uns dafür eine Art Gebrauchsanleitung an die Hand gab." Angeblich – und erstaunlicherweise – äußerte Peters sogar einmal, dass man alles, was er (in *Search of Excellence*) geschrieben habe, auch „in der einen oder anderen Ecke" von *The Practice of Management* (dt.: Die Praxis des Managements, 1956) finden könne.

Einer der seriöseren Fachleute für Management und Organisationswissenschaft, Charles Handy, sagte: „Praktisch alles, was es auf diesem Fachgebiet gibt, lässt sich auf Drucker zurückführen." Und Jim Collins, ein weiterer ausgezeichneter Wirtschaftsautor (*Good to Great* – dt.: Der Weg zu den Besten, 2003), zollte Drucker ebenfalls seinen Respekt, indem er ihn den „Wegbereiter im Bereich des Managements" nannte. Außerdem schreibt er, Druckers Leistung sei „gar nicht so sehr eine bestimmte einzelne Idee, sondern vielmehr sein Gesamtwerk, das einen riesigen Vorteil hat. Fast alles, was er zu sagen hat, hat sich als richtig erwiesen".

Auch andere anerkannte Autoren haben Druckers Leistungen und Beiträge gewürdigt, unter anderem Michael Hammer, der Verfasser des Megasellers *Reengineering the Corporation* (dt. 1996), der Drucker als „Helden" bezeichnete. Hammer erzählte seiner Autoren-Kollegin, der Beraterin Elizabeth Haas Edersheim: „Ich bin immer etwas beklommen, wenn ich eines von Druckers frühen Werken zur Hand nehme, weil ich fürchte, ich könnte auf eine Stelle stoßen, wo er eine meiner neuesten Ideen schon vor Jahrzehnten entwickelt hat. Er hat wirklich an alles gedacht." (Elizabeth Haas Edersheim hat jüngst selbst ein Buch unter dem Titel *The Definite Drucker* veröffentlicht.)

In anderen Wirtschaftsbestsellern ist eine Saat aufgegangen, die Drucker in früheren Jahren gesät hat. Neben dem von Michael Hammer und James Champy gemeinsam verfassten *Reengineering the Corporation* gehören dazu *Now Discover Your Strength* von Marcus Buckingham und Donald Clifton, *The Innovator's Dilemma* und *The Innovator's Solution* von Clayton Christensen, *Creative Destruction* von Richard Nolan und David Croson sowie *Execution* von Larry Bossidy und Ram Charan, um nur einige der wichtigsten zu nennen. Wie Drucker die in diesen Veröffentlichungen dargestellten Ideen beeinflusst hat, wird in diesem Buch auch noch ausführlich erörtert werden. „Es ist beinahe frustrierend, dass es kaum ein wirklich wichtiges modernes Managementthema gibt, das nicht bereits früher von Drucker formuliert, wenn nicht sogar entdeckt worden ist", meint James O'Toole, der bekannte Managementexperte, der bis vor kurzem Managing Director des Booz Allen Hamilton Strategic Leadership Center und Vorsitzender des akademischen Beirats dieser Institution war. „Ich sage das sowohl mit einem Ausdruck der Bewunderung als auch mit Bedauern."

Führende Unternehmer wie Michael Dell, der Intel-Gründer Andy Grove und der Gründer von Microsoft, Bill Gates, haben sich immer auf Drucker berufen. (Als Gates gefragt wurde, welche wichtigen Wirtschaftsautoren er gelesen habe, antwortete er prompt: *„Tja, selbstverständlich Drucker."*) Andere Wirtschaftsautoren, die sich der geistigen Urheberschaft und des weitreichenden Einflusses Druckers in ihrem Werk gar nicht bewusst sind, sind weniger geneigt, ihm ihre Reverenz zu erweisen. Drucker erklärte mir, dass ihn all das wenig berühre. Er inspirierte reihenweise Buchautoren und ich denke, das ist genau die Art, wie er sein geistiges Vermächtnis verstanden haben wollte: Und zwar als Ideen, die, in neue Formen umgegossen, über Generationen fortwirken.

Obwohl eigentlich klar ist, dass Drucker sehr vieles von Anfang an richtig gesehen hat, hat die Mehrheit dennoch nicht auf ihn gehört. Seinen Durchbruch erzielte er mit dem vollkommen passend betitelten Buch *The Practice of Management*, weil es das erste Buch überhaupt war, das einem Manager erklärte, wie er managen soll. *„Davor gab es nichts ... nichts war bis dahin zustandegekommen"*, sagte Drucker. Wenn man sich allerdings nur aufgrund dessen ein Urteil bilden würde, was etwa von 1990 an über ihn geschrieben wurde, könnte man den Eindruck gewinnen, Druckers Einfluss sei nicht mehr als eine Modeerscheinung gewesen. Zum Beispiel findet man in den modernen Lehrbüchern über Management nicht mehr als ein oder zwei Fußnoten zu Drucker. Und in den Hochburgen der Managementlehre spielt er heute kaum mehr eine Rolle.

Drucker ist ein Mann von bemerkenswerter Bescheidenheit und er war nie einer von denen, die sich in Selbstlob ergehen. Wenn man ihn fragt, was er eigentlich als seinen Beruf bezeichne, so sagt er schlicht: „Ich bin ein Schriftsteller." Wenn dieser „Schriftsteller" einen neuen Gedanken gefasst hatte, dann schrieb er einfach ein Buch darüber. Er erwähnte mir gegenüber, dass er nie eines seiner früher geschriebenen Bücher wieder lese. Sein Verleger brachte zwar immer mal wieder Neuausgaben seiner Bücher heraus, aber während seiner ganzen beruflichen Laufbahn hat Drucker nie zurückgeblickt, sondern immer nur nach vorne geschaut - im Grunde hat er zeit seines Lebens in jeder Hinsicht genau diese Perspektive eingenommen. Das Vergangene hinter sich zu lassen und Überholtes aufzugeben ist nicht nur eines seiner wesentlichen Managementprinzipien, es steckt sozusagen in Druckers Genen.

Auf der Fahrt zu Druckers Haus ging mir durch den Kopf, dass Drucker nur selten mit anderen Autoren zusammengearbeitet hatte. Einmal hatte er in diesem Zusammenhang bemerkt: „Eines der Geheimnisse, wie man jung bleibt, besteht darin, dass man keine Interviews gibt, sondern sich auf seine Arbeit konzentriert - daran halte ich mich. Es tut mir leid, ich stehe nicht zur Verfügung." Drucker ging rigoros gegen jeden Autor oder Verleger vor, der ohne ausdrückliche Genehmigung seine Texte verwendete. In der Korrespondenz, die meinem Besuch vorausging, hatte Drucker erwähnt, dass er nur deshalb so wachsam sei, weil ein Professor der Harvard Business School einmal drei Kapitel aus einem seiner Bücher ohne Erlaubnis und nicht einmal mit einer Quellenangabe übernommen habe.

Zu Hause hatte Drucker eine ganze Schublade mit vorgedruckten Postkarten vorrätig, die mit „Sekretariat" unterzeichnet waren (in Wirklichkeit war er sein eigener Sekretär); die Postkarten wurden an jeden versandt, der um ein Interview oder ein Testimonial, jene freundlichen Lobhudeleien auf den Umschlagseiten englischer und amerikanischer Bücher, bat: „Mr. Peter F. Drucker bedankt sich für Ihr freundliches Interesse, aber er sieht sich leider außerstande, einen Artikel oder ein Vorwort zu Ihrem Werk beizutragen ... Interviews zu geben oder einen Kommentar zu Ihrem Manuskript zu verfassen ..." Drei Jahre zuvor hatte ich ebenfalls eine dieser Mitteilungen erhalten, als ich ihn um ein Testimonial für mein erstes Buch gebeten hatte.

Wir waren für zehn Uhr an jenem Montagmorgen verabredet und ich hatte eine Dreiviertelstunde Zeitpuffer einkalkuliert für den Fall, dass ich mich trotz der Wegbeschreibung, die Drucker mir gefaxt hatte, verfahren sollte. Und prompt hatte ich mich verfahren. Ich war so in Gedanken versunken, dass ich etliche Kilometer zu weit gefahren war und die Abzweigung, die zu seinem Haus führte, verpasst hatte. Etwas nervös geworden fuhr ich die Strecke zurück, fand zum Glück die richtige Abzweigung und kam kurz vor zehn bei seinem Haus an.

Ich betrachtete für einen Moment das unauffällige Haus. Es wirkte geradezu bescheiden und hätte in jeder beliebigen ruhigen amerikanischen Wohngegend stehen können. Mit seinem sorgfältig gepflegten Garten machte es einen recht anheimelnden Eindruck, aber es hatte seine beste Zeit bereits hinter sich, hier und da blätterte die Farbe ab. War dies wirklich der Ort, an dem er lebte?

Doch selbstverständlich war dies Peter Druckers Heim. Der Theoretiker des Managements hatte gar keine Zeit und noch weniger irgendein Interesse, sich um ein aufwändigeres Haus zu kümmern. Beim Anblick des Hauses musste ich an die Geschichte von Einsteins Anzügen denken. Ich hatte einmal gelesen, dass sie alle identisch waren, damit er niemals auch nur einen Augenblick mit so etwas Banalem wie der Entscheidung, welchen Anzug er tragen sollte, verschwenden musste.

Ich schnappte mir die Aufnahmegeräte, die Bücher und meine Mappe und klopfte an die Tür. Ich hatte unsere Verabredung mehrmals bestätigt und Drucker hatte mir versichert, dass er sich genügend Zeit für unser zweitägiges Interview nehmen würde. Ich war dreitausend Kilometer weit geflogen, um ihn kennenzulernen, deshalb wäre es mir nie in den Sinn gekommen, er könnte nun zum verabredeten Zeitpunkt nicht zu Hause sein. Doch ich wurde eines Besseren belehrt.

Nachdem ich auf mein Klopfen keine Antwort erhielt, klingelte ich. Eine Minute oder zwei vergingen, dann drei, vier, fünf. Nichts tat sich. Ich hatte mich doch wohl nicht im Tag geirrt? Nach einigen Minuten (sie fühlten sich an wie eine Stunde) setzte ich mich wieder in meinen Wagen und suchte nach meinem Mobiltelefon. Ich konnte es einfach nicht glauben. Ich hatte mich seit Monaten auf diesen Tag gefreut, hatte alles arrangiert und jedes Detail bestätigt, aber bis jetzt war von Drucker weit und breit noch nichts zu sehen.

Nachdem ich es bestimmt ein Dutzend Mal hatte läuten lassen, meldete sich Drucker endlich und sagte, er sei „gleich unten“. Kurz danach begrüßte er mich an der Haustür und erklärte, er habe sein Hörgerät entweder nicht eingesetzt oder nicht eingeschaltet.

Im Monat zuvor hatte Drucker seinen vierundneunzigsten Geburtstag gefeiert und man sah ihm dieses hohe Alter deutlich an. Seine ganze äußere Erscheinung wirkte dünn und gebrechlich. Seine Brillengläser waren enorm dick und die Hörgeräte auffällig groß. Aber man brauchte nicht lange, um zu bemerken, dass in diesem altersgebeugten Körper nach wie vor ein messerscharfer Verstand lebendig war. Beim Gehen stützte er sich auf einen Stock, und er bewegte sich sehr viel langsamer, als ich gedacht hatte. Er trug einen bunten Pullover und ein Sakko, doch ich hatte den Eindruck, dass ihm, trotz des schönen, warmen Wetters immer noch kalt war. Auch als er mich mit einem nicht besonders festen Handschlag begrüßte, hatte ich den Eindruck, dass er nicht mehr besonders kräftig war. Obwohl wir in den vergangenen Wochen etliche sehr freundliche Briefe ausgetauscht hatten, kam ich mir anfangs wie ein Eindringling vor, aber dieser Eindruck verflüchtigte sich im Laufe des Tages.

Er führte mich in sein Wohnzimmer zu einem Tisch, von dem aus man einen Blick auf den Swimmingpool hatte, der anscheinend schon seit Jahren nicht mehr benutzt wurde. Weil die Vorhänge größtenteils zugezogen waren, war es in dem Raum etwas düster, daher deutete Drucker auf zwei Lampen, die ich einschalten sollte. Dann nahm ich in dem Sessel Platz, der mir angeboten wurde, und er setzte sich ebenfalls ganz nahe zu mir, keinen halben Meter entfernt. Später erzählte er mir, dass Jack Welch einige Wochen bevor er 1981 Chef von General Electric wurde, im gleichen Sessel wie ich gesessen habe.

Ich legte die beiden Kassettenrekorder und den kleinen Stapel Bücher auf den Tisch. Ich hatte ein halbes Dutzend von Druckers Büchern mitgebracht für den Fall, dass ich etwas nachschlagen oder zitieren wollte. Drucker signierte sie mir später, ohne dass ich ihn ausdrücklich darum gebeten hätte.

Wir hielten uns nicht lange mit Small Talk auf, sondern kamen gleich zur Sache. Ich muss mich korrigieren: Er war es, der gleich zur Sache kam. Obwohl ich sofort meine Aufzeichnungen mit den sechs Fragen, auf die wir uns im Voraus geeinigt hatten, hervorzog und auf den Tisch legte, kam er den ganzen Tag über nicht einmal darauf zu sprechen.

Er hatte sich im Kopf wohl seine eigene Themenliste zurechtgelegt und war nun sehr darauf erpicht, diese sozusagen abzuarbeiten. Als er zu sprechen anfing, wollte ich das Aufnahmegerät einschalten, aber er bat mich, das Gespräch nicht aufzuzeichnen. Ich musste mehrere Anläufe unternehmen, bis er mir nach einer Weile zähneknirschend gestattete, das Tonband laufen zu lassen. Bis jetzt kann ich mir immer noch nicht so recht erklären, warum Drucker eine Scheu vor Tonbandaufzeichnungen hatte. Vielleicht hing es mit seinem schwerfälligen Akzent zusammen. Seine Aussprache klang wie die eines der im Krieg nach Amerika emigrierten Kernphysiker und nicht so, wie man sie sich bei dem brillanten Vordenker einer ganz neuen Wissenschaftsdisziplin vorstellen würde. Außerdem musste er häufig husten und das beschleunigte die Sache auch nicht gerade.

Ich hatte gedacht, ich würde recht nervös sein, aber das war überhaupt nicht der Fall. Ich war einfach zu sehr damit beschäftigt, keine Minute dieser kostbaren Zeit mit ihm ungenutzt verstreichen zu lassen. Wegen Druckers Schwerhörigkeit musste ich meine Fragen und Antworten meistens ein- bis zweimal wiederholen. Die bei weitem häufigste erste Antwort von Drucker auf meine Fragen war eindeutig „Was?“. Dadurch blieb kaum Spielraum für ein bisschen Schlagfertigkeit und Humor, weil ich mich sehr darauf konzentrieren musste, dass er mich überhaupt verstand. Andererseits war sein selbstironischer Humor den ganzen Tag über spürbar. Seine ausgesprochene Bescheidenheit war völlig ungekünstelt und hat mich tief beeindruckt.

Zunächst erzählte er mir von seiner Zeit als junger Mann in Europa und wie er später „völlig zufällig“ an das Thema Management geraten sei; er sei „da einfach hineingestolpert“. Er wies darauf hin, dass er nie als Manager tätig war. „Ich bin der schlechteste Manager überhaupt“, sagte er mit einem ironischen Lächeln. Ich konnte nur schwer sagen, ob ihn diese Feststellung amüsierte oder ob ihn das wurmte.

Er erzählte mir auch, wie es dazu kam, dass ihm nach dem Erscheinen seines ersten erfolgreichen Buches eine akademische Karriere im herkömmlichen Sinn verbaut war. Dieses Buch, *Concept of the Corporation* (dt.: Das Großunternehmen, 1966) wurde in den Vereinigten Staaten erstmals 1946 veröffentlicht; es war die erste großangelegte Untersuchung über ein amerikanisches Großunternehmen überhaupt, über General Motors. Das Buch wurde in den USA und in Japan sofort ein Bestseller und Drucker wurde dadurch so etwas wie eine Ikone. In jener Zeit galt die Veröffentlichung eines massentauglichen Buches in akademischen Zirkeln jedoch als ausgesprochen unseriös und war alles andere als hilfreich für eine Karriere an einer Universität. Einer seiner damaligen Freunde, der Präsident des Bennington College, wo Drucker seinerzeit einen Lehrauftrag hatte, sagte zu ihm: „Peter, dieses Buch beschäftigt sich weder eindeutig mit Führungsfragen noch mit Wirtschaftsfragen. Worauf willst du eigentlich hinaus?" „Damit hatte er vollkommen recht", sagte Drucker zu mir.

Natürlich war es so, dass Peter Drucker letztlich seinen eigenen Weg ging. Weder die Universitäten Harvard noch Stanford erschienen jemals in seinem Lebenslauf, aber das hat er auch nie bedauert: „Die Harvard Business School kam für mich niemals in Frage", erklärte er mir. „Ich war mir völlig im Klaren darüber, dass ich als Dozent dort nicht hingehörte. Außerdem wollte ich ungehindert meine eigenen Bücher schreiben und meine eigene Beratungsfirma behalten. Damals war es Fakultätsmitgliedern an der Business School nicht gestattet, nebenbei eine Beratungstätigkeit durchzuführen. Außerdem war man genötigt, Fallstudien zu schreiben, und daran hatte ich persönlich nicht das geringste Interesse."

Diesen Vormittag bei Drucker werde ich niemals vergessen. Wir unterhielten uns ohne Pause bis es Zeit war, zu Mittag zu essen. Er schlug vor, dass wir zu seinem Lieblingsitaliener in die Stadt fuhren. Also verließen wir sein Haus und als ich ihm beim Einsteigen in meinen Mietwagen half, war ich froh, dass ich mir eine größere Limousine genommen hatte. Während der Fahrt machte er mit mir eine kleine Stadtrundfahrt, wobei er mir auch die Peter F. Drucker Graduate School of Management an der Universität von Claremont zeigte.

Wir mussten den Wagen ein oder zwei Nebenstraßen vom Restaurant entfernt abstellen, weil viele Studenten unterwegs waren und dementsprechend alles zugeparkt war. Drucker stützte sich beim Gehen immer dann auf meinen Arm, wenn wir mehr als ein paar Meter zurücklegen mussten. Seit diesem Tag denke ich mir, es ist einfach unfair was das Alter aus einem Menschen machen kann.

Auch beim Mittagessen führten wir unser Arbeitsgespräch fort, jedenfalls die meiste Zeit. Ich ließ also den Kassettenrekorder mitlaufen und das Interview ging weiter, während Drucker seinen Nudelteller aß. Er sprach über seine große Familie, all seine blitzgescheiten Kinder, die meiner Schätzung nach inzwischen auch schon im mittleren Alter sein mussten. Aber anscheinend nahmen sie wenig oder gar keinen Anteil an dem, was ihr Vater tat. Zwar war ihr Vater der Erfinder des Managements, aber offensichtlich waren sie alle mit ihrem eigenen Berufsleben zu stark beschäftigt, um dies zu würdigen. Doch für Drucker, der seine europäische Prägung nie verloren hatte, schien es ganz normal zu sein, dass seine Kinder als Ärzte und in anderen Berufen ihren eigenen Weg gingen. Er sagte mir, es hätte ihn überrascht, wenn sie mehr als ein vorübergehendes Interesse an seinem Werk gezeigt hätten.

Die einzige Gelegenheit, bei der ich in der ganzen Zeit, die ich mit Drucker verbrachte, so etwas wie eine Gedächtnislücke feststellen konnte, ergab sich während dieses Mittagessens. Er hatte sich rasch für eine bestimmte Vorspeise entschieden, doch als sie von der Kellnerin gebracht wurde, war er sich sicher, er hätte etwas anderes bestellt. Es dauerte dann auch nicht lange bis er merkte, dass er sich geirrt hatte. Davon abgesehen war sein Geist glasklar, wie ich seinen schlagfertigen Antworten auf alle meine Fragen und seinen überaus deutlichen Erinnerungen an vergangene Dinge entnehmen konnte.

Nach dem Mittagessen fragte Drucker mich, ob ich ihm bei einer Besorgung behilflich sein könnte. „Selbstverständlich“, antwortete ich. „Sagen Sie mir nur, wo wir hinfahren sollen.“ Er erklärte mir daraufhin sogleich: „Ich müsste noch ein Weihnachtsgeschenk für meine Frau besorgen.“ Er war seit siebzig Jahren mit seiner Frau Doris verheiratet. Ich wusste, dass sie ebenfalls eine erfolgreiche Autorin und Unternehmerin war, die an der London School of Economics studiert hatte. Während ich draußen im Wagen vor einem Confiserie-Geschäft wartete, wo Drucker Pralinen einkaufte („Ich schenke ihr jedes Jahr Pralinen", gestand er), fiel mir plötzlich ein, dass ich seine Frau Doris den ganzen Vormittag über nicht zu Gesicht bekommen hatte.

Nachdem ich lange gewartet hatte (drei Tage vor Weihnachten schien die ganze Stadt nach Pralinen Schlange zu stehen), fuhren wir zu ihm nach Hause zurück und machten da weiter, wo wir unterbrochen hatten. Nachdem wir am Vormittag vor allem biografische Themen behandelt hatten, konnten wir uns nun anderen interessanten Themen widmen (die allerdings auch alle nicht auf der Frageliste standen). Als Herausgeber und Verleger von Wirtschaftsbüchern hatte ich nicht oft die Gelegenheit gehabt, mit einem der ganz großen Bestsellerautoren dieser Branche zusammenzusitzen. Daher bot es sich irgendwie an, mit ihm auch über das Verlagswesen zu sprechen.

Dabei gestand er mir, dass er sich über nichts anderes so sehr getäuscht habe wie über die Buchbranche. Hier kam wieder einmal sein selbstironischer Humor deutlich zum Vorschein. Es kann durchaus sein, dass er des Öfteren mit seinen Einschätzungen und Voraussagen im Hinblick auf das Buchgewerbe falsch gelegen hatte, aber er wusste auf jeden Fall alles über die *Geschichte* des Verlagswesens. Im Übrigen wusste er über eine ganze Reihe von Themen mehr als fast alle anderen Menschen, denen ich jemals begegnet bin.

Im Laufe des Nachmittags wurde dies besonders deutlich, als wir auf das Thema Verlagswesen zu sprechen kamen. Er knüpfte dabei an seinen eigenen Nachnamen an und erklärte mir, was dieser auf Englisch bedeutet. Dann kam er auf seine Vorfahren zu sprechen. „Sie waren ursprünglich Buchdrucker in Amsterdam … und zwar in erster Linie im Auftrag einer der größten Kirchen dort … das Buch, mit dem sie das meiste Geld verdienten, war der Koran; sie druckten Koran-Ausgaben für die Niederländische Ostindien-Gesellschaft." (Die 1602 gegründete Niederländische Ostindien-Gesellschaft war das erste weltweit tätige Unternehmen überhaupt.)

Der Umstand, dass das Thema Verlagswesen gar nicht auf unserer Fragenliste vorkam, sagt einiges aus über den Tag, den ich bei Drucker verbrachte, und auch einiges über Drucker selbst. Er hatte mit schriftlichen

Vorlagen nichts im Sinn und sprach lieber aus dem Stegreif über die Themen, die ihn am meisten interessierten. Seine eigene Person hatte er nie als interessantes Thema betrachtet („Ich selbst bin völlig uninteressant", hatte er einmal gegenüber dem Wirtschaftsjournalisten John Byrne in einem Interview geäußert), aber an dem Tag, an dem ich bei ihm war, gab er seine gewohnte Zurückhaltung auf und sprach ausführlich über sein Leben.

Es dauerte nicht lange, bis von Peter Drucker nicht mehr die Rede war und vielmehr Professor Drucker das Zepter übernahm. Mit großem Eifer widmete er sich nun der Geschichte des geschriebenen Wortes. Der erste im Buchdruck erschienene Roman war *Don Quixote* im Jahr 1600 oder 1605. Dies wurde erst durch die Erfindung des Druckens mit beweglichen Lettern möglich. Dann erklärte er mir, dass Ende des sechzehnten Jahrhunderts die entscheidenden Fortschritte im Mehrfarbdruck in Antwerpen, nein vielmehr in Paris erzielt wurden, wie er sich selbst schnell korrigierte. Jemand hatte die neue Technik der Lithografie mit der neuen Buchdrucktechnik kombiniert und heraus kam das erste illustrierte Druckwerk. Er fügte dann schnell hinzu, dass sich der Inhalt dieser Druckwerke zwei Jahrhunderte lang kaum veränderte. Das Erscheinungsbild und die Ausgestaltung änderten sich zwar, aber nicht die Inhalte, und das wurde so bis Ende des siebzehnten Jahrhunderts beibehalten.

Dann machte er sozusagen einen Zeitsprung von einigen hundert Jahren und kam auf ein Buch zu sprechen, das er im darauffolgenden Jahr veröffentlichen wollte, „ein Buch, in dem die Seiten größtenteils leer bleiben werden, sodass der Leser zum *user* wird". Er sagte: „Es soll kein Leseobjekt, sondern ein Gebrauchsgegenstand sein." Vor seinem Tod im Jahr 2005 veröffentlichte Drucker noch zwei Bücher; in dem einen gab es in der Tat mehr unbedruckten, weißen Raum auf der Seite als Wörter *(The Daily Drucker)* und das andere war eine Art Arbeitsanleitung auf der Grundlage eines seiner Klassiker *(The Effective Executive in Action)*. Noch wenige Jahre zuvor wäre die Veröffentlichung derartiger Bücher undenkbar gewesen, aber die Welt des Buches hatte sich verändert und damit hatte auch Drucker sich verändert.

Dann kam er ausführlich auf Online-Publishing zu sprechen und darauf, wie es das Verlagswesen verändere. Einer seiner Freunde verfasst gerade ein medizinisches Fachbuch, das Drucker folgendermaßen beschreibt: „Die Seiten sind so formatiert, dass sie auch auf einem Computerbildschirm erscheinen können und dadurch interaktiv nutzbar werden ... auch wenn das Buch nicht online erscheinen soll, ist es bereits so formatiert, als ob das der Fall wäre. Der Verleger hat gesagt, sie wollten an der einen oder anderen Stelle eine leere Seite ... sie meinten, sie wollten bereits jetzt Platz für den user einbauen."

Als sich unser Gespräch an diesem Nachmittag um kurz nach vier Uhr dem Ende zuneigte, kam es zur einzigen Unterbrechung an diesem Tag, als Druckers Ehefrau Doris ins Zimmer stürmte. Sie bat mich ohne weitere Umschweife zu gehen, weil sie befürchtete, dass ihr Mann sich zu sehr verausgabt hatte. Zweifellos hatte sie ihn im Lauf des Nachmittags immer häufiger husten hören. (Ich hatte ihn meinerseits alle paar Minuten gefragt, wie es ihm gehe, und er hatte stets versichert, alles sei in bester Ordnung.) Ich bekam ein ganz schlechtes Gewissen und hoffte, nichts getan zu haben, was seinen Gesundheitszustand verschlechterte.

Mir blieb gerade noch genügend Zeit, meine Sachen zusammenzusammeln, und dabei hörte ich, wie Doris und Peter Drucker sich unterhielten. Plötzlich hatte ich eine schlimme Vorahnung. Ich brauchte nicht lange, um zu begreifen, dass ich jetzt auf etwas verzichten musste. Doris Drucker bestand darauf, dass ihr Mann nach diesem für ihn anstrengenden Arbeitstag am nächsten Tag pausieren und sich ausruhen müsse. Aus der für morgen geplanten halbtägigen Arbeitssitzung würde also nichts werden. Ich hatte auch eine Kamera mitgebracht, um einige Schnappschüsse von Drucker und mir zu machen, aber davon wollte sie nun nichts mehr hören. Mir blieben also nur noch wenige Augenblicke, um Drucker für seine Zeit und seine Mühe zu danken, meine Sachen zusammenzupacken und mich zu verabschieden.

Das Ganze war mir, um es milde auszudrücken, ziemlich peinlich. Auf der Fahrt zurück ins Sheraton Hotel am Flughafen ließ ich das Interview im Geiste noch einmal Revue passieren. Ich fürchtete, es vermasselt zu haben, denn ich hatte keine Antworten auf jene Fragen erhalten, die ich für so wichtig erachtet hatte. Es sollte sich jedoch herausstellen, dass meine Befürchtungen unbegründet waren, denn ich hatte in Wirklichkeit viel mehr bekommen als das, was ich erwarten konnte. Trotz seines hohen

Alters war Drucker an jenem Tag in bemerkenswert guter Verfassung gewesen und hatte ein unglaubliches Interview zustande gebracht. Auch wenn ich es zu diesem Zeitpunkt noch nicht ahnen konnte, würde mich dieses Gespräch noch über Jahre hinweg begleiten und tief beeinflussen.

Ich brauchte mehrere Monate, um diese mehr als sechs Stunden Tonbandmaterial zu transkribieren, aber ich wusste zu dem Zeitpunkt noch gar nicht, was ich daraus noch lernen würde. Ich musste es monate-, ja sogar jahrelang sacken lassen, bis ich verstand, dass ich an diesem Tag mehr über Drucker – und das innerste Wesen des Managements – gelernt hatte als in all den vielen Jahren, die ich mit der Lektüre seiner Bücher und anderer grundlegender Werke zu diesem Thema verbracht hatte. Mehr als zwanzig Jahre lang hatte ich als Verleger die Managementbücher zahlloser Autoren veröffentlicht, aber nicht eines dieser Bücher hat mir so viel gebracht wie dieser bemerkenswerte Tag, den ich mit Peter Drucker verbringen durfte.

Seine Interessen galten vielen Bereichen wie Bildung und Erziehung, Gesellschaft, Politik und Medizin. Drucker war einer der letzten Universalgelehrten in der Tradition der Renaissance, und als er starb, sank ein enormes Wissen mit ihm ins Grab.

Druckers ganzes Leben war darauf ausgerichtet, sich der Zukunft zuzuwenden und das Vergangene hinter sich zu lassen. Dabei hatte er ein wichtiges Paradoxon entdeckt: Wenn man etwas aufbauen will, muss man zuerst etwas anderes abreißen. Für Drucker war es kein großes Problem, Dinge abzureißen, das abzuschaffen, was nicht oder nicht mehr funktionierte, und unwichtig Gewordenes wirklich hinter sich zu lassen. Nur dadurch war es ihm gelungen, so viel zu erreichen.

Das Hauptanliegen von diesem Buch besteht darin, dem Leser einen neuen Einblick in die Denkmuster dieses außergewöhnlichen Gelehrten zu bieten. Dabei möchte ich durch Verweis auf zahlreiche Beispiele unserer Zeit wenigstens einen Teil von Druckers unglaublichem Wissen aufzeigen und lebendig werden lassen; damit will ich deutlich machen, wie viele seiner bahnbrechenden Ideen heute noch genauso relevant sind wie zu der Zeit, als er sie niedergeschrieben hat.

Die folgenden Kapitel enthalten das Wesentliche dessen, was Drucker mir an diesem Tag mitgeteilt hat. Außerdem werden darin viele bahnbrechende Erkenntnisse über Management und Führung und diesbezügliche Strategien aufgezeigt. Im Laufe seines Lebens häufte Drucker ein beispielloses Archiv an, das aus den Aberhunderten, ja Tausenden von Seiten seiner Werke besteht. Die nun folgenden Ausführungen sollen dem Leser den Schlüssel in die Hand geben, der einen Zugang zu Druckers Welt eröffnet – eine Welt, in der die Zukunft immer an erster Stelle steht.

Kapitel 1

Der Zufall belohnt denjenigen, der darauf vorbereitet ist

„Peter, damit hast du deine akademische Laufbahn endgültig ruiniert.“

Das sagte ein Freund zu Peter Drucker, nachdem er sein Buch *Concept of the Corporation* veröffentlicht hatte.

Als ich an jenem Vormittag in Peter Druckers Haus saß, ging mir der Gedanke durch den Kopf, dass es innen den gleichen Eindruck erweckte, den man schon beim Anblick von außen hatte: Es wirkte unauffällig und aufgeräumt, es gab sehr viele Bücher und japanische Kunst und die Sessel und Sofas waren in neutralen Farben gehalten. Jedenfalls gab es keine Ecke, in der Trophäen und Auszeichnungen aufgestellt worden wären.

Druckers Laufbahn als Schriftsteller hatte vor beinahe fünfundsechzig Jahren ihren Anfang genommen, als er 1939 *The End of Economic Man* publizierte, ein gegen den Faschismus gerichtetes Buch. Dieses war auch von Winston Churchill aufmerksam zur Kenntnis genommen und in einer Rezension in der *Times* ausdrücklich gelobt worden. Auch später genoss Drucker große Wertschätzung bei amerikanischen Präsidenten (beispielsweise Richard Nixon); 2002 wurde ihm von Präsident George W. Bush die *Medal of Freedom* verliehen, die höchste zivile Auszeichnung der Vereinigten Staaten. Aber hier in Druckers Privaträumen war von all diesen Ehrungen und Auszeichnungen nichts zu sehen. Während ich die Eindrücke noch auf mich wirken ließ, konzentrierte ich mich wieder auf den Zweck meines Besuchs. Schließlich genügte es nicht, dass der Kassettenrekorder lief; ich musste auch geistesgegenwärtig sein, um Drucker durch fortlaufendes Nachfragen in ein wirklich informatives Gespräch zu verwickeln.

Drucker hingegen ließ es gar nicht erst zu, dass ich auch nur die erste meiner vorbereiteten Fragen stellte. Er verhielt sich eher wie ein Football-Trainer, der erst auftaucht, nachdem etliche Spiele bereits entschieden sind, und keine Zeit damit verschwendet, herumzuplänkeln. Zunächst kam er auf seinen ersten gelungenen Anlauf in der Geschäftswelt zu sprechen. Drucker erzählte ausführlich, wie er durch puren Zufall auf das Thema Management und Managementlehre stieß; dabei dachte ich mir nur, er war es doch, der das Thema Managementlehre überhaupt erst erfunden hat! Zunächst beschlich mich sogar der Verdacht, Drucker wolle sich ein bisschen über mich lustig machen – eine Karriere, wie Drucker sie beschieden war, ergibt sich schließlich nicht durch puren Zufall. Aber während er eine Episode an die andere reihte, wurde mir klar, dass er keineswegs mit falscher oder kalkulierter Bescheidenheit kokettierte. Er meinte es so, wie er es sagte, als er davon sprach, er sei durch Zufall an sein Lebensthema geraten.

Drucker erklärte mir, dass er zunächst keinerlei Kenntnisse über „Management" hatte und über keine eigenen Erfahrungen in dieser Hinsicht verfügte, einfach weil er nie in einer Managerposition gearbeitet hatte. Das hatte nichts damit zu tun, dass er kein Interesse an Wirtschaft gehabt hätte. Bevor er in die Vereinigten Staaten einwanderte, hatte er bereits an mehreren Stellen gearbeitet, die ihn mit verschiedenen Bereichen der Geschäftswelt in Berührung gebracht hatten: „Ich absolvierte damals ein Lehrjahr in der europäischen Zentrale einer der seinerzeit bedeutendsten Wall-Street-Firmen, die inzwischen aber längst nicht mehr existiert …

Es handelte sich um eines dieser großartigen deutsch-jüdisch-amerikanischen Handelshäuser in der Tradition des 19. Jahrhunderts."

Für seinen Berufsstart hatte Drucker jedoch den denkbar schlechtesten Zeitpunkt erwischt. Kaum hatte er angefangen, kam es zum großen Börsenkrach und damit waren seine Aussichten auf eine Bankkarriere schon beendet, bevor sie begonnen hatten: „Ich war der Letzte, der eingestellt worden war, und der Erste, der wieder entlassen wurde, als die Börse zusammenbrach", berichtet Drucker ganz freundlich.

Das Schicksal war ihm jedoch günstig gesinnt und kurz nach seiner Entlassung erhielt Drucker die Einladung eines Kollegen, sich bei einer Frankfurter Lokalzeitung vorzustellen. Dort sagte der Verleger dem arbeitslos gewordenen jungen Mann, dass man nach einem Redakteur für Wirtschaft und Ausland Ausschau hielte. „Und eine Stunde später war ich eingestellt, obwohl ich keine echte Berufserfahrung hatte", erinnert sich Drucker. „Während meiner anderthalbjährigen Lehre in Hamburg hatte ich hauptsächlich gelernt, wie man Edinburgh buchstabiert. Ehrlich. Ich hatte in den achtzehn Monaten nicht viel anderes getan, als Briefumschläge mit Adressen zu beschriften!"

Im Lauf der Zeit schrieb Drucker dann in der Tat etwas anderes als Adressumschläge: „Als ich dann Wirtschaftskorrespondent für einige britische Zeitungen in Frankfurt wurde, lernte ich auch etliche Firmen kennen." Eine der Zeitungen, für die Drucker arbeitete, war die Vorläuferin der *Financial Times*. Während seiner Journalistentätigkeit promovierte Drucker außerdem in Frankfurt im öffentlichen Recht und im Völkerrecht.

Anschließend arbeitete Drucker als Ökonom für eine internationale Privatbank in London. Aber das war's, meint Drucker. „Das ist wirklich meine einzige Berufserfahrung im Geschäftsleben ... Ich verbrachte zwei, fast drei Jahre in London, wo ich als Anlagemanager bei einer kleinen, schnell wachsenden Privatbank arbeitete ... ansonsten habe ich keine Erfahrungen im Wirtschaftsleben."

Nach einigen Augenblicken des Schweigens (es war in der Tat so still, dass ich das Schleifen des Tonbandes in meinem Kassettenrekorder hören konnte) entgegnete ich dann, dass Drucker doch über erheblich mehr praktische Berufserfahrung verfüge. „Schließlich sind Sie Managementberater", sagte ich, worauf Drucker unverzüglich erwiderte: „Ein Berater trägt keinerlei Risiko ... sein einziges Risiko besteht darin, dass der Klient abspringt." – *„Allerdings zahlen die Klienten für die Fehler des Beraters"*, sagte er schließlich, als wolle er dieses Thema ein für allemal beenden.

Die Wende in Druckers Leben

1937 emigrierte Drucker weiter in die Vereinigten Staaten und wurde Professor für Philosophie und Politik am Bennington College in Vermont. Wenn es jedoch nach ihm gegangen wäre, hätte er diese Laufbahn eher nicht eingeschlagen. Im Vertrauen sagte er zu mir, dass er lieber den Schreibkurs für die Anfänger übernommen hätte. Er sagte mir, er habe seit seinem zwölften Lebensjahr gewusst, dass er schreiben könne, auch auf Englisch, denn „wir sind mehrsprachig aufgewachsen. Bei uns zu Hause wurde Deutsch und Englisch gesprochen, sogar mehr Englisch als Deutsch".

Während seiner Zeit in Bennington ereignete sich dann die Wende, die Druckers Leben eine völlig neue Richtung geben sollte. Alles begann mit einem Anruf, den er im Herbst 1943 erhielt. Fast auf den Tag genau sechzig Jahre danach erzählte Drucker mir die Geschichte dermaßen lebhaft im Detail, dass ich den Eindruck gewann, als ob das Ganze sich erst vor sechs Wochen und nicht schon vor sechs Jahrzehnten ereignet hätte.

Der Anruf, der eine völlig neue wissenschaftliche Disziplin hervorbrachte

„Bis zum heutigen Tag habe ich keine Ahnung, wie General Motors ausgerechnet auf mich gekommen ist und wer eigentlich dahintersteckte", fing Drucker an zu erzählen und richtete den Blick in die Ferne. „Seit dem Sommer 1941 war ich nun in Vermont und das College wurde gerade, wie üblich, während der Wintermonate geschlossen. Wir hatten eine kleine Wohnung in der Nähe der Columbia Universität in New York gemietet und ich arbeitete gerade in der Bibliothek, weil ich herausfinden wollte, wie Unternehmen ... gemanagt werden ... *aber ich konnte keine Literatur zu diesem Thema finden.*

Und keine Firma war bereit, mich eine Zeitlang hospitieren zu lassen [um die internen Abläufe innerhalb eines großen Unternehmens zu studieren], bis ... ich glaube, es war genau an diesem Tag vor sechzig Jahren, mein Telefon klingelte und eine Stimme sagte: ‚Mein Name ist Paul Garrett; ich bin als Vice President von General Motors verantwortlich für Public Relations und ich wurde gebeten, Sie zu fragen, ob Sie bereit wären, eine Studie über unser Top-Management durchzuführen.' Ich konnte auch später nie herausfinden, wer das bei GM veranlasst hat – jeder, den ich fragte, stritt ab, irgendwas damit zu tun zu haben.

Ich bat dann darum, mir einen ersten Eindruck von der Firma verschaffen zu können [bevor ich mich zu der Arbeit verpflichtete] ... und traf mich dann mit Donaldson Brown, der damals stellvertretender Vorstandsvorsitzender war, und ich glaube, er war es, der die Idee gehabt hatte, mich anzusprechen. Und ich sagte zu ihm, Mr. Brown, ich glaube kaum, dass ich so eine Studie wirklich anfertigen kann. Es wird sich kaum jemand bereit finden, offen mit mir zu sprechen; sie werden mich alle für eine Art Spion im Auftrag des Top-Managements halten ... und ich sagte außerdem zu ihm, es gibt wahrscheinlich nur eine Möglichkeit, [wie das Ganze funktionieren könnte]. In diesem Land kann man alles machen, wenn man den Leuten sagt, dass man ein Buch schreiben will. Daraufhin erwiderte er, nein, das können wir nicht machen.

Damit haben wir uns voneinander verabschiedet ... aber nach sechs Wochen rief Paul Garrett wieder an und meinte, sie hätten noch einmal über meinen Vorschlag nachgedacht; kommen Sie noch einmal nach Detroit, damit wir das noch einmal besprechen können, und so kamen wir überein, dass ich das Buch schreiben sollte ... Ich habe den Leuten bei GM klipp und klar gesagt, dass ich keinerlei Zensur seitens der Firma dulden würde, außer im Hinblick auf Fakten ... so hat alles angefangen und von da an verbrachte ich anderthalb Jahre damit ... Ich glaube, ich habe jede Niederlassung von General Motors östlich der Rocky Mountains besucht. Ich schrieb meinen Bericht und GM meinte, ich müsse ihn unbedingt veröffentlichen. Das wollten wir nun alle unbedingt. Ich hatte dafür auch bereits einen Verleger an der Hand, aber niemand glaubte ernsthaft daran, dass sich das Publikum für ein derartiges Buch interessieren würde.

Mein Verleger veröffentlichte es nur, weil er bereits zwei frühere Bücher von mir herausgebracht hatte, die recht erfolgreich gewesen waren … und dieses wurde nun ein durchschlagender Erfolg. So bin ich an dieses ganze Thema Management geraten … *Aber ich hatte nie einschlägige Erfahrungen auf der praktischen Seite.*"

Durch die Veröffentlichung des Buches *Concept of the Corporation* (1946; dt.: Das Großunternehmen, 1966) erlangte eine breite Leserschaft erstmals einen ungeschminkten Einblick, wie ein Großunternehmen, in diesem Fall General Motors, funktioniert. Das Buch stellte insofern einen Wendepunkt dar, als es entschieden für eine Dezentralisierung eintrat – gemeint ist die Dezentralisierung der Entscheidungsprozesse nach unten, also dorthin, wo die Mitarbeiter tatsächlich vor Aufgaben stehen, die sie lösen müssen – ein Prinzip, das in den kommenden Jahrzehnten erheblich an Bedeutung gewinnen sollte.

Dezentralisierung war eines der Hauptthemen in diesem Buch sowie in späteren Werken von Peter Drucker. Er vertrat entschieden die Ansicht, dass große Unternehmen von vornherein zum Scheitern verurteilt sind, wenn an der Spitze nur eine kleine Gruppe von Top-Managern allein mit der Befehlsausgabe beschäftigt ist und deren Anweisungen allgemeine Gültigkeit haben sollen, unabhängig vom möglicherweise riesigen Geschäftsvolumen und davon, wie weit verstreut die Geschäftsaktivitäten auch in räumlicher Hinsicht sind oder auf welchen verschiedenen Märkten die Firma operiert.

Es dauerte seine Zeit, aber etwa in den 1980er-Jahren hatten mehr als drei Viertel aller in der Fortune-500-Liste aufgeführten amerikanischen Top-Unternehmen Druckers Konzept adaptiert und sich eine dezentralisierte Struktur gegeben. Er hatte auch stichhaltige Argumente für eine viel humanere Einstellung gegenüber der Belegschaft ins Spiel gebracht. Bis dahin wurden Arbeiter und Angestellte als reine Produktionsfaktoren betrachtet, als Zahnrädchen im Getriebe, die nur unter Kostengesichtspunkten eine Rolle spielten, nicht aber als wertvolles „Kapital" für die Firma.

Drucker vertrat den Standpunkt, dass den Mitarbeitern mehr Entscheidungskompetenzen zugestanden werden sollten; ihm schwebte so etwas wie die „Schaffung einer sich selbst regierenden und regulierenden Arbeitsgemeinschaft“ vor. Er befasste sich detailliert mit der Beziehung zwischen dem Individuum und der Organisation, ein Thema, das zum Gegenstand unzähliger weiterer Bücher in der Wirtschaftsliteratur wurde. Aber nur wenige der heute publizierenden Autoren auf diesem Gebiet haben dieses sechzig Jahre alte Werk gelesen, das ich als das Gründungswerk der modernen Wirtschaftssach- und -fachbücher bezeichnen möchte.

Die Publikation von *Concept of the Corporation* brachte Drucker auf einen Weg, von dem er für den Rest seines Lebens nicht abweichen sollte. Das war jedoch kein irgendwie vorgezeichneter Weg. Im Gegenteil – anhand dieses Buches wird deutlich, dass Drucker mit der Publikation seines Buches Neuland betrat.

„Mit *Concept of the Corporation* wurde die Methode der Unternehmensführung erstmals Gegenstand wissenschaftlicher Betrachtung“, erklärte Drucker. Doch sein Freund, der Präsident des Bennington College, warnte ihn damals auch, es würde seine weitere Laufbahn praktisch ruinieren. Um in der akademischen Welt voranzukommen, war es üblich zu forschen und zu publizieren, um letztendlich auf einen Lehrstuhl berufen zu werden. Damals formulierte ein Rezensent, der mit Druckers Buch hart ins Gericht ging, den Wunsch, „der vielversprechende junge Gelehrte möge seine bemerkenswerten Talente von jetzt an lieber seriösen Themen zuwenden“.

Je angesehener die akademische Institution war, desto größer war die Wahrscheinlichkeit, dass die jeweilige Fakultät an Druckers kommerziell erfolgreichen Büchern Anstoß nahm. Alle seine Bücher wurden als eher unseriös betrachtet, als eine Abweichung vom Pfad der akademischen Tugend; ernst zu nehmende Akademiker hatten sich eben mit ernst zu nehmenden Themen zu beschäftigen, wenn sie ihre Karriere voranbringen wollten (das gilt auch heute noch, jedenfalls für die Elite-Universitäten). Drucker verstand dies zwar, ging aber dennoch seinen eigenen Weg und pfiff auf die Konsequenzen.

Es liegt eine gewisse bittere Ironie darin, dass sich sein Erfolg als Autor in dieser Hinsicht gegen ihn wandte. Aber Drucker machte sich keine großen Gedanken darüber, ob er in diese oder jene Schublade passte. Im Gegenteil, bei ihm wurde von Anfang an die Neigung deutlich, ausgetretene Pfade zu verlassen und neue Wege einzuschlagen. Es kümmerte ihn wenig, was die Leute sagten oder dachten. In dieser Hinsicht zeigte er großen Mut.

Als er Mitte zwanzig gewesen war, kurz nach Hitlers Machtübernahme, verfasste Drucker zwei kleine Büchlein, eher eine Art Pamphlete, bei denen er sich sicher war, dass sie von den Nazis verboten und verbrannt werden würden. „Ich war zwar kein richtiger Jude, hatte aber jüdische Vorfahren. Das lag in meiner Familie bereits einige Generationen zurück." Doch der Grund, warum Drucker diese beiden Bücher schrieb, hatte nichts mit seiner entfernten jüdischen Abstammung zu tun. Für ihn war es wichtig, Flagge gezeigt zu haben, damit er vor sich selbst bestehen konnte, indem er sich deutlich gegen Tyrannei, Hass und Faschismus wendete (mit diesem Abschnitt seines Lebens befasst sich auch der Epilog).

Von Eisenhower hinausgeworfen

Im Jahr 1950 hatte Drucker Bennington verlassen und sollte einen Lehrauftrag an der Columbia Universität in New York übernehmen. Daraus wurde dann aber doch nichts. Wieder wollte es das Schicksal anders. Folgendermaßen erinnert sich Druck an den unglückseligen Verlauf seiner weiteren Karriere als akademischer Lehrer: „Ich war 1950, wieder einmal durch reinen Zufall, bei der Business School der Universität von New York gelandet - nachdem ich ein Jahr zuvor ein Angebot der Harvard Business School abgelehnt hatte - und sollte gerade mit meiner Vorlesungsreihe beginnen."

Drucker war nicht bereit gewesen, seine Beratungstätigkeit, die gerade in Schwung kam, aufzugeben; das aber wäre in Harvard Voraussetzung für eine Lehrtätigkeit gewesen. Außerdem hatte er nicht die geringste Lust, Fallstudien auszuarbeiten, und die Harvard Business School ist nun einmal berühmt für ihre fallstudienbezogene Lehrmethode.

Damit war Harvard also längst aus dem Spiel. Nun hatte Drucker den Lehrauftrag von Columbia erhalten. Aber Dwight D. Eisenhower, der seinerzeit Präsident der Universität - und noch nicht Präsident der Vereinigten Staaten war - gerierte sich als „Stellenstreicher", um Kosten zu sparen;

diesem Kürzungsprogramm fiel auch Druckers Job zum Opfer, noch bevor er auch nur einen Fuß in den Hörsaal setzen konnte.

Nur wenige Minuten nachdem er die schlechte Nachricht wegen seines Lehrauftrages bei Columbia erhalten hatte, lief ihm in New York auf dem Weg zur U-Bahn-Station ein Bekannter über den Weg. Wie so viele zufällige Ereignisse in Druckers Leben, sollte sich auch dieses unvorhergesehene Zusammentreffen als glückverheißend entpuppen. Mit seinen eigenen Worten erinnert sich Drucker an diese Begegnung: „Mein Bekannter fragte: ‚Was machst du denn gerade so?', und ich antwortete: ‚Ich habe soeben erfahren, dass ich doch keinen Job an der Columbia habe.' Ich fragte ihn dann meinerseits: ‚Und was machst du so?' Darauf entgegnete er: ‚Ach, weißt du, ich habe gerade nichts Besseres zu tun, als die Columbia Business School zu überfallen, um von dort Leute zu entführen, die an unserer Business School unterrichten können ...' Und noch bevor wir den Eingang zur U-Bahn erreicht hatten, hatte ich einen Job bei der New York University."

Es dürfte nur wenige geben, die mit Druckers Erfolgsquote in Sachen Zufall gleichziehen können. Als ich ihn fragte, ob er wirklich so viel durch reinen Zufall und günstige Gelegenheiten erreicht habe, nahm er unwillkürlich einen ernsten Gesichtsausdruck an und auch seine Stimme klang keinesfalls belustigt: *„Der Zufall belohnt denjenigen, der darauf vorbereitet ist.* Wenn sich eine günstige Gelegenheit bietet, muss man sie am Schopf packen. Man muss für Neues empfänglich sein und das war ich."

Der Zufall belohnt denjenigen, der darauf vorbereitet ist

Jeder neue Schritt in seiner Laufbahn war für Drucker ein Schritt ins Ungewisse. Wenn sich ihm eine Gelegenheit bot, schlug er sie nie aus, wenn er das Gefühl hatte, das sei das Richtige für ihn. Drucker blieb sogar ganz bewusst immer flexibel genug, um solche Gelegenheiten wahrnehmen zu können. Für ihn war es kein Problem, sich vom Bewährten zu verabschieden, um sich auf etwas Neues einzulassen. Anders ausgedrückt, erweisen sich die weniger befahrenen Straßen manchmal als der schnellere Weg zum Ziel; allerdings muss man am Anfang das Risiko auf sich nehmen, erst einmal abzubiegen.

Kapitel 2

Die Zielerreichung steht immer an erster Stelle

„Ziele sind immer dann vonnöten, wo Leistung und Ergebnisse das Überleben und Gedeihen eines Unternehmens direkt beeinflussen."

Drucker verstand es von Anfang an, dass wirkungsvolles Management vor allem mit Leistung, Organisation, Inputgeben, Entwicklung, Vorbereitung und Zielerreichung zu tun hat. Seine Bücher sind voll von Begriffen und Redewendungen, in denen zum Ausdruck kommt, dass Aktion im Sinne von unternehmerischem Handeln der Schlüssel zum Erfolg eines Managers ist; gemeint ist natürlich nicht einfach blindwütiger Aktionismus, sondern verantwortungsvolles Vorantreiben im Sinne der Unternehmensziele.

Eine von Druckers Grundannahmen war, dass Management in allererster Linie eine praktische Aufgabe ist. Manager und Managerinnen müssen verinnerlichen, dass einzig und allein die Ergebnisse ihrer Leistung, ihre Performance, der Maßstab ihres Erfolges sind.

An dem Tag, den ich bei ihm verbrachte, hat Drucker auch betont, was einen guten von einem mittelmäßigen und einen mittelmäßigen von einem inkompetenten Manager unterscheidet. Den wirklich fähigen Manager beschrieb er folgendermaßen:

- *Er kann Mitarbeiter einstellen und wieder entlassen, kann sie richtig einsetzen und befördern.*
- *Er trägt die volle Verantwortung in seinem Bereich.*
- *Er weiß, wie man nach oben delegiert.*
- *Er trifft durchdachte Entscheidungen, nachdem er sich über den benötigten Zeitrahmen Gewissheit verschafft hat.*
- *Seine Entscheidungen sind durchdacht und er versteht es, sie auch vollumfänglich zu kommunizieren.*
- *Er ist der richtige Ansprechpartner für den Geschäftsplan.*
- *Er erkundigt sich, was nötig ist und getan werden muss, und setzt neue Prioritäten.*
- *Er formuliert am Ende von Meetings klare Aufgabenstellungen ... zu viele Meetings enden im Vagen.*

Diese Grundsätze sagen viel über Druckers Auffassungen von guter Managementpraxis. Manager stellen Mitarbeiter ein, fördern und befördern sie und verstehen sich aufs Delegieren (sowohl nach oben wie nach unten). Besonders wichtig ist das gute *Kommunizieren.* Sie treffen wirkungsvolle Entscheidungen, die eine Firma nicht nur kurzfristig, sondern auch auf längere Sicht voranbringen. Sie setzen Prioritäten und sorgen dafür, dass die gestellten Aufgaben erfüllt werden, und dann stellen sie eine neue Aufgabe mit dementsprechender Priorität.

Drucker erwähnte beispielsweise, dass „Welch genau der richtige Mann für die umfassende Geschäftsorganisation war“. Welch war eine Führungspersönlichkeit, die sich von allem trennte, was nicht gut funktionierte (überflüssige Zwischenhierarchien im Management; Bürokratie; Geschäftszweige mit zu geringem Wachstum; Manager, die sich zu selbstherrlich aufführten). Das ersetzte er durch andere Formen und Aktivitäten, die höheren Nutzen erzeugten (eine schlankere Organisation; Geschäftszweige mit hohen Wachstumsraten und hoher Rendite; Führungspersönlichkeiten, die begeistern konnten; und sich selbst verbessernde Infrastrukturen).

Drucker betont, wie wichtig es ist, Manager, die nicht permanent ihre Leistungsziele erfüllen, auszutauschen. In seinen Augen ist es ein großer Fehler, wenn man Leute, die nicht leistungsfähig genug sind, auf ihren Stellen belässt und somit der Ineffizienz an einer bestimmten Stelle Vorschub leistet. Sie zu belassen, erachtet er als Ballast für die Gesamtorganisation und als unfair gegenüber denjenigen, die die geforderte Leistung erbringen oder die gesteckten Ziele sogar noch übertreffen: *„Es ist geradezu die Pflicht jedes Top-Managers, sämtliche Underperformer rücksichtslos auszusortieren – insbesondere diejenigen Manager, die es auf Dauer nicht schaffen, ihre Leistungsziele exzellent zu erreichen."*

Die Zielerreichung erfordert Verzicht

Ein gewichtiger Teil der Führungslehre von Drucker zielt darauf, wie Manager und „Wissensarbeiter" eine höhere Produktivität erreichen können. Drucker prägte den Ausdruck *Wissensarbeiter* in den 1960er-Jahren, um den gut ausgebildeten Mitarbeiter vom bloß angelernten Arbeitnehmer abzugrenzen. Ein Wissensarbeiter ist typischerweise mit „nicht manuellen" Tätigkeiten beschäftigt, erklärte mir Drucker, „also Tätigkeiten, für die man eine höhere akademische Ausbildung benötigt – im Gegensatz zu einer Lehre für einen praktischen Beruf".

Das Einzige, was für einen Manager letztlich zählt und woran er gemessen wird, ist, dass er seine Aufgaben erfüllt – und dass er die *richtigen und wichtigen* Aufgaben erfüllt.

Die effizientesten Führungspersönlichkeiten wissen, dass Zielerreichung und Verzicht zwei Seiten derselben Medaille sind. Diejenigen Unternehmen, die überholte Strategien, Produkte und Abläufe andauernd regelrecht entsorgen, ragen auch auf Dauer aus ihrem Wettbewerbsumfeld heraus. Nur durch einen derartigen Reinigungsprozess können sich Unternehmen immer wieder erneuern.

Eine derartige planmäßige Entsorgung ist geradezu eine Voraussetzung für dauerhaften Erfolg. „Es mag überraschend sein, wenn ich Verzicht als Chance bezeichne", erklärt Drucker. „Aber ein bewusster, planvoll betriebener Verzicht auf eine Sache, die überholt ist und sich nicht mehr lohnt, ist eine unerlässliche Voraussetzung dafür, sich mit etwas Neuem und Vielversprechenderem zu befassen. Es geht also vor allem darum zu erkennen, dass diese Art von *Verzicht der Schlüssel zu jeder Art von Innovation ist* – zum einen, weil dadurch erst die notwendigen Ressourcen freigesetzt werden, und zum anderen, weil dadurch die Suche nach etwas Neuem angestachelt wird, mit dem das Bisherige ersetzt werden kann."

Top-Manager, die es nicht schaffen, sich von den Cash Cows, den Geldbringern von gestern, zu verabschieden, obwohl sich deren Niedergang abzeichnet, begehen eindeutig einen Führungsfehler. Ein Beispiel dafür ist Sony. In den 1970er-Jahren eroberte Sony mit seinem Walkman die Weltmärkte in einem beispiellosen Siegeszug. Zwei Jahrzehnte lang war Sony in diesem Segment der unangefochtene Marktführer. Und obwohl der iPod von Apple längst ein Verkaufsschlager war, zeigte sich die Führung von Sony außerstande zu begreifen, was für eine enorme Bedrohung diese Konkurrenz für sie bedeutete. Selbst nachdem Apple 60 Millionen iPods und unglaubliche 1,5 Milliarden Songs aus seinem iTunes-Store verkauft hatte, fiel Sony nichts weiter ein, als auf den unveränderten Verkauf von reinen Musikabspielmaschinen in Form seines Walkman zu setzen. Damit überließ Sony letztlich Apple 70 Prozent aller Online-Musik-Verkäufe und musste sich mit einem 10-prozentigen Marktanteil bei den Abspielgeräten begnügen. Das war eine überaus schmerzliche Lektion für den japanischen Elektronikgiganten, der lange Zeit praktisch der Alleinherrscher auf diesem Markt gewesen war.

Sony war es einfach nicht gelungen, sich von einem lange Zeit gültigen fundamentalen Glaubenssatz zu verabschieden, nämlich dass die Hardware die treibende Kraft im Massengeschäft elektronischer Gebrauchsartikel sei. Apple trat den Gegenbeweis an, indem ein leicht zu bedienender Browser auf dem iPod installiert wurde. Dadurch wurde aus einer guten Produktidee ein kolossaler Verkaufsschlager.

Was eine effektive Zielerreichung verhindert

Manager erfüllen ihre Aufgaben dann gut, wenn sie es sich zur Gewohnheit machen, die richtigen Dinge zu tun, und gleichzeitig alles verhindern, was der Zukunft ihres Unternehmens schaden könnte. Speziell die folgenden Faktoren können einen Manager daran hindern, seine Aufgaben dauerhaft zu erfüllen:

- **Er scheitert daran, sich von Ballast zu befreien.**
  Manager sollten die Produkte und Mitarbeiter, für die sie verantwortlich sind, regelmäßig einer Revision unterziehen, um sich zu vergewissern, dass sie die ursprünglichen Vorgaben nach wie vor erfüllen.

- **Ausufernde Bürokratie und Hierarchie.**
  Einer der Hauptgründe für die Schwerfälligkeit von Unternehmen ist die Vervielfältigung der Führungsebenen; sie haben einen lähmenden Effekt. Wenn Entscheidungsprozesse verzögert werden, liegt das oft daran, dass es im Unternehmen zu viel Bürokratie und zu viele sich gegenseitig beengende Führungsebenen gibt.

- **Es fehlen klar definierte Werte und ein System, das den Austausch von Erfahrung und Ideen fördert.**
  Die effizientesten Unternehmen verfügen über gemeinsame Werte, mit denen sich die gesamte Firma identifiziert und an denen man sich in Meetings, bei allen Arten von Überprüfungen und bei der Aus- und Weiterbildung orientiert. Dadurch werden diese Werte immer fester verankert.

- **Eine falsche Managementstruktur.**
  „Eine gute Struktur ist keine Garantie für gute Ergebnisse", schrieb Drucker in *Managing for Results* (dt.: Sinnvoll wirtschaften, 1965). „Aber mit der falschen Struktur erreicht man gar keine Ergebnisse ... Das Allerwichtigste bei diesem Punkt ist, dass durch die Struktur diejenigen Ergebnisse herausgehoben werden, die wirklich bedeutungsvoll sind."

- **Es mangelt an einer klaren Strategie oder sie wird nicht im gesamten Unternehmen kommuniziert.**
  Wenn es keine klare Strategie gibt, die jeder Firmenangehörige verinnerlicht hat und wiedergeben kann, werden die Mitarbeiter nicht ver-

stehen, welchen Beitrag jeder Einzelne von ihnen zum Unternehmen als Ganzes leistet.

- **Eine selbstbezogene Firmenkultur orientiert sich an den falschen Dingen und fördert das falsche Verhalten.**
  Eine Firmenkultur, die die Mitarbeiter nicht dazu ermutigt, sich an den Kunden, am Markt und an den „richtigen" Ergebnissen zu orientieren, ist unweigerlich zum Scheitern verurteilt.

Vorhaben durchführen

Im Jahr 2002 tat sich der frühere stellvertretende Vorstandsvorsitzende von General Electric, Larry Bossidy, ein Freund von Jack Welch, mit dem Top-Consultant und Autor Ram Charan zusammen und gemeinsam verfassten sie ein Buch, das unter dem amerikanischen Titel *Execution: The Discipline of Getting Things Done* (dt.: Managen heißt machen, 2002) ein Spitzenseller der Business-Literatur wurde. Das Buch erschien genau zum richtigen Zeitpunkt. Vorausgegangen waren Bücher wie *Reengineering the Corporation.* Bossidy/Charan bildeten die Speerspitze eines Trends, ihr Buch führte monatelang die Bestsellerlisten an und es wurden mehr als eine Million Exemplare davon verkauft. (Eine Million verkaufter Exemplare ist eine Seltenheit bei einem Buch der Wirtschaftsliteratur, die alle paar Jahre nur einmal vorkommt.)

Ihre neu postulierte „Disziplin" haben die Autoren folgendermaßen definiert: „Zur Umsetzung von Aufgaben gehört ein spezifisches Arsenal von Verhaltensweisen und Managementtechniken, die innerhalb der Unternehmen vorhanden sein müssen, um einen Wettbewerbsvorteil erlangen zu können. Dies ist eine völlig selbständige Disziplin. In großen wie in kleinen Firmen ist es die für den unmittelbaren Erfolg entscheidende Disziplin."

Als ich das Buch las, kam mir vieles altbekannt vor, auch wenn es hier neu verpackt und in andere Worte gefasst war. Dass die Durchführung von Aufgaben und Vorhaben im Mittelpunkt jeder Managementtätigkeit steht, bildete längst den Kern der Konzepte von Peter Drucker. Es ging immer schon darum, was zu tun war, was man erreichen will, wie man dazu beiträgt, wie man den Erfolg misst und wie man Hervorragendes leistet. Bei ihm hieß es lediglich nicht „Umsetzung". Drucker hat einmal gesagt, sein Anliegen sei, „allgemeine Prinzipien" herauszuarbeiten. Auch wenn er viele neue Ausdrücke geprägt hat (zum Beispiel „postindustriell" oder „Wissensarbeiter"), kam es ihm viel mehr darauf an, neue Konzepte zu erarbeiten, und weniger, markige Begriffe zu erfinden.

Meiner Meinung nach ist das der Grund, warum Drucker in der modernen betriebswirtschaftlichen Fachliteratur nicht mehr eine so herausragende Rolle spielt wie früher. Bei Frederick Taylor (1856–1915) erinnert man sich an seine Lehre von der wissenschaftlichen Betriebsführung („Scientific Management" oder „Taylorismus" genannt), auf den Franzosen Henri Fayol (1841–1925) gehen seine „vierzehn Managementprinzipien" zurück und von George Elton Mayo (1880–1949) kennen wir dessen Human-Relations-Modell. Alle diese Theoretiker passen bestens in die Lehrpläne der meisten Managementprofessoren.

Drucker räumte schon am Anfang seiner Karriere selbst ein: „In den Augen des akademischen Establishments war ich nie respektabel genug."

Andere Managementexperten haben ihre eigenen Theorien, weshalb Drucker „in den Augen des akademischen Establishments nie respektabel genug" gewesen sei. John Micklethwait und Adrian Wooldridge von der angesehenen Wirtschaftszeitschrift *The Economist* sind der Meinung, modernere Wirtschaftsexperten verdankten ihre Prominenz der Tatsache, dass sie mit Erfolg die Regale der Managementliteratur besetzt haben. So wurde Michael Porters Name zum Synonym für Strategie, an Theodore Levitt denkt man, wenn von Marketing die Rede ist. Drucker deckte den gesamten Bereich von Management ab und konzentrierte sich nicht auf irgendeine Nische. Nachdem Tom Peters (als Koautor) den Megaseller *In Search of Excellence* (ein Buch, das über fünf Millionen mal verkauft wurde; dt. 1985) veröffentlicht hatte, fanden sich die Ergebnisse aus dem Umfeld seiner exzellenten Firmen alsbald in allen möglichen weiteren Bestsellern (obwohl Tom Peters 2001 in *Fast Company* selbst zugab: „Wir haben die Zahlen fabriziert.") Drucker hingegen erntete kaum besondere Beachtung seitens dieser Lehrbuch-Verfasser, vielleicht mit der einzigen Ausnahme seines wohl bekanntesten Konzepts, des „Management by objectives" – jenes Managementinstruments, das auf der Führung von Mitarbeitern durch Zielvereinbarung beruht.

Drucker hat sein Konzept des „Management by objectives“ (MBO) erstmals 1954 in seinem Buch *The Practice of Management* (dt.: Die Praxis des Managements, 1956) vorgestellt; von all seinen Konzepten fand dieses die weiteste Verbreitung. Durch die Anwendung des MBO soll die Produktivität jedweder Organisation gesteigert werden, indem mit den einzelnen Mitarbeitern, die zum Erreichen der strategischen Ziele der Organisation oder Firma beitragen, klare Zielvereinbarungen getroffen werden. Herausragende Manager wie der Intel-Chef Andy Grove waren gläubige Anhänger von Druckers MBO-Konzept, das von einigen für die „vorherrschende strategische Managementmethode der Nachkriegszeit“ gehalten wird. Aber auch das reichte wohl noch nicht aus, um die Gelehrtenwelt an den wirtschaftswissenschaftlichen Fakultäten und den Business Schools von Druckers Bedeutung zu überzeugen. MBO verlor erst in den frühen 1980er-Jahren etwas an Glanz. Die Kritik lautete, es unterstütze hierarchische Strukturen, weil es eher von oben verordnet *(top down)* als von unten getragen werde *(bottom up)*. Damit passe es eher zu den Führungsmethoden, die auf traditionellen Kommando- und Kontrollmechanismen aufbauen.

Wenn es stimmt, was sowohl Tom Peters als auch der Managementspezialist James O'Toole behaupten, dann spielen die Werke von Drucker in den Lehrplänen der Business Schools nur eine sehr untergeordnete Rolle, obwohl er sehr viele Bücher veröffentlicht hat. Peters sagte, er habe während seines Studiums kein Einziges von Druckers Büchern durcharbeiten müssen, und immerhin erlangte er zwei akademische Titel, darunter einen MBA an der renommierten Stanford Universität. O'Toole ging noch einen Schritt weiter, indem er behauptete, „Peter Drucker wäre niemals ein Lehrstuhl an einer der bedeutenden Business Schools angeboten worden“.

All das schmälert indessen Druckers Leistungen nicht im Geringsten: Er hat es vielleicht versäumt, eingängige Schlagworte für seine Konzepte in die Welt zu setzen, aber er war stets imstande, innovative Ideen und Gedanken zu formulieren.

Um dies zu verdeutlichen, kann man die beiden unten stehenden Textbeispiele vergleichen. Sie wurden zwei Büchern entnommen, die im Abstand eines halben Jahrhunderts geschrieben wurden. Beachten Sie dabei nicht nur die Wortwahl, sondern auch die Bedeutung der Worte. Gibt es wirklich einen signifikanten Unterschied zwischen den jeweiligen Konzepten, die Bossidy/Charan in *Execution* und Drucker in *The Practice of Management* zum Ausdruck bringen? Oder geht es hier nur um unterschiedliche Begrifflichkeiten? Handelt es sich wieder einmal um einen weiteren Beleg dafür, wie Drucker ein Thema als Erster aufgreift und alle anderen irgendwann später, manchmal erst nach sehr langer Zeit und vielleicht auch ganz unabhängig, diesem Pionier der Managementlehre nachfolgen? Bei diesen Beispielen ist zu beachten, dass es sich nicht um eine bestimmte Stelle mit einem fortlaufenden Text handelt, sondern dass jeweils Auszüge aus jedem der beiden Bücher zusammengestellt wurden:

Gebrauchsanleitung für Macher

„Durchführen ist nicht nur Taktik – es ist selbst ein Fachgebiet und ein System. Durchführen muss in die Strategie eines Unternehmens eingebaut werden, in seine Ziele und in seine Unternehmenskultur. Und der Unternehmensführer muss sich zutiefst damit befassen. Hier kann er das Wesentliche nicht delegieren. Viele Unternehmensführer wenden viel Zeit auf, um die neuesten Managementtechniken zu lernen und zu verkünden“ [Ram Charan, S. 14]. „Wenn ich Unternehmen sehe, in denen nicht wirklich gehandelt wird, ist es sehr wahrscheinlich, dass nicht gemessen wird, nicht belohnt wird und Leute, die wissen, wie sie ihre Aufgaben lösen können, nicht befördert werden [Larry Bossidy, S. 83]

[Aus: Bossidy/Charan: *Managen heißt machen*, Redline Wirtschaft, 2003]

Aus Druckers Die Praxis des Managements

„Bei jeder seiner Entscheidungen, bei jeder Handlung muss für das Management die Erfüllung seiner wirtschaftlichen Aufgabe der entscheidende Gesichtspunkt sein. Allein die wirtschaftlichen Ergebnisse, die es erzielt, vermögen sein Dasein und seine Geltung zu rechtfertigen ... Das Management hat seine eigentliche Bewährung durch seine wirtschaftliche Leistung zu erbringen ... Um die eigenen Leistungen kontrollieren zu können, braucht der Manager mehr als nur die Kenntnis seiner Ziele und Aufgaben. Er muss imstande sein, seine Leistungen und Ergebnisse an diesem Ziel zu messen ... Wo immer in einem Unternehmen die Leistungen und Ergebnisse direkt mit dessen Überleben und Wachsen in Zusammenhang stehen, sind konkrete Zielsetzungen unabdingbar."

[Aus: Peter Drucker: *Die Praxis des Managements*]

Kapitel 3
Dauerprobleme und Störfaktoren

„In jeder Firma gibt es Dauerprobleme und Störfaktoren, die ewig mitgeschleppt werden: Das sind meistens irgendwelche falsch justierten Stellschrauben bei den Prozeduren und Abläufen, durch die Fehlverhalten gefördert und belohnt sowie effizientes und richtiges Verhalten behindert und sogar bestraft wird."

An jenem Tag, den ich bei Drucker verbrachte, konzentrierte er sich vor allem auf die Fragestellungen: Was machen Manager richtig? Was machen sie falsch? Was funktioniert? Und was nicht? Was Drucker aber noch mehr interessierte, war die Frage nach dem Warum, also den Gründen, warum Organisationen beziehungsweise Unternehmen Erfolg haben oder scheitern. Während er sein Mittagessen hinunterschlang (beim Essen war er noch schneller als bei allem anderen), hielt er mir einen Vortrag über eines der größten Probleme, mit denen ein bestimmter Teil der Gesellschaft konfrontiert ist. Am Beispiel von gemeinnützigen Organisationen, die viel eher mit Problemen zu kämpfen haben, als dass sie wirklich erfolgreich sind, versuchte er zu verdeutlichen, was man aus Managementfehlern lernen kann.

„Nur wenige Menschen haben verstanden, dass der Wettbewerb um Einnahmen für gemeinnützige Organisationen viel härter ist als der Wettbewerb auf dem Gütermarkt." Und Drucker wiederholte mit Nachdruck: „Da herrscht ein knallharter Wettbewerb. Und wenn die Ergebnisse nicht ausreichend sind, ziehen die meisten gemeinnützigen Organisationen den Schluss, sie müssten einfach noch mehr tun und noch härter rangehen."

Drucker meinte, das Problem, dass die Mitarbeiter falsch eingesetzt würden und trotz ihrer Bemühungen praktisch nichts erreichten, bestünde überall, sei aber in den Verwaltungen von Krankenhäusern, Kirchen und anderen gemeinnützigen Organisationen noch weiter verbreitet als in Unternehmen.

Für praktisch jede Art von Unternehmen gilt, dass die Manager die Produktivität ihrer Mitarbeiter steigern müssen. Das geschieht am besten dadurch, dass sie ihre wichtigsten Leute regelmäßig beurteilen und bewerten, vor allem hinsichtlich deren Stärken und der Resultate, die sie erzielen. Außerdem sollten sich die Führungskräfte immer wieder fragen: Haben wir die richtigen Leute an den richtigen Stellen? Können sie dort das Beste leisten, wozu sie fähig sind? Sind die Aufgaben richtig definiert, das heißt, selbst wenn die geforderte Leistung erbracht wird, steigert sie dann auch wirklich den Wert des Unternehmens? Welche Änderungen können wir an den Stellen, an den Aufgaben, an der Stellenbesetzung vornehmen, um noch bessere Ergebnisse zu erzielen?

Fehlgeleitete Vergütungssysteme

Mitte der 1980er-Jahre war Drucker auf die Unternehmen in Amerika zusehends schlecht zu sprechen. Die Vergütungen für die Leute im Top-Management seien „völlig außer Kontrolle" geraten, meinte er. Den Leitern der Unternehmen wurden Millionen und Abermillionen in Form von Gehältern und Aktienoptionen gezahlt ohne Rücksicht darauf, wie viel ihre

Unternehmen verdienten, und gleichzeitig entließen sie Zehntausende ihrer Arbeiter und Angestellten.

Nach Druckers Ansicht waren vor allem Aktienoptionen eine kurzsichtige Vergütungsvariante, weil sie Top-Managern nur einen Anreiz für kurzfristig zu erzielende positive Ergebnisse geben ohne Rücksicht auf das langfristige Unternehmenswohl. Er sagte, die Kursentwicklung der jeweiligen Aktie sollte kein Kriterium für die Vergütung des Top-Managements sein.

Er hielt es für geradezu obszön, wenn in den USA den Leuten im Vorstand unter Umständen das mehrfache Hundertfache eines durchschnittlichen Angestelltengehalts gezahlt wurde, wohingegen in Japan die Top-Manager etwa das Vierzigfache eines Durchschnittsgehalts verdienten. Damals fing Drucker an, gerade die Unternehmen scharf zu kritisieren, mit denen er sich in den vorangegangenen vierzig Jahren überwiegend beschäftigt und über die er so viel geschrieben hatte. Das erklärt auch, warum er sich zunehmend mit gemeinnützigen Organisationen beschäftigte. Drucker war bereits seit vielen Jahren als Berater für gemeinnützige Organisationen tätig, aber seine Abscheu gegenüber den gierigen drittklassigen Vorständen markierte wirklich einen Wendepunkt für ihn.

In den 1980er-Jahren vollzog sich in der Unternehmenswirtschaft in Amerika ein tiefgreifender Wandel. In der vorangegangenen Dekade waren viele Unternehmen in die Knie gegangen; sie hatten in den darauffolgenden Jahren angesichts eines lang anhaltenden Bärenmarktes an der Börse, durch immer wieder auftretende Rezessionsphasen, durch den Ölschock und schwindelerregende Zinsen, teilweise um die 20 Prozent, große Mühe, wieder die Kurve zu kriegen.

Große Unternehmen wie General Electric gingen daher in den 1980er-Jahren in die Offensive. In dem Bestreben, die Ergebnisse um jeden Preis zu verbessern, führten die Firmen durchgreifende Restrukturierungsmaßnahmen durch: Ganze Managementebenen wurden eliminiert und Mitarbeiter in vorher nicht gekannter Zahl entlassen.

Hinzu kamen teilweise milliardenschwere – oftmals feindliche – Übernahmen; Drucker ist davon überzeugt, dass solche Vorgänge eher Teil des Problems und nicht der Lösung waren, denn in der Regel schadete dies den beteiligten Firmen mehr, als dass es nützte. Und das Schlimmste von allem war, dass die Bezüge der Vorstände in den Himmel schossen, während es gleichzeitig bei den Belegschaften massenweise zu Entlassungen kam. Zwischen 1970 und 1990 stiegen die Bezüge vor allem der obersten Top-Manager grob gerechnet um 400 Prozent, wohingegen sich die Durchschnittsbezahlung auf den unteren Ebenen nach Abzug der Inflation kaum bewegte. Das wollte Drucker überhaupt nicht einleuchten, der ja im Unterschied zu den früher herrschenden Ansichten einer der Ersten war, der in den Menschen, die in einem Unternehmen arbeiten, einen der wichtigsten Aktivposten sah – und nicht nur einen Kostenfaktor.

Diese unverhohlene Gier und Selbstbedienungsmentalität war eine Verhöhnung des auf die Aufklärung zurückgehenden Ideals, das Drucker von seinem ersten wichtigen Buch an immer wieder vertreten hatte: „In ethischer und sozial verantwortungsvoller Hinsicht ist das einfach unverzeihlich", schrieb Drucker, der im Übrigen der Ansicht war, die Bezahlung der Top-Manager sollte etwa das Zwanzigfache des durchschnittlichen Arbeitseinkommens nicht übersteigen und einfach gekappt werden. „Wir werden eines Tages einen hohen Preis dafür bezahlen müssen", warnte er und bezeichnete diese eklatanten Vergütungspraktiken als „das ultimative Scheitern des Unternehmenskapitalismus". Nach Druckers Ansicht ist die Unternehmenswirtschaft in vieler Hinsicht selbst so etwas wie ein Dauerproblem geworden.

Die 80/20-Regel richtig anwenden

Peter Drucker hatte nie ein Problem damit, seinem Instinkt zu folgen, und wandte seine ganze Aufmerksamkeit den gemeinnützigen Organisationen zu. Kirchen, Universitäten und andere Schulen und Bildungseinrichtungen (die sich in den USA zu einem Gutteil selbst finanzieren und auf eine wirtschaftlich solide Grundlage stellen müssen) viele Gesundheits- und Gemeindeeinrichtungen und Wohltätigkeitsorganisationen, sogar die Girl Scouts – sie alle wurden seine begeisterten und zufriedenen Klienten. „Ich habe mich in meiner Beratertätigkeit für Colleges, Universitäten und Kirchen sehr viel mit der Innovation in diesen Institutionen befasst", sagte er.

Aber weder die Universitäten noch die Kirchen stellten für ihn die größte Managementherausforderung dar. Drucker zufolge sind die Krankenhäuser die Institutionen mit den meisten falsch justierten Stellschrauben: „Ich würde sagen, ein Krankenhaus stellt bei weitem die schwierigste Managementaufgabe dar."

Drucker führte weiter aus, dass die Krankenhäuser nur dann gut funktionieren, wenn Patienten an lebensbedrohlichen Krankheiten leiden: „Krankenhäuser können mit Leuten, die nicht wirklich ernsthaft krank sind, einfach nicht richtig umgehen; die Krankenhäuser mögen so etwas einfach nicht." Zur Erläuterung fügte er hinzu, dass jede Nachtschwester innerhalb weniger Minuten ein Rettungsteam zusammentrommeln kann, wenn eine alte Dame um drei Uhr morgens einen Herzstillstand hat. Aber außer bei solchen Notfällen sind Krankenhäuser im Allgemeinen „völlig desorganisiert".

Krankenhäuser mögen keine Menschen, die nicht wirklich ernsthaft krank sind, ist auch einer von diesen typischen Drucker-Sätzen. Die meisten Menschen, die schon einmal mit einer kleineren Verletzung in der Notaufnahme eines Krankenhauses gewartet haben, bis sie drankommen, wissen, dass Drucker hier – im übertragenen Sinn – den Finger in die Wunde gelegt hat. „Krankenhäuser lieben den Ausnahmezustand. Dafür sind sie organisiert. Aber achtzig Prozent der Patienten sind nicht in einem lebensbedrohlichen Ausnahmezustand ... und mit denen gehen sie recht nachlässig um."

Wenn Drucker hier von der 80/20-Regel in Bezug auf Krankenhäuser spricht, dann sind wir gezwungen, auch Firmen und Unternehmen in einem anderen Licht zu betrachten. Die altbekannte 80/20-Regel besagt, dass eine Firma 80 Prozent ihrer Erträge von 20 Prozent ihrer Kunden generiert. Wenn man die 80/20-Regel jedoch aus einer umgekehrten Perspektive betrachtet – dass ein Unternehmen nur für eine Minderheit seiner Kunden organisiert ist – dann bringt uns Druckers Ansatz dazu, die Grundannahmen und grundlegenden Strategien, auf denen unser Geschäftsmodell aufbaut, zu überdenken.

Einer der zentralen Punkte dabei ist, nichts für selbstverständlich zu nehmen. So kann es sich durchaus lohnen, einem kleineren, unerschlossenen

Marktsegment eine Zeitlang die volle Aufmerksamkeit zu schenken und dadurch hohe Margen zu erzielen. Drucker legte den Firmenmanagern immer wieder nahe, sich nicht nur um die Kunden ihrer Firma zu kümmern, sondern auch um die Nichtkunden.

Ein Beispiel aus jüngerer Zeit wie man mit so etwas gut fährt, ist die Abspeck-Firma NutriSystem. Nach einer Flaute-Phase in den 1990er-Jahren änderte das Unternehmen zweimal seinen Namen und richtete sich in den Jahren nach 2000 strategisch neu aus. 2006 verzeichnete es einen Umsatzanstieg um 167 Prozent (auf 568 Millionen Dollar) sowie einen Ertragsanstieg um rund 300 Prozent.

Das gelang NutriSystem, weil sich die Firma auf ein Marktsegment konzentriert hatte, das die Mitbewerber ignoriert hatten: Männer. Und das, obwohl diätwillige Männer nur ein Fünftel des Diäternährungsgesamtmarktes ausmachen. Der Vorstandsvorsitzende begründete den Erfolg damit, dass sich der von anderen Diätnahrungsherstellern lange vernachlässigte Mann mit Ambitionen auf eine Traumfigur als große Marktchance für NutriSystem erwiesen habe. Gleichzeitig vernachlässigte die Firma natürlich keineswegs ihre große Kernzielgruppe: Frauen mit Traumfigurambitionen.

Anders als irgendwelche anderen beliebigen Organisationen müssen Krankenhäuser natürlich in allererster Linie für die 20 Prozent Patienten mit lebensbedrohlichen Krankheiten ausgelegt sein. Das können sie sich nicht anders aussuchen. Sie sind die letzte Rettung bei schweren Krankheiten oder bei Unfällen. Fast alle anderen Organisationen unterliegen nicht vergleichbaren Zwängen. Im Übrigen kann und sollte eine Firmenleitung ihre Organisation so ausrichten, wie sie für die Mehrheit oder die Kerngruppe ihrer Klientel am besten geeignet ist, es sei denn, man erwartet eine dramatische Veränderung im jeweiligen Geschäftsumfeld (neue Technologien, neue Wettbewerber) oder in der grundlegenden Kundenzusammensetzung (demografische Veränderungen). Das Beispiel von NutriSystem zeigt jedoch, dass sich auch für Unternehmen und Organisationen, die sich um bisherige Nichtkunden sinnvoll bemühen, sehr günstige Gelegenheiten für außergewöhnliche Erträge bieten.

Wie man die Stellschrauben richtig einstellt

Es gibt eine Reihe von Möglichkeiten, wie man als Manager dafür sorgen kann, Pannenstellen zu beseitigen, schlechte Entscheidungen zu verhindern und ineffektive Arbeitsabläufe und Gewohnheiten abzustellen, die zu einer schlechten Performance beitragen:

- **Sorgen Sie dafür, dass Ihre besten Leute an den Stellen sitzen, wo sie sich am besten entfalten und am meisten bewirken können** (bringen Sie zum Beispiel Stärken mit Stärken zusammen).

- **Schreiben Sie Ihre Prioritäten nieder, aber nicht mehr als zwei,** und stellen Sie sicher, dass sich auch Ihre Mitarbeiter auf ihre richtigen Prioritäten konzentrieren. Drucker betont, dass er nie einen Manager gekannt hat, der mehr als zwei Prioritäten gleichzeitig verfolgen konnte.

- **Bewahren Sie sich eine Außenwahrnehmung,** indem Sie dafür sorgen, dass die Manager auf allen Ebenen auch Kontakt mit den Kunden im Markt haben; das ist schließlich der einzige Ort, wo wirklich Ergebnisse erzielt werden (im nächsten Kapitel wird zu diesem Thema ausführlicher die Rede sein).

- **Unterziehen Sie die Strukturen, Abläufe und Entscheidungen einer permanenten Überprüfung** und schaffen Sie alles ab, was in zusätzliche Bürokratie ausartet und die Produktivität verringert.

- **Überprüfen Sie Ihr Vergütungssystem,** um sicherzustellen, dass solche Ergebnisse belohnt werden, die wirklich etwas bewegen.

Mission Statements: Klare Aufgabenformulierungen verhindern den Zerfall

Drucker hat schon sehr früh in seinen Werken formuliert, wie wichtig es ist, ein Geschäftsvorhaben zu definieren, dass dies aber gar nicht so leicht ist. Einen der Gründe für diese Schwierigkeit muss man in Zusammenhang mit Druckers fundamentalstem Grundgesetz für die Geschäftswelt sehen: Allein der Kunde definiert ein Geschäftsvorhaben. Betrachten wir ein letztes Mal Druckers Krankenhausbeispiel, um uns darüber Gewissheit zu verschaffen.

Drucker beschrieb einmal ausführlich, wie er mit einem Team von Verwaltungsfachleuten eines Krankenhauses zusammengesessen war, um ein *Mission Statement* für deren Notfallaufnahme zu erarbeiten. Auf den ersten Blick scheint das nicht besonders schwer zu sein, aber das war es keineswegs. Für Allgemeinplätze à la „Unsere Aufgabe ist die Gesundheitsfürsorge“, wie sie sich in den meisten Krankenhäusern finden, hatte er keine Verwendung. Das ist auch von vornherein die falsche Definition, betonte Drucker. „Ein Krankenhaus dient mitnichten der Gesundheitsfürsorge; in einem Krankenhaus kümmert man sich um Krankheiten.“

„Ein *Mission Statement* muss konkrete Aufgaben definieren, ansonsten verkündet man lediglich gute Absichten.“ In Druckers Augen wäre eine Aussage wie „den Leidenden zu helfen“ eine sehr viel passendere Aufgabenbeschreibung für eine Notfallstation. Auch wenn viele der Verwaltungsfachleute im Krankenhaus der Meinung waren, diese Definition sei zu allgemein und auch einfach „zu offensichtlich“, hielt Drucker sie für durchaus zielgerichtet, denn sie schloss sowohl die 80 Prozent wie die 20 Prozent mit ein. Schließlich, so argumentierte er, ist die unmittelbare Leidenslinderung und Hilfe genau die Art von „Service“, die von den meisten Menschen, die dorthin kommen, erwartet wird, und das ist es auch, was sie dort erhalten. „‚Ihr Sohn hat zwar hohes Fieber, aber es ist nichts wirklich Ernstes‘, sagt der Bereitschaftsarzt, nachdem er den Jungen untersucht hat. ‚Der Ausschlag Ihrer Mutter sieht schlimm aus, aber das ist nichts Lebensbedrohendes.‘ ‚Das Gelenk Ihrer Schwester ist bloß verstaucht; sie legen zu Hause am besten Eis drauf.‘ Nur bei weniger als 20 Prozent der Patienten ist die Krankheit so ernst, dass sofort mit einer medizinischen Behandlung begonnen werden muss.“ Drucker konzentrierte seine Aufmerksamkeit immer auf die Phänomene, wo die wirklichen Probleme lagen, und nicht auf Nebensächlichkeiten, bei denen allerdings immer wieder die Gefahr besteht, dass sie selbst Manager mit den besten Absichten über Gebühr beschäftigen und ablenken.

Drucker ist der Auffassung, dass es die Aufgabe einer Führungspersönlichkeit sei, „das *Mission Statement* eines Unternehmens konkret zu formulieren“. Nur solche konkreten *Mission Statements* kommunizieren der

Belegschaft, was jeder Einzelne tun muss, damit das Unternehmen seine Ziele erreicht.

Beim Mittagessen verallgemeinerte Drucker dieses Beispiel und hob einen weiteren Punkt hervor, der ihm wichtig war: dass nämlich ein Unternehmen trotz seiner Mängel durchaus leistungsfähig sein kann, sofern seine Aufgabe klar definiert ist: Auch ein ansonsten mit Mängeln behaftetes Krankenhaus kann sich bei Notfällen als sehr leistungsfähig erweisen, weil die Mitarbeiter sich in solchen Situationen sehr engagiert zeigen und wissen, was sie zu tun haben. Krankenhäuser lieben den Ausnahmezustand – erst in Notfällen zeigen sie richtig, was sie können.

Drucker erklärte dann noch, wie die Aufgabenstellung eines Krankenhauses sich auch als Orientierung für die spezifischen Talente seiner Mitarbeiter auswirkt. So unterscheiden sich beispielsweise Krankenschwestern, die in der Notaufnahme Dienst tun, sehr stark von solchen, die lieber in einer Arztpraxis arbeiten: „Wenn sie den Einsatz in der Notaufnahme nicht mögen, dann entscheiden sie sich eben für eine Arztpraxis, wo es keine Notfälle gibt und wo die Arbeit viel leichter ist." Drucker meinte, wenn ein Patient mitten in der Nacht Krämpfe bekommt und seinen Arzt anruft, schickt der ihn auch in die Notaufnahme. „Dann muss sich die Krankenschwester mit dem Fall befassen, nicht die Arzthelferin."

Störfaktoren im Verlagswesen

Betrachten wir ein weiteres Beispiel, wo Unternehmen Probleme bekommen, wenn sie sich nicht oder nicht richtig fokussieren. Das Beispiel stammt aus einer vergleichsweise kleinen Branche, dem Verlagswesen. Auch wenn sein Name auf dieses Gewerbe verweise, erklärte mir Drucker mit ironischem Lächeln, habe er sich selten so getäuscht wie mit Voraussagen über die Zukunft dieser Branche. In seinem ganzen Berufsleben sei er im Hinblick auf das Verlagsgeschäft immer wieder zu falschen Aussagen gelangt.

Vielleicht liegt es an dem einzigartigen Charakter des Verlagswesens, dessen Produkte nicht einfach so am Fließband entstehen, sondern der Kreativität, der ganz persönlichen inneren Anteilnahme der Autoren zu verdanken sind. Eine andere bemerkenswerte Eigenart besteht darin, wie die individuellen Fähigkeiten eines Autors mit einer Vielzahl schwer zu bestimmender Faktoren in Übereinstimmung kommen, die für das Publikum eine besondere Bedeutung haben, wenn das Buch auf den Markt kommt. Gleichwohl ähnelt das Verlagswesen anderen Branchen insofern, als der bei weitem größte Anteil der Erträge (vermutlich bis zu 90 Prozent) nur mit einem relativ kleinen Anteil der Produkte (etwa 10 Prozent) erwirtschaftet wird. Außerdem werden Bücher nicht getestet, bevor sie auf den Markt gebracht werden.

Jedes größere Verlagshaus bringt pro Saison mehr als hundert neue Titel auf den Markt, es konzentriert sich also, anders als viele andere, keineswegs auf einen einzigen Markenartikel. Ein Backwaren- und Süßigkeitenhersteller wie Nabisco würde nie mit hundert verschiedenen neuen Keksen und Schokoladeprodukten pro Halbjahr in die Supermärkte gehen. Auch Coca-Cola würde sich hüten, 150 neue Getränke auf den Markt zu werfen. Bücher gehören zu den wenigen Konsumprodukten, die *nicht* wie Konsumprodukte vermarktet werden.

Weil man den Abverkauf vieler Bücher für das breite Publikum nie genau vorhersagen kann und immer wieder Überraschungen erlebt – und zwar positive Überraschungen und genauso oft Enttäuschungen – ist es für die Verleger praktisch unmöglich, schon im Voraus die „Flops" auszusortieren. Nur das, was nach der Veröffentlichung eines Buches passiert, offenbart, wo in dieser Branche immer wieder Störfaktoren auftauchen.

Gerade diejenigen Autoren, deren Bücher sich nicht verkaufen, die also die schwächsten Produkte am Markt geliefert haben, belasten die personellen und materiellen Ressourcen der Verlagsorganisation meist am stärksten. Unzufriedene Autoren bombardieren die Verlage häufig mit Anrufen, E-Mails und Briefen, in denen sie sich nur beklagen. Viele finden auch ohne große Umschweife den Weg an die Verlagsspitze, also bis in das Büro des Verlegers. Wenn das passiert, dann läuft das Verlagsgetriebe auf Hochtouren, um die Kümmernisse abzumildern und das Problem zu beheben.

Wenn solch ein Zornesschreiben von der Spitze in der Hierarchie nach unten durchgereicht wird, also vom Verlegerbüro etwa an die betroffenen

Lektoren, den Marketingmanager und die Pressestelle, dann müssen diese hochkarätigen Leute alles stehen und liegen lassen, um den gekränkten Autor nach Möglichkeit zu besänftigen. Nur wenige Autoren können sich damit abfinden, dass ein Buch, das sich am Markt nicht durchsetzen konnte, einfach nicht mehr zu retten ist. Keine noch so teure und aufwändige Werbekampagne könnte daran jemals etwas ändern. Angesichts von 175 000 neuen Buchtiteln pro Jahr allein in den Vereinigten Staaten braucht man sich wirklich nicht zu wundern, wenn die große Mehrheit der Titel floppt.

Und das ist nur ein Beispiel. In welchen Branchen und Unternehmen gibt es nicht ähnliche Beispiele? Drucker ist davon überzeugt, dass es in allen Firmen zumindest hin und wieder dazu kommt, dass man sich zu stark mit den falschen Dingen beschäftigt: „In jeder Firma gibt es Dauerprobleme und Störfaktoren, die ewig mitgeschleppt werden: Das sind meistens irgendwelche falsch justierten Stellschrauben bei den Prozeduren und Abläufen, durch die Fehlverhalten gefördert und belohnt sowie effizientes und richtiges Verhalten behindert und sogar bestraft wird."

Um zu verhindern, dass derartige Probleme irgendwann überhandnehmen und damit die ganze Firma blockieren, müssen die oberen Führungskräfte dafür Sorge tragen, dass das ganze Unternehmen, seine Struktur und seine Mitarbeiter sich hauptsächlich um diejenigen Produkte, Dienstleistungen und Kunden kümmern, die den Löwenanteil des Ertrags einbringen. Und die fähigsten Leute müssen sich mit den Geldbringern der Zukunft befassen. Um das zu erreichen, ist es ratsam, Teams oder Projektgruppen zu bilden, die sich nur mit den Projekten, Produkten oder Ideen befassen, die wirkliches Potenzial für die Zukunft der Firma haben. Das ist eine der Möglichkeiten, wie ein Unternehmen Innovationsmechanismen in seine Organisation einbauen kann. Ferner müssen die Unternehmen bei allen Entscheidungen stets im Auge behalten, dass die Firma sowohl in der nahen Zukunft als auch auf Dauer davon einen Nutzen hat. Und sie müssen sicherstellen, dass sie ihr Kerngeschäft und ihre Stammkunden nicht vernachlässigen, andernfalls haben sie ihre eigene Zukunft verspielt.

Dauerprobleme und Störfaktoren beheben

Um sicherzustellen, dass eine Firma nicht von ungelösten Dauerproblemen überrollt und gelähmt wird, müssen Manager die ihnen direkt unterstellten Mitarbeiter regelmäßig informieren und bewerten. Mitarbeiter sollten dort eingesetzt werden, wo sie sich am besten entfalten können. Außerdem sollten Strukturen und Abläufe ebenfalls regelmäßig einer Revision unterzogen werden, damit ein Unternehmen sich von überflüssig gewordenem Ballast befreien kann. Sie sollten ebenfalls sicherstellen, dass jeder einzelne Mitarbeiter seine Aufgaben kennt und sie auch präzise formulieren kann. Nur durch wirklich konkrete Aufgabenstellungen werden die Angestellten einer Firma in die Lage versetzt zu wissen, was sie dazu beitragen müssen, damit das Unternehmen seine Ziele erreicht. Um sicher zu sein, dass sie das Marktpotenzial ausschöpfen, müssen sich die Manager auch darum bemühen, bisherige Nichtkunden als Kunden zu gewinnen. Dazu gehört auch, dass man sich nicht von Dauerproblemen und Störfaktoren ablenken lassen darf, die nur unnötige Zeit und Kraft kosten (wie an dem Beispiel aus dem Verlagswesen deutlich wurde).

Kapitel 4
Die Außenansicht

„Eine Führungskraft sitzt mehr oder weniger abgeschottet im Zentrum eines Unternehmens ... Er oder sie betrachtet die Umgebung und vor allem die Außenwelt nur durch sehr dicke Brillengläser, die den Blick unausweichlich verzerren. Über das, was draußen vorgeht, fehlt es im Allgemeinen an jeglicher unmittelbaren Erfahrung. Das wird nur durch die eingebauten Berichtsfilter wahrgenommen."

Schon seit einiger Zeit wird viel darüber geschrieben, wie wichtig es ist, die Außenwahrnehmung zu schärfen. Gemeint ist damit eine Sicht auf das eigene Unternehmen aus dem Blickwinkel eines Kunden, Zulieferers oder sogar eines gänzlich Unbeteiligten.

Das Thema war so wichtig, dass sich auch bekannte Autoren und Wissenschaftler damit beschäftigten. Noel Tichy (der Leiter der konzerneigenen Managementakademie von General Electric in Crotonville Mitte der 1980er-Jahre) und der Consultant-Guru Ram Charan behandelten dieses Thema in ihrem hochgepriesenen Buch *Every Business Is a Growth Busi-*

ness, das im Jahr 2000 erschien. Vor kurzem hat Barbara Bund vom Massachusetts Institute of Technology (MIT) ein ganzes Buch geschrieben, das sich nur mit diesem Thema befasst.

Wie wir es schon bei so vielen anderen wichtigen Themen gesehen haben, ist Peter Drucker auch hier der geistige Vater, wo es um die Außenansicht eines Unternehmens geht.

Das Stichwort Außenansicht ist ein Klassiker von Drucker. Wenn man sich um eine Außenansicht seines Unternehmens bemüht, bedeutet das automatisch, seine bisherige Perspektive aufzugeben. Man stellt sich damit einer ganz neuen Wirklichkeit und sieht das eigene Unternehmen nun aus dem Blickwinkel des Kunden. Sein eigenes Unternehmen ist dabei alles andere als ein Verbündeter für einen Manager.

Drucker war der erste Managementautor, der darauf hinwies, dass jedes Unternehmen naturgemäß den Blickwinkel eines Managers einengen, ihn beinahe einkerkern und bestimmte Führungsfähigkeiten zerstören kann. Zu diesem Schluss war er keineswegs über Nacht gekommen. Diese Erkenntnis hatte sich erst allmählich gebildet.

Zunächst muss man von dem ausgehen, was ich gerne als „Druckers Gesetz“ bezeichnen möchte. Das beschrieb er in seinem bahnbrechenden Buch von 1954 *The Practice of Management* (Die Praxis des Managements) folgendermaßen: *„Es gibt nur eine wirklich gültige Definition für jedwede Art von Geschäftsvorhaben: Man muss einen Kunden schaffen.“* Das wurde zu Druckers bekanntestem Managementprinzip. Er hat einmal gemeint, der Grund, warum sich das als so durchschlagend erwiesen habe, liege in seiner Einfachheit; es gibt in dieser Aussage „nur ein einziges Bewegungsprinzip“. Drucker führte dieses Konzept in zwei weiteren Büchern aus, in denen er die faktischen Gegebenheiten und die Grenzen beschrieb, innerhalb deren ein Manager agieren muss.

Acht Fakten, die für jeden Manager gelten

In seinem Buch *Managing for Results,* das 1964 erschien und das Drucker als „Gebrauchsanweisung“ bezeichnet, erweitert er die Erörterung des

Themas „Außenansicht". Er spricht auch davon, dass viele Manager wie in einem Hamsterrad gefangen seien, weil sie ihre ganze Zeit dafür aufwendeten, nur auf das zu reagieren, „was der Postbote im Eingangsfach ablegt" (das moderne Äquivalent dazu ist der Posteingang von Outlook; diese Verhaltensweise ist der Inbegriff der reinen Binnensicht). Mit dieser Art von passivem Management – das ich als Postfachmanagement bezeichnen möchte – ist man unweigerlich zum Scheitern verurteilt. Drucker erklärt, warum das Postfachmanagement eine Falle ist, in die sehr viele Manager unversehens hineingeraten.

Seine Erklärung setzt damit an, dass er acht grundlegende Fakten des Geschäftslebens aufzeigt, mit denen alle Manager umgehen müssen, wenn sie den Erfolg ihres Unternehmens steigern wollen. Diese Fakten beschreiben „die grundlegenden Konstanten der Außenwelt, also diejenigen Faktoren, die jeder Geschäftsmann als vorgegeben akzeptieren muss und die sowohl eine Beschränkung wie eine Herausforderung darstellen". Die Art, wie ein Unternehmen mit diesen Gegebenheiten umgeht, entscheidet über sein Wohl und Wehe. Wem es gelingt, diese Beschränkungen als Gelegenheiten zu begreifen, wird auf lange Sicht überdurchschnittliche Ergebnisse erzielen. Hier folgt nun eine Kurzfassung von Druckers acht grundlegenden Fakten.

- **Die Ergebnisse und Ressourcen existieren nur außerhalb des Unternehmens.**
  Immer wieder wies Drucker darauf hin, dass innerhalb einer Firma keine Profite existieren, sondern nur Kostenstellen. Das, was viele als „Profitcenter" bezeichnen, sind in Wahrheit „Kostencenter". Erträge werden niemals von irgendjemandem innerhalb eines Unternehmens generiert, sondern sie kommen vom Kunden draußen auf dem Markt. „So wird es immer ein Jemand außerhalb des Unternehmens sein, der entscheidet, ob die Leistung des Unternehmens mit wirtschaftlichen Erfolgen belohnt wird oder ob sie vergebens und vertan sein soll", argumentiert Drucker klipp und klar.

- **Erfolge werden durch Ausnutzen der Möglichkeiten erzielt und nicht durch Problemlösungen.**
  Von der Problemlösung kann man bestenfalls die Wiederherstellung der Ausgangssituation erhoffen. Um Ergebnisse zu erzielen, müssen

Manager Gelegenheiten ergreifen und ausnützen. In den meisten Unternehmen sind die besten Leute viel zu viel damit beschäftigt, Probleme zu beseitigen, statt nach neuen Gelegenheiten Ausschau zu halten, die einem morgen Geld einbringen können.

- **Um Erfolge zu erzielen, müssen die Ressourcen des Unternehmens auf Möglichkeiten und nicht auf Probleme ausgerichtet werden.**
  Zu viele Manager verschwenden Ressourcen, indem sie sie auf das Beseitigen von Problemen verschwenden. „Das Streben nach höchster Nutzung der Möglichkeiten ist ein sehr bedeutsames und klar umrissenes Prinzip unternehmerischer Geschäftspolitik. Dieses Prinzip will besagen, dass eher wirtschaftliche Wirksamkeit (effectiveness) als Leistungsfähigkeit (efficency) das wesentliche Element im Wirtschaftsleben darstellt. Die entscheidende Frage ist also nicht, auf welche Weise die Aufgaben richtig gelöst werden können, sondern auf welchen Wegen man zu den richtigen Aufgaben hinfindet, um dann die Ressourcen des Unternehmens darauf zu konzentrieren", präzisiert Drucker.

- **Wirtschaftliche Erfolge werden durch Marktführerschaft erzielt.**
  „Gewinne sind der Lohn für einen einmaligen oder wenigstens hervorragenden Beitrag auf einem bedeutsamen Gebiet … das, was der Markt als Wert aufnimmt", versichert Drucker. Die Größe einer Firma ist nicht gleichzusetzen mit Marktführerschaft. Die höchsten Profite gehen nicht automatisch an die größten Firmen. „Ein Unternehmen, das wirtschaftliche Erfolge haben will, muss seine Führerschaft durch irgendetwas von wirklichem Wert für Verbraucher und Markt beweisen", schrieb Drucker. „Dieses Etwas kann in einer sorgfältig abgestimmten und hervorragenden Eigenschaft seiner Erzeugnisse liegen, in seinen Dienstleistungen oder im Vertrieb. Es kann sich in der Fähigkeit manifestieren, Ideen schnell und ohne hohe Kosten als gängige Artikel auf den Markt zu bringen."

- **Jede Marktführerschaft ist vergänglich und hat gewöhnlich kein langes Leben.**
  Eine Marktführerschaft kann man nur zeitweilig innehaben. „Das Unternehmen neigt dazu, aus der Führerschaft in die Mittelmäßigkeit abzugleiten", schrieb Drucker. „Es ist die Aufgabe der Unternehmensführung, der Strömung entgegenzusteuern und alle Kräfte auf die Chancen aus-

zurichten und – weg von der Problembefangenheit – sich dem Trend zur Mittelmäßigkeit entgegenzustellen und das Trägheitsmoment durch neue Kraftentfaltung und neue Zielsetzung zu überwinden."

- **Alles Gegenwärtige ist im Altern begriffen.**
  Drucker weist eindrücklich darauf hin, dass Manager „noch Zeit auf den Versuch verwenden, die vergangene Zeit rückgängig zu machen". Die Produkte, die heute am Markt erfolgreich sind, sind im Grunde von gestern. Auch die besten Manager laufen Gefahr, sich an überholten Dingen abzuarbeiten, und tappen damit in die Falle. Führungskräfte, die wirklich etwas bewegen, haben verstanden, dass die Entscheidungen und Aktionen, die in ihrer Firma bereits umgesetzt sind, durch Einwirkungen von außen und das sich beständig verändernde Umfeld obsolet werden. „Jede Entscheidung oder Handlung veraltet von dem Moment an, da sie getroffen wurde", schrieb Drucker. „Wie Generäle zum letzt-durchkämpften Krieg rüsten, so zeigt sich bei Geschäftsleuten eine anhaltende Tendenz, immer wieder in ihre Denkweise beim letzten Boom oder bei der letzten Depression zurückzufallen."

- **Die vorhandenen Mittel sind wahrscheinlich falsch disponiert.**
  Bei diesem Punkt erinnert Drucker an die 80/20-Regel, wobei er der Ansicht ist, sie müsste eigentlich 90/10-Regel heißen. Das bedeutet, die besten 10 Prozent von allem, was in einem Unternehmen geschieht, generieren 90 Prozent der Erträge. Das gilt für Produkte, Kunden, ja selbst für die eigene Verkaufstruppe (die 10 Prozent besten Verkäufer bringen 90 Prozent der wertvollsten Aufträge). Die Konsequenz daraus kann nur sein, das beste Potenzial einer Firma – Mitarbeiter und Sachmittel – für diejenigen Projekte und Produkte einzusetzen, die auch das Potenzial haben, den Löwenanteil des Geschäfts von morgen zu erwirtschaften.

- **Konzentration ist der Schlüssel zum Bereich der wirtschaftlichen Ergebnisse.**
  Ein Unternehmen muss der Versuchung widerstehen, sich in vielen verschiedenen Aktivitäten zu verzetteln. Es bringt mehr, wenn man alle Anstrengungen auf wenige Produkte, Dienstleistungen, Kunden, Märkte etc. konzentriert. Drucker behauptet, dass keine Regel erfolgreichen Managements so oft gebrochen wird wie dieses Konzentrationsprinzip. Ganz ähnlich ist es, wenn Manager daran gehen, Kosten zu senken.

Dann wird überall ein bisschen was weggeschnitten (auch ein bisschen Fleisch), statt beherzt das Fett abzuschneiden. Dadurch kann ein Unternehmen schnell aus dem Gleichgewicht geraten. Stattdessen sollten Führungsleute viel strategischer vorgehen und sich genau ansehen, welche Bereiche weitgehend unangetastet bleiben können und wo man tiefe Einschnitte machen kann, ohne die Grundlagen zu zerstören.

Drei Jahre danach vertiefte Drucker seine These „Ergebnisse und Ressourcen existieren nur außerhalb des Unternehmens" in seinem Buch *The Effective Executive*. Drucker wies darauf hin, dass sich viel zu viele Unternehmen einigeln oder kurzsichtig werden, weil niemand genügend Zeit auf dem Marktplatz verbringt, „der einzige Ort, der wirklich wichtig ist", wie er es formulierte, weil nur hier wirklich Ergebnisse erzielt werden.

Das ist genau der Grund, warum jener kurzsichtige und nach innen gerichtete Blick einem Manager in keiner Weise weiterhilft, um die Bedürfnisse des für die Firma wichtigsten Kundenkreises zu verstehen. Aber es ist in der Tat nicht leicht, eine derartige Außenansicht zu entwickeln; das wird durch eine ganze Reihe anderer „kaum zu überwindender Realitäten" des Firmenlebens sehr erschwert.

Zusammen mit den acht Fakten, die Drucker in *Managing for Results* beschrieben hat, ergeben diese Realitäten ein ziemlich vollständiges Bild der Schwierigkeiten, mit denen sich jeder Manager Tag für Tag auseinandersetzen muss. Diese zeitlos gültigen Beobachtungen sind heutzutage genauso nützlich wie vor vierzig Jahren, als Drucker sie zum ersten Mal beschrieb.

Weitere Fakten aus dem Manageralltag

Ein weiteres Faktum ist, dass die Zeit einer Führungskraft nicht ihr selbst gehört, sondern *allen anderen*. Mit anderen Worten, Manager sind Gefangene ihres eigenen Unternehmens. Sie müssen sich mit Vorgesetzten, Aufsichtsgremien, Mitarbeitern, die ihnen unterstellt sind, Präsentationen, Budgets und Personalproblemen herumschlagen.

Die Zeit der Führungskräfte wird von so vielen Dingen aufgefressen, dass er oder sie nie Zeit für eigene Aufgaben haben. Je höher sie in der Hierarchie rangieren, desto weniger können sie über ihre Zeit verfügen. Diese „im System gefangenen" Top-Leute kommen schon kaum dazu, über den Rand ihres Eingangspostfachs zu schauen, und haben erst recht keinen Blick mehr dafür übrig, was sich auf dem Marktplatz tut.

Zu dieser Art von Realität gehört Drucker zufolge ferner, dass „eine Führungskraft mehr oder weniger abgeschottet im Zentrum eines Unternehmens sitzt ... Er oder sie betrachtet die Umgebung und vor allem die Außenwelt nur durch sehr dicke Brillengläser, die den Blick unausweichlich verzerren. Über das, was draußen vorgeht, fehlt es im Allgemeinen an jeglicher unmittelbaren Erfahrung. Das wird nur durch die eingebauten Berichtsfilter wahrgenommen."

Aus diesem Grund ist es für Manager von entscheidender Bedeutung, dass sie bewusst eine Außenansicht entwickeln, um die Auswirkungen der manchmal autistisch anmutenden Gewohnheiten eines Unternehmens zu neutralisieren. Wegen dieser beiden Lebenstatsachen – dass ein Manager im Grunde nie Herr seiner Zeit ist und den Markt nur durch eine Zerrbrille wahrnimmt – stellt die Entwicklung einer eigenen Außenansicht eine Schlüsselherausforderung für das Management dar. Drucker wies ebenfalls darauf hin, dass gerade der leitende Manager an der Spitze das entscheidende Scharnier zwischen Innen- und Außenansicht sein muss. Auch wenn diese Einsicht eigentlich ziemlich leicht nachzuvollziehen ist, brauchte einer der erfolgreichsten Manager unserer Zeit mehrere Jahre, bevor er die volle Bedeutung dessen erfasst hatte, was mit Außenansicht gemeint ist.

Jack Welchs große Idee

Jack Welch, der langjährige Vorstandsvorsitzende von General Electric, sagte bei einer Ansprache in New York: „Außenansicht ist eine große Idee. Wir haben die Welt jetzt hundert Jahre lang von innen nach außen betrachtet. Wenn man sich zwingt, die umgekehrte Perspektive einzunehmen, dann ändert sich alles." Diese Äußerung machte Welch vor einer recht bunt gemischten Zuhörerschaft im YMCA an der 92. Straße in Manhattan im Jahr 1999, also beinahe zwanzig Jahre, nachdem er an die Spitze von GE getreten war.

Viele große Unternehmen sind mächtig ins Schlingern geraten, weil ihre Führungskräfte einfach dabei versagt haben, die richtige Perspektive einzunehmen, oder weil sie die Faktoren nicht erkannt haben, die die Märkte in ihrem Geschäftsumfeld in Bewegung gebracht und die Wirklichkeit verändert haben.

So befand sich IBM bereits in der Todesspirale, als der Verwaltungsrat beschloss, den Vorstandschef von Nabisco anzuwerben, um die Wende für IBM herbeizuführen. Vom Snackfood-König Lou Gerstner erwarteten die wenigsten, dass er der Richtige sein könnte, den im freien Fall befindlichen Computergiganten zu retten. 1993 war IBM mit acht Milliarden Dollar in den roten Zahlen. Die Firma war – wie Gerstner bald herausgefunden hatte – so gigantisch und vor allem so bürokratisch geworden, dass sie praktisch jeden Kontakt zu ihren Kunden verloren hatte. Der Aktienkurs war zum ersten Mal seit den 1980er-Jahren unter 15 Dollar gefallen und die Aussichten waren mehr als düster.

Wie sich herausstellte, war Gerstner genau der richtige Mann zur richtigen Zeit für IBM. Im Zusammenhang mit einem meiner früheren Bücher *(What the Best Known CEOs Know)* erzählte er mir: „Meine Hauptaufgabe bestand darin, die Firma wieder an den Markt anzukoppeln, denn dieser allein entscheidet über Erfolg oder Misserfolg." Gerstner fügte hinzu: „Wo auch immer ich hinkam, erzählte ich den Leuten ..., dass IBM von jetzt an von einem seiner Kunden geführt wird und dass wir vorhaben, die Firma vom Kunden her neu aufzubauen. Das waren im Grunde ganz einfache Aussagen, aber sie waren sehr wichtig, um die Mentalität innerhalb der Firma zu verändern."

Die Veränderung der Mentalität beziehungsweise der inneren Einstellung ist eines der ganz zentralen Anliegen von Peter Drucker. Eine überholte Einstellung aufzugeben und sich eine Denkweise zuzulegen, die zu veränderten Umständen passt, das ist typisch für Drucker.

Und genau das war es auch, was Gerstner bewerkstelligt hat, nachdem IBM durch seine Überheblichkeit die durch den Personal Computer hervorgerufenen Umwälzungen völlig verschlafen hatte. Durch die Hinwendung zur Außenansicht konnte sich das Unternehmen neu erfinden, und dadurch verwandelte sich ein 8-Milliarden-Verlust in der Bilanz innerhalb von fünf Jahren in einen 5-Milliarden-Gewinn.

Auch General Electric bietet ein hervorragendes Beispiel dafür, was die Hinwendung zum Kunden und zum Markt bewirken kann, um einem Unternehmen zum Erfolg zu verhelfen. Hier ist die Einführung von Six Sigma durch Jack Welch gemeint, jene Methode zur Qualitätskontrolle, die nicht mehr als 3,4 Fehler je einer Million Fehlermöglichkeiten in einem Prozessschritt erlaubt. Welch implementierte diese Methode im gesamten Konzern mit mehr Nachdruck als irgendeine andere Vorstandsinitiative.

Welch hatte beobachtet, wie die Manager im Unternehmen bereits die Erfolge der Six-Sigma-Qualitätsinitiative feierten und just zu dieser Zeit sich die Klagen der Kunden häuften, dass sich bei General Electric einfach nichts verbessere. Um mit Druckers Worten zu sprechen, war der Blick der Manager durch die dicken Mauern des Unternehmens immer noch verzerrt. Damit war der Moment erreicht, wo Welch bei der Jahrestagung der Top-Manager einen Wutanfall bekam und unmissverständlich zum Ausdruck brachte, dass sich nun wirklich etwas ändern müsse. Erst damals hatte auch er die Lektion der „Außenansicht" wirklich verstanden.

Die Außenansicht im Einzelhandel

Eine andere Firma, die nach Druckers Außenansicht-Maxime verfährt, ist Tesco, die größte Lebensmittelhandelskette in Großbritannien und die viertgrößte Handelskette der Welt (nach Wal-Mart, Home Depot und der französischen Gruppe Carrefour). Dieses innovative und sehr erfolgreiche Unternehmen hat sich dadurch neu erfunden, dass man von den Bedürfnissen der Kunden ausging und von dort aus die Firma strukturierte.

Eine von Tescos Geschäftsstrategien bestand darin, die Angebotspalette dadurch zu diversifizieren, dass man Dienstleistungen anbot, die man normalerweise nicht in Supermärkten findet, wie beispielsweise Bank- und Finanzdienstleistungen. Inzwischen gehört Tesco zu den am schnellsten wachsenden Finanzdienstleistern in Europa.

Um das Unternehmen neu aufzustellen, formulierte das Management als Erstes ein *Mission Statement*. Es ist auf einer Tafel eingraviert, die unübersehbar am Eingang der Firmenzentrale in Cheshunt in England angebracht ist und lautet: WIR SCHAFFEN WERTE FÜR UNSERE KUNDEN UND WOLLEN UNS DAMIT IHRE LEBENSLANGE WERTSCHÄTZUNG VERDIENEN (man beachte, dass hier der *Customer-Value* und nicht der *Shareholder-Value* als vorrangiges Ziel des Managements genannt wird; man befolgt dabei das Sprichwort: Wenn du den Kunden zufriedenstellst, folgt die Belohnung ganz von selbst).

Die Werte, zu denen sich das Unternehmen bekennt, unterstützen die selbstgestellte Aufgabe. Der Wert, der für Tesco an vorderster Stelle rangiert, lautet: „Gehe besser auf die Kunden ein als alle anderen."

Wenn man sich ansieht, wie erfolgreich Tesco im Augenblick damit ist, hält man es kaum für möglich, dass Tesco vor noch nicht allzu langer Zeit als zweitklassige Firma galt, die dafür berüchtigt war, ihre Kunden mies zu behandeln und bei ihren Konkurrenten abzukupfern. Anfang der 1990er-Jahre verlor Tesco Jahr für Jahr einen Marktanteil von ein bis zwei Prozent.

Um eine Wende herbeizuführen, ging das Unternehmen nicht ruckartig vor, sondern Schritt für Schritt über mehrere Jahre. Die Manager sprachen davon, einen Stein auf den anderen setzen zu wollen und den künftigen Erfolg statt mit einem großen Umschwung stufenweise durch viele kundenorientierte Änderungen herbeizuführen.

Ein wichtiger Baustein war die Einführung eines TWIST genannten Programms für die Manager. TWIST stand für „Tesco Week in Store Together" (etwa: Eine Woche zusammen im Tesco-Laden). Dabei arbeiten die Manager in den Filialen vor Ort mit; sie sollen durch die Praxis den Kunden besser verstehen lernen und eine Vorstellung davon bekommen, wie ihr eigener Job in das Gesamtgefüge des Unternehmens passt. Also haben Logistik- und IT-Manager Regale eingeräumt und der Vorstandsvorsitzende saß an der Kasse am Ausgang.

Es gab auch andere Maßnahmen, um die Käuferzufriedenheit und die Käuferbindung zu stärken. 1993 brachte Tesco eine Produktreihe mit hochwertigen Artikeln zu günstigen Preisen heraus; in England ist diese

Reihe unter „Own Label" bekannt. 1994 lancierte Tesco „One in front" (Nur einer vor mir); dabei sollte in den Filialen immer dann unverzüglich eine neue Kasse geöffnet werden, wenn in einer Warteschlange mehr als zwei Kunden warteten.

1995 folgte ein Rabattprogramm mit einer persönlichen Kundenkarte, wobei man ein Prozent Rabatt erhält, wenn man sie vorzeigt. Diese Maßnahme war eine der erfolgsreichsten Kundenbindungsprogramme aller Zeiten, und es wurde darüber sogar ein ganzes Buch geschrieben mit dem Titel *Scoring Points: How Tesco Continues to Win Costumer Loyalty.*

Somit erklärt sich, wie Tesco zur führenden Einzelhandelskette in Großbritannien aufsteigen konnte, wo das Unternehmen mittlerweile 30 Prozent Marktanteil im Lebensmittelbereich hält. Das Unternehmen expandiert inzwischen erfolgreich in Asien und Zentraleuropa.

Tesco geht im Übrigen auch auf ethnische Besonderheiten und Gewohnheiten seiner Kunden ein. Die Produkte, die außerhalb von Großbritannien verkauft werden, sind teilweise auf die jeweiligen lokalen Bedürfnisse zugeschnitten.

Der Vorstandsvorsitzende von Tesco, Sir Terry Leahy, erwarb sich einen Ruf als einer der führenden Top-Manager der Welt und gewann die Aufmerksamkeit der Medien. Der *Economist* schrieb über Leahy, dass er „nicht die kleinsten Änderungen vornimmt, ohne vorher über Kundenbefragungen und Umsatzzahlen zu brüten". Peter Drucker hätte es gefallen, wie Terry Leahy seine Geschäfte führt.

Wie man sich die Außenansicht angewöhnt

Was können Manager tun, um die Zerrbrille abzulegen, die Drucker am Anfang dieses Kapitels beschrieben hat? Wie geht man vor, um sich eine Außensicht anzueignen? Man kann folgendermaßen vorgehen:

- **Gehen Sie dorthin, wo die Kunden sind.**
  Nehmen Sie sich ein Beispiel an Tescos TWIST-Programm und lassen Sie Ihre Mitarbeiter direkt mit den Kunden arbeiten. Gehen Sie zu Mes-

sen, Konferenzen und anderen Veranstaltungen, die Sie direkt mit Ihren Kunden in Berührung bringen. Und denken Sie dabei auch an Ihre Nichtkunden, die Ihre Angebote bisher noch nicht wahrnehmen, dies vielleicht aber in Zukunft tun.

- **Laden Sie Kunden und Zulieferer ein, sich mit Ihren Mitarbeitern zu treffen.**
  Es gibt einfach keinen Ersatz für das direkte Gespräch. Je mehr Kontakt Ihre Leute mit den wichtigsten Kunden und Zulieferern haben, desto mehr erfahren Sie über deren Bedürfnisse und Vorlieben.

- **Verwenden Sie moderne Technologie, um die Kundenzufriedenheit zu erhöhen.**
  Wal-Mart setzt fortschrittliche Computer- und Satellitenkommunikation ein, um Informationen zwischen einzelnen Filialen, Lagern und der Zentrale auszutauschen. Dadurch wissen sie ziemlich genau, was wo verkauft wurde, und sind in der Lage, die Regale umgehend wieder aufzufüllen, sodass vor allem die wichtigsten Produkte (zum Beispiel Pampers) immer verfügbar sind. Tesco hat Wärmesensoren angebracht, um Engpässe und Verstopfungen in den Läden schnellstmöglich erkennen zu können (die gleiche Technik verwendet man, um Überlebende in eingestürzten Gebäuden ausfindig zu machen). Diese Technik ermöglicht es, den Kundenfluss in den Läden zu verbessern.

- **Verbringen Sie zwei bis vier Stunden mit den Websites Ihrer Mitbewerber oder in deren Läden oder wo immer sonst sich Ihre Konkurrenten befinden.**
  Wenn Ihre Firma einen wesentlichen Anteil Ihres Geschäfts online tätigt, dann befindet sich Ihr Marktplatz im Web. Sorgen Sie dafür, dass Ihre Mitarbeiter wissen, was Ihre Mitbewerber vorhaben, damit Sie selbst einen Schritt voraus sind oder wenigstens deren neueste Maßnahme kontern können.

Außenansicht

Eine bestimmte Entwicklung in Druckers Denken führte ihn zu seiner Außenansicht-Maxime. Am Anfang war Druckers Gesetz: „Es gibt nur eine wirklich gültige Definition für jedwede Art von Geschäftsvorhaben: Man muss einen Kunden schaffen." Dann beschrieb er seine acht Fakten über das Geschäftsleben, die einen breiten Ansatz dafür ergaben, warum eine Außenansicht für den Erfolg so wichtig ist. Zu den Fakten gehört, dass Ergebnisse nur mit dieser Außenansicht erzielt werden, dass man seine Ressourcen vor allem darauf verwenden soll, nach Marktchancen Ausschau zu halten, und nicht darauf, interne Probleme zu lösen, und dass die effizientesten Firmen sich auf spezifische Angebote konzentrieren. Später fügte er zwei weitere grundlegende Tatsachen hinzu, die die Fähigkeit eines Managers behindern, eine Außenansicht zu entwickeln: erstens sind die Führungskräfte Gefangene ihres eigenen Unternehmens, vor allem weil sie nicht über ihre Zeit verfügen können. Außerdem sehen die oberen Ränge die Außenwelt durch eine Zerrbrille, falls sie sie überhaupt wahrnehmen. Das bedeutet, dass Manager von sich aus aktiv werden müssen, um tatsächlich nahe genug an die Märkte und an die Kunden heranzukommen und sich so ein möglichst ungefiltertes und unverfälschtes Bild machen zu können. Als brauchbares Vorbild dafür dient die britische Handelskette Tesco mit ihrem TWIST-Programm. TWIST steht für „Tesco Week in Store Together", wobei auch leitende Angestellte eine ganze Woche in einer Filiale arbeiten, um einen besseren Eindruck von den Abläufen und den Problemen vor Ort zu erhalten; und, was noch wichtiger ist, sie bekommen einen unmittelbaren und unverfälschten Eindruck von ihren Kunden.

Kapitel 5

Wenn die Naturtalente rar werden

„Was ein Manager tut, kann man mit wissenschaftlichen Methoden analysieren. Was ein Manager können muss, kann bis zu einem gewissen Grad erlernt werden ... Aber eine Eigenschaft ist nicht erlernbar, eine Eigenschaft kann ein Manager nicht erwerben, sondern er muss sie mitbringen. Dabei handelt es sich nicht um Genie, sondern um Charakter."

Drucker räumte einem Thema breiten Raum ein. Er sprach viel über „Naturtalente" – diejenigen Menschen, die als geborene Manager bezeichnet werden. Solche Naturtalente setzen die richtigen Prioritäten, begeistern andere und wissen, wie man in wirklich kritischen Situationen Entscheidungen trifft. Mit natürlichem Talent zur Führung begabte Manager demotivieren ihre Mitarbeiter nicht durch überzogene Kontrolle. Für sie versteht es sich von selbst, dass der autokratische Führungsstil letztlich wirkungslos bleibt und ein Auslaufmodell ist.

Sie wissen, dass Einschüchterung lähmend wirkt und kontraproduktiv ist, besonders dort, wo es auf Kreativität ankommt. Sie haben genug Selbstvertrauen, um auch harte Entscheidungen treffen zu können. Sie setzen die richtigen Prioritäten, arbeiten verlässlich und konstant – auch in schwierigen Zeiten – und rücken schneller auf der Karriereleiter nach oben als ihre Kollegen.

Dieses Kapitel befasst sich mit solchen Naturtalenten – zunächst in einem historischen Zusammenhang, wie Drucker ihn mir aufzeigte; dann gehe ich zu einigen Einzelbetrachtungen über und zu den wichtigsten Schlussfolgerungen, die Drucker aus dem Wirken solcher talentierter Top-Leute gezogen hat.

Der Ursprung des modernen Unternehmens

Aufgrund der Themenauswahl, die Drucker an jenem Dezembertag traf, hatte ich den Eindruck, dass er mich als seinen Biografen ansah, obwohl ich ihm von Anfang an gesagt hatte, dass es keineswegs meine Absicht war, eine Biografie über ihn zu verfassen. Ich hatte Drucker vielmehr erklärt, es sei mein Ziel, seine besten Ideen und Erkenntnisse über das Thema Management ins Licht zu rücken und zu zeigen, wie sie am besten in die turbulenten, globalen Märkte von heute passen. Das hielt ihn jedoch nicht davon ab, mit einer Story nach der anderen über die Vergangenheit zu dozieren. Auch wenn wir uns kaum mit den Themen befassten, auf die wir uns eigentlich vorher verständigt hatten, weiß ich inzwischen, dass er mir mehr mit auf den Weg gegeben hatte, als ich erwarten konnte. Er gewährte mir einen seltenen Einblick in sein Leben und Denken und dazu gehörten auch Geschichten und Erfahrungen, über die er weder vorher noch nachher je gesprochen hat.

Schon bald nachdem wir mit unserem Gespräch begonnen hatten, wurde mir klar, dass Drucker darauf aus war, sein eigenes Denken in einen größeren Zusammenhang zu stellen. Er glaubte wohl, es sei das Beste, bis zu den Anfängen der modernen Unternehmenswirtschaft zurückzugehen – wann und unter welchen Umständen diese Unternehmen entstanden, wie sie strukturiert waren etc. Er ging auch sehr ausführlich auf seine „Vorläufer" ein, also diejenigen, die den Weg bereiteten, auf dem er dann mit so großen Schritten weiterging (in Kapitel 6 ist dann noch ausführlich von den Pionieren die Rede, die Drucker am meisten bewunderte).

Die Anfänge der Unternehmenswirtschaft sieht Drucker in den 1870er-Jahren. Wirklich große Unternehmen kamen in den USA erst nach dem Bürgerkrieg auf, durch den die Sezession der Südstaaten verhindert wurde. Interessanterweise kam es in den Vereinigten Staaten, in Deutschland, Japan und in Großbritannien praktisch gleichzeitig zur Gründung großer Unternehmen. In Frankreich hingegen haben sie sich nicht so schnell entwickelt. Drucker sagte, „Frankreich war unter all den großen Nationen der damaligen Zeit diejenige, in der die Familienunternehmen am längsten die führende Rolle spielten."

„Das, was wir heute als Manager bezeichnen, hat es zu allen Zeiten gegeben, aber früher waren sie immer sehr dünn gesät", fuhr er fort. Vor dem Entstehen der großen Unternehmen war es zumeist so, dass die fähigsten Mitglieder einer Familie das Familienunternehmen führten. Die besten bezeichnet Drucker als Naturtalente. „Aber plötzlich reichte das Angebot an Naturtalenten nicht mehr aus", erklärte Drucker. „Das reicht eben nur, wenn der Bedarf vergleichsweise gering ist. Aber wenn man eine größere Anzahl von fähigen Managern benötigt, muss Management auch etwas sein, was man lehren und lernen kann. Und genau das ist es, was ich gemacht habe." Indem Drucker Management quasi als Lehrfach begründete, schuf er die dringend benötigten Voraussetzungen, um auch solche Menschen in kompetente Manager zu verwandeln, die nicht von Natur aus führungsbegabt sind.

Druckers Bücher dienten dazu, Tausende und Abertausende von Managern auszubilden. Diese wurden in den Unternehmen, die sich im Nachkriegsboom nach dem Zweiten Weltkrieg in Größe und Zahl explosionsartig vermehrten, dringend gebraucht. Die Veröffentlichung seines Buches *Die Praxis des Managements* 1954 (dt. 1956) war ein bahnbrechendes Ereignis, weil man es für das beste wirklich anwendungsbezogene, moderne Praktiker-Buch über das Management hielt. Als beispielsweise David Packard (von Hewlett-Packard) sich daranmachte, die Ziele für sein Unternehmen festzusetzen, befasste er sich intensiv mit *Die Praxis des Managements*, wie Jim Collins, der Autor von *Der Weg zu den Besten* überliefert. Collins meinte außerdem, es sei „vermutlich das bedeutendste Buch über das Management, das jemals geschrieben wurde". Das ist wirklich ein großes Lob von einem Autor, der selbst einen der bestverkauften Wirtschaftsklassiker aller Zeiten verfasst hat.

Jack Beatty, leitender Redakteur der angesehenen Zeitschrift *Atlantic Monthly*, Fernsehkommentator und Autor des 1998 erschienenen Buches *The World According to Drucker* (dt.: Die Welt des Peter Drucker, 1998) stimmt Collins voll und ganz zu. Beatty hatte Drucker ausführlich interviewt und beschrieb die Bedeutung von *Die Praxis des Managements* folgendermaßen: „Um den 6. November 1954 herum erfand Peter Drucker das Management. Der Zeitpunkt war überaus passend: Der Managementboom der 50er- und 60er-Jahre war voll im Gange, aber es gab noch kein Buch, das dessen Zeitalter verkündete, und keines, das Managern erklärte, was Management ist, keines, das Management als eine der bedeutenden gesellschaftlichen Errungenschaften des 20. Jahrhunderts ins Bewusstsein rückte. Drucker füllte diese Lücke aus."

Als ich Drucker zu diesem Zitat befragte – vor allem zu Beattys Aussage, Drucker habe das Management erfunden – schaute er mich höchst amüsiert an und meinte, „da weiß Beatty sicher mehr als ich". Bis heute weiß ich nicht, ob Drucker aus Bescheidenheit bei seinem in Vorträgen immer wieder geäußerten Satz „Ich habe das Management nicht erfunden" blieb oder ob er von dem Thema einfach ablenken wollte. Aber es wird wohl niemand ernsthaft bestreiten, dass Drucker der richtige Denker und Schreiber zur richtigen Zeit war.

In den fünf Jahrzehnten, die seither vergangen sind, hat er sicher Millionen von Führungskräften und angehende Führungskräfte inspiriert. Auf dieser überaus prominenten Liste stehen die Chefs von General Motors, Ford und der Weltbank. Man munkelt außerdem, dass er derjenige war, der Margaret Thatcher dazu geraten hat, die britische Bergbauindustrie zu privatisieren.

Jim Collins betonte vor allem Druckers unmittelbaren Einfluss auf die „visionären" Unternehmen, über die er selbst geschrieben hat: „Bei den Recherchen für unser Buch *Immer erfolgreich* stießen Jerry Porras und ich auf eine erkleckliche Anzahl großer Unternehmen wie Merck, Procter & Gamble, Ford, General Electric und Motorola, deren Top-Führungskräfte von Druckers Werken beeinflusst waren. Wenn man diesen Einfluss mit den Tausenden und Abertausenden von Unternehmen und Organisationen aller Art von Polizeibehörden über Sinfonieorchester bis zu Ministerien und großen Unternehmen multipliziert, dann gelangt man unweigerlich zu dem Schluss, dass Drucker zu den einflussreichsten Persönlichkeiten des 20. Jahrhunderts gehört." Nur sozusagen als Fußnote: Die Aktienperformance der achtzehn in dem Buch *Immer erfolgreich* behandelten visionären Firmen übertraf entsprechend der in diesem Buch durchgeführten mehrjährigen Studie die durchschnittliche Kursentwicklung an der Börse um den Faktor 15.

In seiner *Business-Week*-Titelgeschichte „Der Mann, der das Management erfand" schrieb der Bestsellerautor und Redaktionsleiter bei *Business Week*, John Byrne, der Drucker im Laufe von zwanzig Jahren viele Male interviewt hatte, über den Managementpionier: „Die Geschichte von Peter Drucker ist die Geschichte des Managements. Es ist die Geschichte vom Aufstieg der modernen Großunternehmen und derjenigen, die dort die Arbeit organisieren. Ohne Druckers Analyse kann man sich die weitere Entwicklung dieser Firmen zu verzweigten, den gesamten Erdball umspannenden Unternehmen gar nicht vorstellen.

Die sechs wichtigsten Bücher von Peter Drucker

Drucker selbst hat mir gesagt, welche er für seine sechs wichtigsten Bücher hält. Die ersten beiden Titel stellen keine Überraschung dar, aber ein oder zwei andere kann man als solche bezeichnen.

- Das Großunternehmen, 1966 (*Concept of the Corporation*, 1946)
- Die Praxis des Managements, 1656, 1970, 1998 (*The Practice of Management*, 1954)
- Sinnvoll wirtschaften, 1965 (*Managing for Results*, 1964)
- Die ideale Führungskraft,1967 (*The Effective Executive*, 1967)
- Die Zukunft bewältigen, 1969 und 1998 (*The Age of Discontinuity*, 1969)
- Innovationsmanagement für Wirtschaft und Politik, 1985 (*Innovation and Entrepreneurship*, 1985)

Die mittlere Führungsebene und die Wissensgesellschaft

Während meines Besuchs bei Drucker war mir stets bewusst, wie begrenzt die Zeit war, die uns zur Verfügung stand. Der Vormittag verging wie im Flug und kurz nach zwölf half ich ihm in meinen Mietwagen und wir fuhren zu seinem Lieblingsitaliener im Zentrum von Claremont im Süden von Kalifornien zum Essen. Nun hatte mir Drucker schon einen kleinen Geschichtsvortrag über die Anfänge der großen Wirtschaftsunternehmen gehalten, aber ich wollte natürlich auch wissen, wie es dann weiterging. Er fuhr fort: „Das Unternehmensmodell, von dem die meisten Managementbücher bis vor kurzem ausgingen, ist das Unternehmen, wie es sich nach 1918, also nach dem Ende des Ersten Weltkrieges, ausbildete." In den Unternehmen jener Zeit „gab es eine Handvoll Leute an der Spitze und darunter eine große, undifferenzierte Masse ungelernter oder einfach ausgebildeter Arbeiter und Angestellter." Eine mittlere Führungsebene leitender Angestellter, wie wir sie heute kennen, existierte damals nicht", erklärte er. „Dass diese mittlere Führungsebene allerdings erst eine Erscheinung der Zeit nach dem Zweiten Weltkrieg sein soll ... stimmt so nicht", korrigiert sich Drucker, „aber diese Schicht war vor dem Zweiten Weltkrieg noch sehr klein."

Er sagte, viele Unternehmen behielten diese einseitige (meine Formulierung, nicht seine) Struktur noch viele Jahre lang bei: „Das war tatsächlich so, sogar die Firmen, die ich in diesem Land als erste kennenlernte, hatten nur einige Abteilungsleiter, die der Unternehmensspitze direkt unterstellt waren. Ich denke dabei an typische Konsumgüterhersteller wie beispielsweise Remington in Connecticut."

Da ich selbst die meiste Zeit meines Lebens als leitender Angestellter gearbeitet habe, konnte ich mir gar nicht vorstellen, wie ein Unternehmen ohne sie funktionieren sollte. Das veranlasste mich zu der Frage, wie es dann zur Entstehung einer mittleren Führungsebene kam. Drucker antwortete, der Chemieriese DuPont sei das erste oder jedenfalls eines der ersten Unternehmen gewesen, das eine solche Führungsebene ausbaute (das 1802 gegründete Unternehmen stellte bis 1880 nichts anderes als Schießpulver beziehungsweise Sprengstoff her). Wie in anderen Familienunternehmen auch war es nur Angehörigen der Eigentümerfamilie du Pont gestattet, in die Firmenleitung aufzusteigen, erklärte Drucker.

Drucker drehte meine Frage daher einfach um und wollte von mir wissen: „Was also tut man mit qualifizierten Mitarbeitern, die nicht zur Familie gehören?“ Man gibt ihnen Führungsaufgaben unterhalb dieser Topebene, antwortete ich. „Genau. *DuPont erfand das mittlere Management, nur um diese Leute zu halten.*“ Der du Pont, von dem Drucker sprach, war Pierre S. du Pont (1870–1954), der von 1915 bis 1919 President des damals schon recht diversifizierten Unternehmens war.

Etwas später, 1920, investierte Pierre du Pont ziemlich viel Geld in General Motors, das zu jener Zeit kurz vor dem Bankrott stand und arbeitete mit dem seinerzeitigen GM-President Alfred Sloan daran, für das ums Überleben kämpfende Automobilunternehmen ein dezentrales Management aufzubauen.

Sowohl du Pont wie auch Sloan waren von Natur aus begabte Manager, aber sie standen beide an der Spitze von Unternehmen, die ständig Nachschub an gut ausgebildeten Managern benötigten, da ihre Firmen immer weiter expandierten. Drucker erklärte mir, dass der Zweite Weltkrieg dann den entscheidenden Schub brachte. Das ist im Wesentlichen auf die bekannte, im Jahr 1944 erlassene, sogenannte „G.I.-Bill“ zurückzuführen. Mit diesem Gesetz, in dem die Regierung allen heimkehrenden G.I.s das Recht auf eine Universitätsausbildung und entsprechende finanzielle Unterstützung sowie Kredite für den Start in die Selbständigkeit gewährte, sollte den amerikanischen Soldaten die Wiedereingliederung ins Berufsleben erleichtert werden: „Die G.I. Bill of Rights veränderte die amerikanische Gesellschaft grundlegend, weil nunmehr eine enorme Zahl junger Männer, die normalerweise nie daran gedacht hätten, auf ein College zu gehen, die Möglichkeit hatten, einen Universitätsabschluss zu erwerben“, führte Drucker aus. „Und wer erst einmal auf dem College war, hat natürlich keine Lust mehr, im Blaumann in der Fabrikproduktion zu arbeiten. Das Angebot schuf die Wissensgesellschaft, nicht die Nachfrage.“

Nachdem also nun Millionen gut ausgebildeter Arbeitskräfte zur Verfügung standen, gab es auch einen ungeheuren Bedarf dafür, das subtile Handwerk des Managements zu erlernen. Deswegen hätte Druckers Timing einfach nicht besser sein können.

Der amerikanische Präsident Franklin D. Roosevelt hatte die G.I.-Bill 1944 unterschrieben. Als das Gesetz 1956 auslief, hatten fast die Hälfte der sechszehn Millionen heimkehrenden jungen Veteranen des Zweiten Weltkriegs, nämlich 7,8 Millionen junge Männer, ein College oder eine andere höhere Ausbildung absolviert. Das hatte zur Folge, dass Millionen von „Wissensarbeitern“ als Arbeitskräfte zur Verfügung standen. Druckers *Das Großunternehmen (Concept of the Corporation)* und *Die Praxis des Managements (The Practice of Management)* wurden 1946 beziehungsweise 1954 veröffentlicht. Das erstgenannte Buch beschrieb die Vorzüge einer dezentralen Managementstruktur (DuPont, General Motors, das Waren- und Versandhaus Sears sowie General Electric, die die Ersten waren, die schon vor 1929 komplett dezentralisierten). Das zweite war eine genaue Handlungsanweisung, das einem Leser, der niemals im Management tätig war, zeigte, wie man eine Aufgabe definiert, Mitarbeiter führt und Prioritäten setzt.

Die Anatomie des Naturtalents

Um zu verstehen, wie Drucker den Begriff „Naturtalent“ auffasste, können wir uns ansehen, was er mir bei meinem Gespräch darüber mitteilte. Als wir auf seine eigenen Talente zu sprechen kamen, machte er völlig klar, dass er zwar ein kompetenter Autor zum Thema Management sei, jedoch niemals wirklich selbst ein Managementpraktiker gewesen sei. „Ich habe selbst im Grunde keinerlei Managementerfahrung“, sagte er immer wieder. Er gab sogar zu, dass er bei seiner Beratertätigkeit keineswegs seinen eigenen Ratschlag befolge: „Für jeden Berater gilt: Machen Sie es nicht so, wie ich es mache, sondern machen Sie es so, wie ich es Ihnen sage, dass Sie es machen sollen.“ Doch auch wenn er nichts von dem selbst tat oder getan hatte, was er anderen zu tun riet, hatte er doch im Verlauf von über sechzig Jahren drei Dutzend Bücher verfasst und die meisten befassten sich mit den Themen Management oder Gesellschaft (außer zwei Romanen und einer Autobiografie).

Auch wenn kein Zweifel daran besteht, dass Drucker ein fruchtbarer Autor zum Thema Management ist, machte er doch stets immer wieder deutlich, dass er selbst keineswegs über Führungsgene verfügte. Dieses Paradox kam an dem Tag, den ich bei ihm verbrachte, immer wieder zum Ausdruck, denn immer wieder sprach er von sich selbst in Sätzen wie:

„Ich kann keine Mitarbeiter führen."
„Ich bin ein Einzelgänger."
„Ich könnte Mitarbeiter weder einstellen noch entlassen."
„Ich bin ein hoffnungsloser Fall."

In starkem Gegensatz dazu stehen die Sätze, mit denen er den geborenen Manager beschreibt. Sein konkretestes, anschaulichstes Beispiel ist dabei eine Frau. Es handelte sich um eine Anwältin und er kannte sie aus jahrelanger Beobachtung:

„Sie kann ihre Leute an der richtigen Stelle einsetzen."
„Sie kann Mitarbeiter einstellen oder entlassen, ohne sich dabei gefühlsmäßig zu involvieren."
„Sie benennt die Prioritäten."

Drucker fügte hinzu, dass diese Dame stets schneller als alle anderen in ihrem Umfeld Karriere machte. „In jeder Anwaltsfirma, für die sie arbeitete, wurde sie schnell die für das Management verantwortliche Teilhaberin."

Eine kurze Skizze, wie man ein Naturtalent „macht"

Die Grundthese dieses Kapitels ist natürlich ein Paradox. Wenn man ein Naturtalent, ein geborener Manager ist, wie kann man dann neue Manager kreieren? Die Antwort besteht aus zwei Komponenten, die sich gegenseitig ergänzen müssen. Die eine Komponente ist die Auswahl der Manager und die andere ihre Ausbildung, ihr Training, ihre Entwicklung und Berufserfahrung. Sehen wir uns Druckers Vorstellung eines geborenen Managers näher an:

Druckers geborener Manager kann seine Mitarbeiter „an der richtigen Stelle einsetzen".

Das bedeutet: Er betraut seine Mitarbeiter instinktsicher mit der Aufgabe, für die sie am besten geeignet sind. Das ist oftmals schwieriger, als es klingt, insbesondere da Drucker immer wieder betont hat, dass Management eine zwischenmenschliche Aufgabe sei. Bei der richtigen Platzierung von Mitarbeitern geht es nicht nur darum, Stärken mit Stärken zusammenzubringen, sondern es ist ebenso wichtig, sie an Stellen zu setzen, wo es möglichst wenig persönliche Reibereien und Hahnenkämpfe gibt.

„Sie kann Mitarbeiter einstellen oder entlassen, ohne sich dabei gefühlsmäßig zu involvieren."

In Vorstellungsgesprächen ist es gar nicht so leicht festzustellen, ob jemand dazu fähig ist oder nicht. Eine Möglichkeit, der Sache hier auf den Grund zu kommen, ist, ein Szenario auszumalen und den Bewerber oder die Bewerberin zu fragen, wie sie sich unter diesen spezifischen Umständen verhalten würden. So könnte man ein ziemlich düsteres Bild von einem fiktiven, wirklich schwierigen Mitarbeiter entwerfen und den Kandidaten oder die Kandidatin fragen, wie sie mit dieser Person umgehen. Ein anderer, eher direkter Zugang wäre, einen früheren Vorgesetzten zu fragen, wie der Bewerber Einstellungs- und Entlassungsfragen und deren Folgen geregelt hat.

„Sie benennt die Prioritäten."

Das ist gerade heutzutage eine der entscheidenden Qualitäten. Es gibt in vielen Firmen unzählige Fachmitarbeiter und Manager, die vierzehn Stunden am Tag und sechs Tage in der Woche arbeiten und anscheinend nichts zustande bekommen. Befördern Sie nur Leute, die ihre Aufgaben nachweisbar und konstant auch wirklich erledigen. Nach Druckers Auffassung sollten Manager höchstens zwei wirklich priorisierte Aufgaben gleichzeitig verfolgen, sonst kommen sie ins Schlingern. Sein dringender Rat an Manager lautete, eine Sache nach der anderen abzuarbeiten und wenn die beiden Top-Prioritäten erledigt wären, sich eine neue Aufstellung zu machen, weil in der Zwischenzeit die alten Prioritäten längst überholt wären.

Weitere vier Rituale für das Naturtalent

Drucker hatte sehr klare Vorstellungen davon, was ein Naturtalent ausmacht. Zusätzlich zu den drei Eigenschaften, die er mir bei meinem Interview nannte (siehe oben), war er natürlich auch in seinen Werken ausführlich auf die Eigenschaften eingegangen, die er ganz besonders mit effektivem Management verknüpfte. Hier folgt eine Zusammenfassung seiner Kernpunkte (eine ausführlichere Darlegung von Druckers Führungsidealen folgt in Kapitel 9):

1. **Geborene Manager fragen sich und ihre Umgebung ständig: „Was kann ich noch alles tun, um noch mehr zum Unternehmen beizutragen?“**
   Drucker erklärte dazu, dass wirklich effektive Führungskräfte andere Menschen in ihrem Unternehmen, seien es die Vorgesetzten, Mitarbeiter, vor allem aber ihre Kollegen in anderen Firmenbereichen immer fragen: „Was braucht ihr von mir, damit ihr euren Beitrag zum Gesamtunternehmen leisten könnt?“

2. **Geborene Manager wissen, dass es wichtiger ist, die richtigen Fragen zu stellen, als die richtigen Antworten zu finden.**
   Das ist ein für Drucker typischer Spruch. „Es gibt kaum etwas Nutzloseres – möglicherweise auch Gefährlicheres – als die richtige Antwort auf die falsche Frage. Es genügt auch nicht, die richtige Antwort zu finden. Noch wichtiger und noch schwieriger ist es aber, die getroffenen Entscheidungen auch umzusetzen. Managementwissen ist nicht um seiner selbst willen da; es dient dazu, Leistungen zu erbringen.“

3. **Geborene Manager wissen, dass sie in rauer See nicht ein weiteres Meeting abhalten.**
   Stattdessen übernehmen sie das Steuer, schlagen den richtigen Kurs ein und sorgen dafür, dass alle in die richtige Richtung rudern.

4. **Geborene Manager wissen, dass sie Verantwortung für die Arbeitsmoral und die Firmenkultur tragen.**
   Fähige Manager führen durch ihr Vorbild und kümmern sich darum, „was richtig ist“ und darum „wer recht hat“. Diese Grundsätze müssen in Werte umgewandelt werden und unmissverständlich in einem Unternehmen kommuniziert werden.

Wenn die Naturtalente rar werden

Drucker verwendete viel Zeit darauf, über Naturtalente und geborene Manager nachzudenken, und er äußerte sich oft zu diesem Thema. Vor 1870 gab es keine großen Unternehmen, die nicht in privater Hand waren, und daher bestand auch kein wirklicher Bedarf an Managern. Doch als nach dieser Zeit immer mehr Großunternehmen entstanden, wuchs auch der Bedarf an Managern. Druckers erste Bücher waren eine wichtige Hilfe, fähige Manager für solche Unternehmen wie General Electric und Hewlett-Packard heranzubilden.

Lange Zeit gab es auch keine mittlere Führungsebene. Es gab nur die Firmenleitung und die Masse der ungelernten und einfach ausgebildeten Arbeiter und Angestellten. Pierre S. du Pont schuf als Erster eine mittlere Führungsschicht in seinem großen Chemieunternehmen, um seine besten Mitarbeiter in der Firma zu halten.

Drucker beschreibt folgendermaßen, wie er sich den von Natur aus zur Führung befähigten Manager vorstellte: Ein Naturtalent weiß, wie es seine Leute an der richtigen Stelle einsetzt, damit sie sich im Sinne des Unternehmens optimal entfalten können. Ein solcher Manager versteht es, bei der Einstellung und Entlassung von Mitarbeitern emotionslos vorzugehen. Er weiß, welche Prioritäten er zu einem gegebenen Zeitpunkt setzen muss, und hält sich daran. Geborene Manager wissen die richtigen -und gegebenenfalls auch harte - Fragen zu stellen und schwierige Entscheidungen zu treffen, insbesondere wenn die Gefahr droht, dass die Dinge aus dem Ruder laufen. Sie wissen, dass sie Verantwortung für die Arbeitsmoral und die Firmenkultur (oder diejenige ihres Geschäftsbereichs) tragen.

Kapitel 6
Jeffersons aufklärerisches Ideal

***„Wenn Dinge bewegt und hergestellt werden …
Wissen und Dienstleistungen bereitgestellt werden müssen …,
dann ist die Partnerschaft mit dem selbstverantwortlich
handelnden Mitarbeiter der einzig gangbare Weg."***

Vom allerersten Buch an, mit dem Druckers Laufbahn als Wirtschaftsautor begann, führte er die menschliche Würde als Grundkriterium des Managerhandelns ein und wich von diesem Prinzip nie mehr ab. Bis dahin wurden Arbeiter und Angestellte nicht als wertvolle Ressource oder als Kapital betrachtet. Hierbei handelt es sich um eines der zentralen Themen vor allem in Druckers frühen Werken und damit kam eine völlig neue Idee in die unternehmerische Weltsicht der Amerikaner, die es so vor den 1940er-Jahren nicht gegeben hatte.

Das demokratische Prinzip, wie Thomas Jefferson, der dritte Präsident der Vereinigten Staaten und Hauptverfasser der amerikanischen Unabhängigkeitserklärung, es verstand, konstituierte eine parlamentarische und rechtsstaatliche Demokratie auf der Grundlage gleicher Rechte für jedermann, also für jeden einzelnen Menschen und somit auch für die einfachen Leute. „Jefferson war derjenige, der Amerika seine geistigen Grundlagen, sein staatliches Selbstverständnis gegeben hat", deutet David N. Mayer, Professor für Rechtsgeschichte an der Capital University, den historischen Stellenwert dieses bedeutenden Gründungsvaters der Vereinigten Staaten. Mayer sagte außerdem: „In Jeffersons Denken spielen Vernunft, die Rechte des Individuums, Freiheit und das Prinzip der Gewaltenteilung in der Regierung die zentrale Rolle."

In seiner Inaugurationsansprache im März 1801 forderte er das amerikanische Volk auf, sich „in gemeinsamer Anstrengung für das Gemeinwohl" zusammenzufinden. Er fügte hinzu, dass „die Minderheit über gleiche Rechte verfügt, die durch dementsprechende Gesetze geschützt werden müssen; werden diese Rechte verletzt, so bedeutet das, dass diese Menschen unterdrückt werden." Dann forderte er seine „Mitbürger auf, im Herzen und im Geiste zusammenzustehen".

In seinem ersten Managementbuch *Concept of the Corporation* von 1946 (dt.: Das Großunternehmen, 1966) räumt Drucker einer an Jeffersons Denken angelehnten Auffassung von der Würde des Einzelnen, die der kalten „repräsentativen Institution" dieser Zeit gegenüberstehe, breiten Raum ein. Drucker sagte dazu: „Wenn die Großunternehmen tatsächlich der repräsentative Ausdruck des zeitgenössischen Amerika sind, dann müssen sie auch die fundamentalen Wertvorstellungen der amerikanischen Gesellschaft verinnerlichen ... dann müssen sie dem Einzelnen einen anerkannten Status und sinnvolle Aufgaben geben, und es muss Chancengleichheit herrschen ... die Verwirklichung der Menschenwürde und ein sinnerfülltes Leben geschieht in einer industriellen Gesellschaft in erster Linie in und durch Arbeit."

Drucker hob insbesondere die „Gleichheit" als ein „spezifisch amerikanisches Merkmal hervor, für das es in Europa nichts Vergleichbares gibt. Hierin liegen die Wurzeln der signifikanten Besonderheiten der amerikanischen Gesellschaft, die einem auswärtigen Besucher immer wieder auffallen." Drucker beschreibt dann im Einzelnen, was in seiner Wahrnehmung diese Besonderheiten ausmacht: die Menschen sind ausgesprochen freundlich, es gibt keinen Neid und nicht diese übertriebene Ehrfurcht vor Menschen, die führende Positionen einnehmen. „Worin auch immer dieses Gleichheitsdenken seinen Ursprung hat, es durchzieht das ganze Leben in Amerika. Es zeigt sich in vielen kleinen Details, beispielsweise darin, wie jeder offenen Zugang zu den höchstrangigen Staatsvertretern hat, aber auch darin, dass es in Bürogebäuden keine Spezialaufzüge für die Bosse gibt, und in der tiefen Abneigung gegen jeden – Menschen, aber auch ganze Staaten –, der sich übermäßig hervortun will."

Diese Worte haben heute die gleiche Gültigkeit wie 1946, als Drucker sie formulierte. Die Top-Manager von heute sind sogar noch zugänglicher und kommunizieren noch häufiger sowohl mit ihren Managern als auch mit allen anderen Mitarbeitern als je zuvor. Und es gibt in der Tat eine „tiefe Abneigung" gegen jeden, „der sich übermäßig hervortun will, egal, ob Einzelperson oder Staat". Die meisten Unternehmen haben den autokratischen, arroganten, versnobten Führungstyp abgeschafft, der nichts anderes tut, als im Befehlston herumzubellen und seine Mitarbeiter anzuschnauzen. Die Gründe dafür sind offensichtlich: Manager, die sich derart herablassend verhalten, erreichen bei weitem nicht so viel wie Führungskräfte, die partnerschaftlich mit ihren Teams zusammenarbeiten.

Dabei muss man klarstellen, dass Drucker sich niemals für „volksdemokratische" Arbeitsverhältnisse stark gemacht hat, bei denen alle Beteiligten über jede größere Unternehmensentscheidung abstimmen. Aus seinen Untersuchungen über Alfred Sloan und General Motors wusste er, dass für die Zukunft eines Unternehmens nichts ausschlaggebender ist als die Qualität und die sich in Entscheidungen niederschlagenden Führungsfähigkeiten des jeweiligen Top-Managements (was, nebenbei bemerkt, zu den kostspieligsten Investitionen eines Unternehmens zählt).

Drucker war der Auffassung, dass die Art und Weise, wie ein Managementteam organisiert ist und wie die Mitarbeiter geführt werden, entscheidend ist: „Jede Institution sollte so organisiert sein, dass sich die Talente und Fähigkeiten der Mitarbeiter innerhalb der Organisation am besten entfalten können; die Menschen sollten ermutigt werden, die Initiative zu ergreifen, und man sollte ihnen die Möglichkeit geben zu zeigen, was sie können, und eine Perspektive, wie sie sich entwickeln können; man sollte ihnen Anreize in Form einer Beförderung und Verbesserung ihres sozialen und wirtschaftlichen Status in Aussicht stellen – dies sollte eine wirkliche Belohnung für ihre Bereitschaft und ihre Fähigkeit zur Übernahme von Verantwortung sein."

Viele Jahre später bemerkte Drucker, „dass die Leistungen, die wir benötigen, künftig nicht mehr von Menschen und Unternehmen erbracht werden, die wir kontrollieren, sondern in zunehmendem Maße von Menschen und Unternehmen, zu denen wir eine partnerschaftliche Beziehung unterhalten - also nicht von Menschen, die wir herumkommandieren können."

Während unseres Interviews sprach Drucker ausführlich über seine Studenten und ihre Karrieren. Es war offensichtlich, dass er Hunderte seiner Studenten beraten und ihre Laufbahn mit großem Stolz verfolgt hatte. Die menschlichen Anliegen, die er in seine Bücher über das Management einfließen ließ, waren nicht nur reine Managementtheorie; sie spiegelten auch die Art wider, wie er lehrte, was er vorlebte und wie er sich als Mentor verhielt. Drucker bezeichnete sich selbst zwar als den schlechtesten Manager der Welt, aber wenn er beispielsweise ein Großunternehmen geleitet hätte, hätte er sicherlich alle seine Mitarbeiter sehr respektvoll behandelt. Außerdem verfügte er über eine weitere Eigenschaft, die für einen erstklassigen Manager unabdingbar ist: Er war viel bescheidener als alle anderen Menschen, denen ich jemals begegnet bin.

Managementgeschichte aus Druckers Sicht

Um voll und ganz verstehen zu können, wie Drucker dazu kam, seine Prinzipien des Managements zu schreiben - und umzuschreiben -, ist es wichtig, die Geschäftsführungsmodelle zu kennen, die vor seiner Zeit, also vor den 1940er-Jahren im Schwange waren.

Während unseres Gesprächs hielt Drucker mir einen raschen, aber konzentrierten Vortrag über die Geschichte der Managementtheorien. So wie er es in seinen Büchern auch gern tat, richtete er den Blick schnell auf seine Vorläufer, die Menschen, deren Denken und Vorstellungen den Weg für ihn bereitet hatten.

Dabei lobte er besonders eine frühe Pionierin der Managementtheorie, die den menschlichen Aspekt der Arbeit sehr hervorgehoben hatte: „Ich meine Mary Parker Follett (1868–1933). Sie ist völlig in Vergessenheit geraten, wirklich vollständig", betonte er. „Das lag auch daran, dass sie regelrecht unterdrückt und nicht bloß einfach vergessen wurde. Sie stand so sehr im Gegensatz zu der Mentalität der 30er-Jahre mit ihrer Fokussierung auf Konflikt und kontroverse Arbeitsverhältnisse, dass ihr Ansatz in Richtung Konfliktlösung einfach nicht infrage kam."

Mary Parker Follett machte sich für „Macht in gemeinsamer Verantwortung" anstatt „Macht von oben" stark und prägte Begriffe wie „Autorität und Macht" sowie „Konfliktlösung". Sie definierte Unternehmen als „Netzwerke" und nicht als hierarchisch aufgebaute Autokratien. Deshalb bezeichnet Drucker sie als „Managementprophetin".

Die einflussreichste, wenn auch umstrittenste Figur im Managementdenken der ersten Hälfte des 20. Jahrhunderts war gleichwohl Frederick Taylor (1856–1915), der Begründer der sogenannten wissenschaftlichen Betriebsführung (Scientific Management beziehungsweise Taylorismus).

Taylor initiierte sogenannte Zeitstudien, die auch als Arbeits- und Bewegungsstudien bekannt wurden. Dabei wurde der Zeitaufwand für die einzelnen Arbeitsschritte gemessen und zwar bis auf die Hundertstelsekunde. Taylor postulierte, es müsse möglich sein, die einzig optimale Weise zu ermitteln, wie ein beliebiger Arbeitsvorgang ausgeführt werden konnte. Es begann damit, dass die Zeit gemessen wurde, die Arbeiter beim Sandschaufeln brauchten. Vor Taylor waren Schaufeln ganz unterschiedlich geformt. Ihre Größe und Länge beispielsweise waren durchaus unterschiedlich. Taylor legte nun fest, dass die optimale Schaufelladung Sand 9,5 Kilogramm wog, und er entwarf Schaufeln, mit denen man genau diese Gewichtsmenge heben konnte. Dadurch wurden die Arbeiter effizienter.

Drucker fasste Taylors wichtigste Errungenschaften folgendermaßen zusammen: „Taylor übertrug die Prinzipien, die die Werkzeugmaschineningenieure des 19. Jahrhunderts für ihre Maschinen entwickelt hatten, auf die manuellen Tätigkeiten von Arbeitern. Er definierte genau die auszuführende Arbeit; dann teilte er den Vorgang in lauter kleine Einzelschritte auf. Als Nächstes definierte er die richtige Vorgehensweise für jeden einzelnen Vorgang und schließlich setzte er die Vorgänge in derjenigen Reihenfolge zusammen, in der sie am schnellsten und wirtschaftlichsten erledigt werden konnten." Als Fazit stellte Drucker fest: „Taylor verwendete wissenschaftliche Erkenntnisse dazu, manuelle Arbeit produktiv zu machen."

Taylors Buch *Die Grundsätze wissenschaftlicher Betriebsführung* erschien 1911 und hatte großen Einfluss auf viele praktische Unternehmer, zu denen auch Henry Ford gehörte. (Ford verwendete die Taylor'schen Methoden der Arbeits- und Bewegungsstudien in seinen Automobilfabriken, um die von ihm erfundene Fließbandarbeit zu verbessern; das Ergebnis waren 15 Millionen identische T-Modell Autos, die zwischen 1908 und 1927 gebaut wurden.)

Ein anderer Vordenker des Managements, der oft mit Taylor in Zusammenhang gebracht wird, ist der Franzose Henri Fayol (1841–1925), der langjährige Leiter einer Bergbaugesellschaft. Drucker hält dem französischen Managementtheoretiker zugute, als Erster die Bedeutung von Strukturorganisationen in Unternehmen erkannt zu haben. Die vierzehn Fayol'schen Managementprinzipien fanden in Europa und in den Vereinigten Staaten viel Beachtung. (Dazu gehören auch ein Prinzip der „Autorität und Verantwortlichkeit" und das Prinzip der „Einheit der Auftragserteilung".)

Taylor und seine wissenschaftliche Betriebsführung hatten einen verbreiteten und lang anhaltenden Einfluss auf die Produktionsmethoden im 20. Jahrhundert. Die meisten modernen Einführungslehrbücher zur Managementtheorie widmen Taylors wissenschaftlicher Betriebsführung und Fayols vierzehn Managementprinzipien mehrere Seiten, also sehr viel mehr Raum als Drucker im Allgemeinen zugestanden wird (wie bereits weiter oben erwähnt, kann Drucker sich glücklich schätzen, wenn er mit einigen Zeilen oder in einer Fußnote erwähnt wird). So ist es nun seit Jahrzehnten und man fragt sich, was wohl in ungefähr hundert Jahren in solchen Lehrbüchern stehen wird.

Wie Drucker jedoch bereits in den späten 50er-Jahren ausführte, wurde in diesen Managementmodellen das „Management eher als ein Resultat und nicht als die Ursache von etwas betrachtet und eher als Reaktion auf bestimmte Bedürfnisse und Notwendigkeiten statt als Initiator von Gelegenheiten."

Die Grenzen der Fließband-Mentalität

Trotz Taylors Erkenntnissen und Errungenschaften wurden bestimmte Aspekte seiner Lehre heftig kritisiert, vor allem im Hinblick darauf, dass sie Wert und Würde des Menschen kaum in Betracht zog. In Taylors Modell haben Sekundenbruchteile eine größere Bedeutung als die Ansprüche der Arbeiter, die er „Helfer" nannte, auf menschenwürdige Behandlung. Taylor vertrat den Standpunkt, dass „in der Produktion irgendwelche besonderen persönlichen Fähigkeiten keine Rolle spielen". Wenn alle Arbeit gleich sei und alle Arbeiter gleich seien, dann könne jedermann beigebracht werden, ein „erstklassiger Arbeiter" zu sein.

Da solche Vorstellungen und Aussagen nicht besonders populär waren, wurde Taylor innerhalb der akademischen Elitewelt heftig geschmäht (mit Ausnahme einiger sehr moderner Managementlehrbücher). Vor allem die Aussage, dass persönliche Fähigkeiten keine Rolle spielen, galt einfach als zutiefst *unamerikanisch*. Man kann sich nur schwer vorstellen, dass es in den USA eine Ansicht gibt, die noch unpopulärer wäre, in diesem Land, wo theoretisch unbegrenzte Aufstiegsmöglichkeiten und das Gewinnerprinzip höchste Wertschätzung erfahren. Die Kritik an Taylor war keineswegs auf die akademische Welt beschränkt. Drucker wies mich darauf hin, dass sogar Charlie Chaplin sich in seinem Stummfilm *Moderne Zeiten* über die Absurditäten der Fließband- und Zahnradwelt lustig machte.

David Montgomery, Inhaber der Farnam-Professur für Geschichte an der Universität Yale, meint dazu: „Taylor war alles andere als ein Scharlatan, aber praktisch betrachtet erforderte sein Modell die völlige Anpassung des Arbeiters an die Maschine und somit ideologisch betrachtet die völlige Unterdrückung jeglicher Ablehnung dieser Arbeitsweise ... ganz zu schweigen von anderen menschlichen Regungen und Erwartungen, die nicht mit Taylors mechanistischer Vorstellung von Fortschritt übereinstimmten." Aus dem gleichen Grund sah Drucker in dieser Fließband- und Zahnradmentalität genau das Gegenteil von allem, was ihm teuer war – vom kreativen Gedanken bis zum wohltemperierten Arbeitsklima.

Drucker machte eine vollkommen andere Rechnung auf und führte völlig neue Argumente in die Debatte ein. Sein Buch *Concept of the Corporation* (Das Großunternehmen), ist ein einziges Plädoyer für eine Humanisierung der Arbeitswelt (Teil II des Buches ist mit „Der Konzern als Ausdruck menschlicher Produktionsanstrengungen" überschrieben) und umgekehrt eine Anklage gegen mechanistische Arbeitsweisen.

Die Fließband- und Zahnradmentalität „beraubt den Arbeiter der Befriedigung, die er in seiner Arbeit findet", beharrt Drucker. Er wies darauf hin, dass in der Tat die „effizientesten" Fließbandarbeiter im Vergleich zu ihren Kollegen eher wie Roboter als wie menschliche Wesen wirkten. Heutzutage sind solche Einsichten eine Selbstverständlichkeit, aber in jenen Zeiten, als Fließbandarbeit als der unangefochtene ultimative Weg zur Massenproduktion galt, setzte sich Drucker mit seinen Ansichten deutlich vom betriebswirtschaftlichen Mainstream seines Umfeldes ab.

Es ist wirklich zu bedauern, dass ein Buch, das sich so sehr für eine Humanisierung der Arbeitswelt stark machte, von der akademischen Welt ignoriert wurde. Den Redakteuren John Micklethwait und Adrian Wooldridge vom *Economist* zufolge hatte Drucker sich mit *Das Großunternehmen (Concept of the Corporation)* der traditionsbewussten amerikanischen akademischen Welt weitgehend entfremdet: In den Augen von Ökonomen handelte es sich dabei um Vulgärsoziologie und die Vertreter der Politischen Wissenschaften hielten es für verrückt gewordene Wirtschaftslehre. Das ist der Grund dafür, warum Druckers Laufbahn sich von Anfang an auf Nebengleisen bewegte.

Die wichtigste Botschaft, die man allen frühen Werken von Peter Drucker entnehmen kann, ist die an vielen Stellen wiederholte Feststellung, dass es sich bei Unternehmen um gesellschaftliche Einrichtungen handelt, in denen nicht Roboter agieren wie die Fließbandarbeiter bei Frederick Taylor, sondern Menschen, die ihre Bedürfnisse, ihre Ziele und ihre Stärken haben.

Druckers Ansatz, Management sei eine auf die „Praxis" ausgerichtete „Gesellschaftsdisziplin" und nicht eine akademische Wissenschaft, veränderte die Auffassung von der Managementlehre.

Er gehörte auch zu den Ersten, die betonten, wie wichtig Verantwortung und Arbeitsmoral in einer Organisation sind. In *Die Praxis des Managements* schrieb er: „Wir sprechen hier von ‚Führung' und der ‚Firmenkultur‘ eines Unternehmens und für die Führung sind die Manager verantwortlich ... und die Firmenkultur wird von dem Geist bestimmt, der innerhalb der Führungsgruppe herrscht.“

Für Drucker war Verantwortung immer ein wesentlicher Teil der Aufgabe des Managements: „Es spielt keine Rolle, ob der einzelne Arbeiter und Angestellte Verantwortung erwartet oder nicht. Das Unternehmen muss das vom Manager erwarten. Das Unternehmen braucht die Leistung und positive Ergebnisse. Da man ein Unternehmen heutzutage nicht mehr durch die Verbreitung von Furcht und Schrecken regieren kann, erzielt man Leistung und Ergebnisse nur dadurch, dass man die Mitarbeiter zur Eigenverantwortung ermutigt, sie dazu motiviert und falls nötig mit etwas Druck dazu nachhilft.“

Die Frage nach dem Wozu

George Elton Mayo (1880–1949) war ein Psychologe und Soziologe und über zwanzig Jahre lang (1926–1947) Professor für Betriebssoziologie an der Universität Harvard. Zu seinen bekanntesten Leistungen zählt die Mitarbeit an den bekannten Hawthorne-Studien (1927–1932), bei denen sich unter anderem zeigte, dass Arbeiterinnen, die wussten, dass sie Teil dieser Untersuchung waren, eine bessere Arbeitsleistung aufwiesen als diejenigen, die nicht unter Beobachtung standen. Elton Mayo führte auch das Werk von Mary Parker Follett weiter. Beide gingen davon aus, dass die Außerachtlassung der menschlichen Komponente durch die Managementmodelle ihrer Zeit ein gravierender Fehler war. Mayo wurde später zum Mitbegründer der Human-Relations-Bewegung.

Drucker weist jedoch nachdrücklich darauf hin, dass keiner der Vertreter der Human-Relations-Theorie weit genug ging: „Als Frederick Taylor seine später unter der Bezeichnung ‚Scientific Management‘ bekannt gewordene Methode ausarbeitete, ... stellte er sich nie die Frage: ‚Wie lautet die Aufgabe? Warum wird das gemacht?‘ Es ging ihm nur um die Frage ‚Wie wird das gemacht?‘ Ungefähr fünfzig Jahre danach unternahm Elton Mayo nichts weniger als den Versuch, dem Taylorismus die Grundlage zu entziehen, indem er ihn durch die Human-Relations-Theorie ersetzte. Aber auch er fragte nie: ‚Wie lautet die Aufgabe? Warum wird das gemacht?‘.

Wenn es um diesen Teil des unternehmerischen Handelns ging, wurde das Ziel, die eigentliche Aufgabe, immer als gegeben vorausgesetzt."

Mit anderen Worten, vor Drucker war die Managementlehre eine ziemlich eindimensionale Disziplin. Die Theoretiker befassten sich hauptsächlich damit, wie etwas zu bewerkstelligen ist, und nicht damit, warum etwas hergestellt oder geleistet werden soll oder warum nicht. Die Kontroverse zwischen Taylorismus und Human-Relations spitzte sich im Grunde auf die einfache Frage zu, *wie* man etwas am besten bewerkstelligen konnte, und nicht auf die Frage, *wozu* man etwas bewerkstelligen wollte. Doch für Drucker, für den Management eher eine praktische Aufgabe und weniger eine akademische Theorie darstellte, war die Frage, was eigentlich erreicht werden sollte, genauso wichtig wie jene, wie es erreicht werden konnte.

Das ist ein Kerngedanke bei Drucker. Eine seiner größten Begabungen besteht darin, scheinbar selbstverständliche Annahmen infrage zu stellen und sich von irrelevanten Vorstellungen zu verabschieden. Selbstverständlich war Strategie die Domäne des Managements. Dem General-Motors-President Alfred Sloan gelang es in den 20er-Jahren dank der von ihm auf dem Automarkt eingeführten segmentierten Markenpolitik, Henry Ford zu schlagen. (Drucker war nie ein Bewunderer von Ford. Nach seiner Überzeugung hat Ford sein Unternehmen nicht gut geführt, weil er nicht an die Bedeutung des mittleren Managements glaubte.)

Das Gebot der Partnerschaft

In der Zeit vor dem Zweiten Weltkrieg wäre kein Unternehmer oder Manager auf den Gedanken gekommen, seine Arbeiter und Angestellten hinsichtlich ihrer Arbeit zu befragen, etwa wie sie diese verbessern könnten. Für Frederick Taylor waren sowohl die leitenden Angestellten wie die Arbeiter „tumbe Ochsen". Elton Mayo zeigte etwas mehr Respekt gegenüber Managern, hielt die Arbeiter aber für „unreif" und „begriffsstutzig". Nach seiner Ansicht benötigte man die Unterstützung von Psychologen, um ihnen klarzumachen, was eigentlich von ihnen erwartet wurde.

Drucker weist nun darauf hin, dass sich durch den Zweiten Weltkrieg alles änderte. Weil die Vorarbeiter, Ingenieure oder Psychologen größtenteils zum Militärdienst eingezogen waren und niemand mehr da war, der den Arbeitern sagte, was sie tun sollten, blieb Drucker und seinen Kollegen nichts anderes übrig, als direkt mit den Arbeitern zu sprechen. Drucker gab zu, er sei sehr erstaunt darüber gewesen, was die Arbeiter ihm alles erzählten. Sie waren weder „tumb" noch „begriffsstutzig". Im Gegenteil, sie hatten eine klare Vorstellung von dem, was sie taten und was man alles verbessern konnte. Es erwies sich als wichtig und richtig, die Arbeiter mit einzubeziehen – „indem man überhaupt erst einmal anfing, sie zu fragen, ergaben sich auch Perspektiven für Produktivitäts- und Qualitätsverbesserungen", erklärte Drucker. IBM war eine der ersten großen Firmen, die sich auf diese neue Sicht der Dinge, dass Arbeiter auch ihren Beitrag zur Verbesserung leisten können, einließ. *Think* (Denk mit!) lautet die Parole bei IBM schon relativ früh. Ein unübersehbarer Hinweis darauf prangte schon in der zweiten Hälfte der 30er-Jahre auf einem großen Schild über dem Eingangsportal zum IBM-Schulungszentrum. Wenn die IBMler das Schulungszentrum betraten, wurden sie mit weiteren Schlagwörtern wie SIEH HIN, REDE MIT, HÖR ZU und LIES konfrontiert, aber das DENK MIT-Schild hing laut IBM-Chef Thomas J. Watson in jedem einzelnen Büro.

In den 1950er- und 1960er-Jahren folgten vor allem japanische Firmen diesem Beispiel und veranlassten ihre Manager dazu, engere Beziehungen zu ihren Mitarbeitern zu entwickeln.

Solange die Arbeiter am Fließband standen und jeder kleine Handgriff festgelegt war, konnte man es sich vielleicht leisten, auf jede weitergehende Kommunikation mit ihnen zu verzichten. Als jedoch die Komplexität der Arbeit zunahm und sich die Anzahl der Wissensarbeiter und Fachleute deutlich vermehrte, sahen sich die Führungskräfte genötigt, sich mit ihren Mitarbeitern auf eine Weise auseinanderzusetzen, die es vorher nie gegeben hatte: „Bei jeder Art von Wissensarbeit und im Dienstleistungsbereich ist ein partnerschaftliches Verhältnis zu einem verantwortungsbewussten Mitarbeiter unabdingbar; alles andere wird nicht funktionieren", schrieb Drucker.

Später schrieb er auch, dass im Informationszeitalter die Partnerschaft mit den Mitarbeitern und die Entwicklung eines engen Arbeitsverhältnisses wichtiger sei denn je: „Es wird für diese Menschen immer wichtiger werden, dass sie zusammenkommen, sich wirklich gut kennenlernen und auf einer systematischen und regelmäßigen Grundlage zusammenarbeiten. Keine Art von indirekter Informationsvermittlung kann die persönliche Beziehung ersetzen. Im Gegenteil, diese wird immer wichtiger. Es ist wirklich wichtig, dass die Menschen wissen, was sie voneinander erwarten können. Es ist wichtig, dass die Menschen Vertrauen zueinander haben. Das bedeutet, dass man einander systematisch und umfassend informieren muss – vor allem im Hinblick auf allfällige Veränderungen. Dazu müssen die persönlichen Beziehungen auch in gewisser Weise organisiert werden, das heißt, es müssen Gelegenheiten geschaffen werden, bei denen sich die Menschen gegenseitig kennen- und besser verstehenlernen."

Das beste aktuelle Modell partnerschaftlicher Beziehungen mit den Mitarbeitern ist General Electric, wie es von Jack Welch geschaffen wurde. Da Jack Welch in den 70er-Jahren anfing, sich mit den Büchern von Peter Drucker zu befassen, kann es niemanden überraschen, dass einige seiner erfolgreichsten Maßnahmen auf die Denkanstöße des jüngst verstorbenen Pioniers der Managementlehre zurückzuführen sind. Man kann es sogar daran erkennen, wie Welchs Formulierungen manche Aussagen Druckers nachbilden.

> „Sie [die Arbeiter] verstanden ihre Arbeit, deren Struktur und deren Rhythmus, sehr genau."

Welch formulierte später einmal: „Diejenigen [Arbeiter], die die Arbeit tatsächlich ausführten …, machten verblüffende Vorschläge, wie man sie verbessern könnte."

Welchs Zutrauen in die Fähigkeiten jedes Einzelnen war eine der Initialzündungen, die zu dem von ihm ins Leben gerufenen „Work-Out"-Programm führten. Welch setzte sein Work-Out ins Werk, nachdem er dahintergekommen war, dass manche elitär eingestellten Manager bei General Electric sich in den späten 1980er-Jahren einfach nicht mehr um die Angelegenheiten ihrer Belegschaften kümmerten. Darüber verärgert institutionalisierte Welch regelmäßige Zusammenkünfte der Belegschaft mit dem Management.

Work-Out bei GE bedeutet, dass die Hierarchie auf den Kopf gestellt wird und die Angestellten bei einer mehrtägigen großen Zusammenkunft den Managern sagen, was man besser machen könnte. Dahinter steckt der Gedanke, dass jeder Mitarbeiter in einem Unternehmen gute Verbesserungsvorschläge hat, dass man aber auch ein Forum braucht, bei dem diese Vorschläge artikuliert werden können. Welch erklärte das folgendermaßen: „Wenn ich einen Vorgesetzten mit zwei Mitarbeitern habe, der nichts anderes tut, als seinen Leuten Anweisungen zu erteilen, was sie zu tun haben, dann werfe ich diesen Vorgesetzten raus und behalte die beiden anderen. Wenn ich drei Leute habe, erwarte ich drei Vorschläge. Wenn jemand lediglich Anweisungen erteilt, bekomme ich nur einen Vorschlag eben von ihm. Ich will mir aber lieber aus den Vorschlägen von drei verschiedenen Leuten etwas aussuchen können."

In seinen letzten Jahren weitete Drucker sein Hauptthema auf die partnerschaftliche Zusammenarbeit und das Delegieren an Wissensarbeiter aus. In einem Interview mit Elizabeth Haas Edersheim, der Autorin des Buches *The Definitive Drucker* (dt.: Peter F. Drucker: Alles über Management, Redline Wirtschaft, 2007), wies er darauf hin, wie wichtig es sei, dass ein Manager, der einem Mitarbeiter eine Aufgabe einmal übertragen habe, sich in deren Ausführung nicht mehr einmische, auch wenn die Gefahr bestehe, dass der Mitarbeiter die Sache vermassele. Solange die Leute nichts Unehrenhaftes oder Illegales treiben, muss man sie gewähren lassen, es sei denn, sie bitten von sich aus um Hilfe. „Dieses Risiko muss man auf sich nehmen, wenn man ihnen erlaubt, ihren eigenen Weg zu gehen."

Beim Thema partnerschaftliche Zusammenarbeit ging Drucker sogar bis zum Äußersten: „Falls Sie vor dem Gedanken, den Mitarbeitern sogar die Befugnis, ihren eigenen Vorgesetzten abzuberufen, zurückschrecken, sind Sie für die Herausforderungen, die an Führungskräfte im 21. Jahrhundert gestellt werden, noch nicht gerüstet."

Was können Sie sonst noch tun, um Druckers Prinzip der partnerschaftlichen Zusammenarbeit zu implementieren? Versuchen Sie es mit Folgendem:

- **Halten Sie Ihre Mitarbeiter auf dem Laufenden.**
  Wenn die Arbeitsverhältnisse demokratisch organisiert sind, müssen die Mitarbeiter Zugang zu Informationen haben. Jeder möchte wissen, was „weiter oben" los ist. Und Sie selbst sind der direkteste Kontakt ihrer unmittelbaren Mitarbeiter zum Rest der Firma. Es gibt nichts Schlimmeres als ganze Abteilungen voller verlorener Seelen, die nicht wissen, was um sie herum vorgeht.

- **Fordern Sie Ihre Mitarbeiter auf, ihre eigenen Zielsetzungen festzulegen, bevor Sie ihnen Ihre vorgeben.**
  Wenn die Menschen sich über ihre eigenen Ziele im Klaren sind, dann werden sie auch eher Ihre Ziele akzeptieren und sich um deren Erfüllung bemühen.

- **Treffen Sie sich regelmäßig mit Ihren Mitarbeitern, um ihnen zu erklären, wie ihre Arbeit mit dem gesamten Unternehmen vernetzt ist.**
  Alle wollen wissen, wie ihr Beitrag sich im Ganzen auswirkt. Bei informellen vierzehntägigen Meetings, etwa zum Mittagessen in der Kantine, kann man locker kommunizieren, wie sich der Beitrag jedes Einzelnen im Gesamtorganismus auswirkt.

- **Kommunizieren Sie mit Ihren direkten Mitarbeitern auch im informellen Zweiergespräch und geben Sie ihnen ein ehrliches Feedback.**
  Informieren Sie Ihre Leute, was Sie von deren Arbeit halten. Trinken Sie eine Tasse Kaffee mit ihnen und fangen Sie damit an, was am besten läuft. Wenn Sie dann darauf zu sprechen kommen, inwieweit die Leistung sich noch von der gemeinsamen Zielvereinbarung unterscheidet, geben Sie den Mitarbeitern das Feedback und die Orientierung, die sie brauchen und suchen. (In Kapitel 8 werden dann Konzepte diskutiert, wie man Schwächen managen kann.)

Jeffersons aufklärerisches Ideal

Druckers Auffassung von einem Unternehmen und seiner Beziehung zu seinen Mitarbeitern und zur Gesellschaft stellte einen Wendepunkt dar. Arbeiter und Angestellte galten nun nicht mehr als reine Kostenfaktoren oder Roboter: „Vom Chef bis zum Hausmeister trägt jeder auf seine Weise zum Erfolg des Unternehmens bei. Jede große Firma muss ihren Mitarbeitern gleiche Aufstiegschancen bieten." Aber auch heute, sechzig Jahre, nachdem diese Sätze geschrieben wurden, gibt es immer noch viele Angestellte und Manager, die sich eher wie Kostenfaktoren und Roboter vorkommen, statt sich als Kompetenzträger und menschliche Individuen zu fühlen.

Drucker machte deutlich, dass sich vor allem die Wissensarbeiter in einem Unternehmen auf ihre Hauptaufgabe, den Erfolg des Unternehmens, konzentrieren und „alles andere beiseite lassen" müssen. Mit anderen Worten, die effektivsten Mitarbeiter wissen, worauf es ankommt, und kümmern sich vor allem anderen darum. Ihre Manager können ihnen bei der Erfüllung ihrer Aufgaben behilflich sein, indem sie sie beispielsweise fragen: „Was hat bei Ihnen höchste Priorität? Was sollte das sein? Worin sollte Ihre Leistung bestehen? Was hindert Sie daran, Ihre Aufgabe zu erfüllen, und was sollte demnach weggeräumt werden?" Die letzte Frage ist ganz entscheidend. Bei dem wahnwitzigen Rummel an den Arbeitsplätzen von heute, wo die E-Mails mit der Gewalt von Blizzards hereinschneien, wo ein Meeting das andere jagt und pausenlos das Telefon klingelt, ist die Antwort auf die Frage, was man *nicht* zu tun braucht, schon die halbe Miete. Geborene Manager reagieren darauf intuitiv gelassen; die besten Manager sollten sich mit ihren Mitarbeitern permanent über diese Themen unterhalten. Wenn Sie einem ihrer unmittelbaren Mitarbeiter dabei helfen, eine vermeintliche Zuständigkeitsgrenze zu überschreiten oder eine sinnlose Beschäftigung sein zu lassen, setzt das möglicherweise sehr positive Kräfte für die Firma frei.

Kapitel 7
Denke nur an morgen

„Eine der wichtigsten Fragen, die sich Führungskräfte stellen müssen, lautet: ‚Wann ist der richtige Zeitpunkt gekommen, ein Projekt zu beenden und keine Mittel mehr darauf zu verwenden?' Die Beinahe-Erfolge, bei denen man von allen Seiten zu hören bekommt, es brauche nur noch einen kleinen Push und dann funktioniere das Ganze, sind für Manager eine der gefährlichsten Fallen, in die sie hineintappen können."

In diesem Kapitel will ich einen für Drucker besonders kennzeichnenden strategischen Denkansatz aufzeigen. Diese Vorgehensweise ist für ihn auch insofern typisch, weil man daran sieht, dass er seine Grundsätze selbst beherzigte. Er erwähnte mir gegenüber nämlich, dass er ein Buch nie wieder zur Hand nehme, wenn er es einmal abgeschlossen habe. Er machte sich davon frei. Wenn er ein neues Thema fand oder eine neue Idee hatte, schrieb er ein neues Buch darüber. Das galt auch für alle übrigen wichtigen Entscheidungen in seinem Leben. In seiner Laufbahn ließ er stets Vergangenes hinter sich und wandte sich neuen Aufgaben zu. So lehnte er Berufungen auf renommierte Lehrstühle in Harvard und Stanford ab und blickte nie mehr darauf zurück.

Peter Drucker war kein Mensch, der sich auf seinen Lorbeeren ausruht. In seinem Haus findet man keine Ehrenurkunden oder Auszeichnungen an den Wänden. Drucker interessierte sich immer nur für neue Herausforderungen.

Das Einzige, worüber sich Drucker allenfalls beklagte, war ein Buch, das er nie geschrieben hatte. „Das beste Buch, das ich nie geschrieben habe, hätte den Titel *Managing Ignorance* (Wie man Unwissenheit managt) getragen. Das wäre ein tolles Buch geworden, aber es wäre auch sehr schwierig zu schreiben." Er verriet mir auch, dass er das Manuskript dafür schon begonnen, es aber nie fertiggestellt habe. Für Drucker wäre dieses Buch eine Art Ausnahmeerscheinung in seinem Werk gewesen, denn darin hätte er sich mit den Irrtümern und Fehlern der Manager befasst; vielleicht ist dies der Grund dafür, dass er es nie beendet hat, weil er sich dann auf deren Schwächen hätte konzentrieren müssen statt auf deren Stärken.

Verzicht ist kein Ruhmesblatt

Würde man Druckers Anhänger fragen, welches seine drei wesentlichsten Errungenschaften seien, so würde sein Konzept der aktiven Projektaufgabe wohl nicht genannt. Solch ein Verzicht lässt sich nicht so leicht in einen griffigen Satz fassen wie Druckers Gesetz („Es gibt nur eine wirklich gültige Definition für jedwede Art von Geschäftsvorhaben: Man muss einen Kunden schaffen") oder die Formel vom „Management durch Zielvereinbarung", dasjenige von Druckers Konzepten, das in der Nachkriegszeit die meiste Anerkennung und Anwendung fand.

Projektaufgabe ist auch nicht die Art von Schlagwort oder Konzept, mit der man bei einer Präsentation besonders viel Eindruck schinden kann. Es wird nicht viele Manager geben, die mit Ausführungen über verpuffte Ideen oder gescheiterte Produkte angeben wollen. Dennoch haben bewusste Projektaufgaben für einige der erfolgreichsten Produkte der Wirtschaftsgeschichte überhaupt erst den Weg geebnet.

Das Thema ist deshalb so heikel, weil Manager sich gegen die Aufgabe von Projekten sträuben, und das wiederum hat – um mit Druckers Worten zu sprechen – seine Ursache im Anfüttern des Managernarzissmus. Ein bewusster Verzicht liegt konträr zu allem, was für Manager üblicherweise an vorderster Stelle steht: mit allen Mitteln Gewinne erwirtschaften. Dabei ist Wachstum auf allen Ebenen die Grundvoraussetzung für das Gedeihen jedes Unternehmens. Wenn man nun auf irgendein Produkt verzichten soll, zieht das offenbar erst einmal automatisch eine Verringerung der Verkäufe und damit von Umsatz und Gewinn nach sich. Aber diese Wahrnehmung stimmt eben nicht, vor allem nicht bei langfristiger Betrachtung.

Drucker ist der festen Überzeugung, dass zu viele Manager sich viel zu lange an Dingen von gestern festklammern, und daran krankt dann irgendwann ihr Geschäft. Viele Firmen halten so lange an ihren Cash Cows fest, bis diese im Wettbewerb einfach obsolet werden. Wer sich nicht rechtzeitig vom Gestern verabschiedet, läuft Gefahr, auf dem Markt marginalisiert zu werden, gibt Drucker zu bedenken.

Der erste Schritt zu mehr Wachstum

Für Drucker steht fest: „Der erste Schritt zu mehr Wachstum ist nicht die Entscheidung, wie und wo man wachsen will. *Es ist die Entscheidung, worauf man verzichten kann.* Damit ein Unternehmen wachsen kann, muss man systematisch entscheiden, wie man alles Veraltete, Überflüssige, Unproduktive loswird."

Weil man sich beispielsweise in der Automobilindustrie nicht von Vorstellungen und Produkten gelöst hat, über die die Zeit inzwischen hinweggegangen ist, hat man sich dort einige der kostspieligsten Fehlentscheidungen aller Zeiten geleistet. Zu Anfang dieser Dekade, nach dem Jahr 2000, hielten sowohl General Motors als auch Ford daran fest, benzinschluckende Geländewagen in übergroßen Stückzahlen zu produzieren, trotz sprunghaft steigender Treibstoffpreise und obwohl die Umweltbewegung längst andere Prioritäten aufzeigte. Im Gegensatz dazu konzentrierte sich Toyota längst auf die Entwicklung der neuen Hybridtechnologie und machte Hybridautos für die Massen erschwinglich. Die Führung bei Toyota ging davon aus, dass die Hybridwagen den Hauptansatz für die Reduzierung der Kohlenstoff-Emissionen und des Benzinverbrauchs darstellten; so nahmen sie lieber geringere Margen in Kauf, um einer der führenden Anbieter in diesem neuen Marktsegment zu werden.

Prius, das erste Hybridauto von Toyota, wurde 1997 in Japan und 2001 in allen übrigen Ländern eingeführt. Der neue Wagen war von Anfang an ein Renner. Toyota gewann damit viele Auszeichnungen, darunter Auto des Jahres 1997/98 in Japan, nordamerikanisches Auto des Jahres 2004 und europäisches Auto des Jahres 2005.

Die weitere Entwicklung war eindrucksvoll und dramatisch und wäre zehn Jahre zuvor einfach undenkbar gewesen. Im Wesentlichen hat es Toyota dem Prius zu verdanken, dass die Firma die Rolle des weltweit führenden Autoherstellers übernehmen konnte (diese Position hatte GM sieben Jahrzehnte lang inne). Währenddessen gerieten Ford und GM immer mehr ins Straucheln und fuhren Rekordverluste ein. (Die Verluste von Ford beliefen sich 2006 auf 12,7 Milliarden Dollar, GM verlor 2007 38,7 Milliarden Dollar. Toyota verdiente allein in den ersten neun Monaten desselben Jahres 13,1 Milliarden Dollar.)

Im Dezember 2006 reiste der Vorstandsvorsitzende von Ford, Alan Mulally, nach Japan zu Fujio Cho, dem Chef von Toyota, um sich darüber unterrichten zu lassen, wie Ford seine Produktion optimieren könne, wie Mulally sagte. Aber die eigentlichen Probleme bei Ford lagen keineswegs in der Fertigung.

Ihre Unfähigkeit, auf ehemalige Cash Cows zu verzichten, ist die Automobilfirmen in Detroit teuer zu stehen gekommen. Drucker meint: „Man muss ... sich von den Geldbringern von gestern schon dann verabschieden, wenn man es eigentlich noch gar nicht will und nicht erst dann, wenn man es unausweichlich muss. Detroit hat sich offensichtlich nicht an Druckers Rat gehalten, obwohl er schon 1964 erteilt wurde.

Weil sie nicht frühzeitiger auf die Hybride setzten, entging den amerikanischen Autoherstellern eine große Chance. Hinterher ist man immer klüger, aber wären General Motors, Ford und Chrysler wenigstens teilweise schon viel früher zu benzinsparenden Hybriden übergegangen, statt alles auf die üppigen Geländewagen zu setzen, dann hätten sie sich selbst das Loch wenigstens nicht ganz so tief gegraben, in das sie jetzt gefallen sind. Schließlich gab es seit längerem genügend deutliche Anzeichen dafür, dass eine grundlegende Änderung des Automobilmarktes bevorstand. Schon in den 1970er-Jahren kam die Diskussion über Alternativen zu den herkömmlichen fossilen Brennstoffen auf und sie intensivierte sich in den 1990er-Jahren.

Manager, die wirklich Biss hatten, haben die Zukunft richtig aus dem Kaffeesatz gelesen und ihre Unternehmen darauf eingestellt, angesichts neuer Tatsachen und neuer Möglichkeiten auch neue Chancen wahrzunehmen.

Drucker sagte dazu: „Chancen bestmöglich zu nutzen, ist der beste Weg, ein Unternehmen aus der Vergangenheit in die Gegenwart zu holen und es damit gleichzeitig für die neuen Herausforderungen der Zukunft fit zu machen. Wenn man sich um diese Chancen kümmert, wird auch deutlich, welche der gegenwärtigen Aktivitäten weiter vorangetrieben werden sollten und auf welche man verzichten kann. Dadurch werden außerdem die zukunftsweisenden Dinge angestoßen, die im Markt dann wirklich vielfachen Ertrag bringen oder den Vorsprung einer Firma im Know-how festigen."

Die Betriebsanleitung vom vergangenen Monat erneuern

Eines der großen Erfolgsgeheimnisse von Toyota ist der in der Firmenkultur tief verwurzelte Ansatz, immer wieder nach besseren Lösungsmöglichkeiten Ausschau zu halten; alle sind davon durchdrungen, zugunsten neuer Ansätze veraltete Methoden abzuschaffen. Sakichi Toyoda, der Firmengründer, war ein Autodidakt und Erfinder, der keineswegs mit dem Autobau begonnen hatte, sondern einen verbesserten Webstuhl für Frauen konstruierte. Er war, was Drucker ein Naturtalent nannte, weil er ständig nach Verbesserungen Ausschau hielt; sein erstes Patent für einen Webstuhl wurde ihm 1890 erteilt. Am Ende seines Lebens hielt er mehr als 100 Patente und wurde so zu einem der weltweit führenden Erfinder vom Range eines Thomas Edison und Henry Ford.

1935 stellte er fünf Grundregeln für seine Firma auf, die heute noch gültig sind. Eine davon lautet, dass alle Mitarbeiter „durch beständige Kreativität, Neugier, und das Streben nach Verbesserung stets ihrer Zeit voraus sein sollen".

Verbesserung und Verzicht sind zwei Seiten der gleichen Medaille. Um sich verbessern zu können, muss man sich von dem trennen, was weniger gut funktioniert, und sich mit dem beschäftigen, was besser ist.

Taiichi Ohno, einer der früheren führenden Top-Manager und der eigentliche Spiritus Rector von Toyotas gepriesenem Fertigungssystem, sagte einmal: „Es stimmt etwas nicht, wenn die Arbeiter sich nicht jeden Tag umschauen und sich fragen, ob es etwas gibt, was ihnen lästig oder langweilig erscheint, und dann von sich aus die Abläufe ändern. Selbst die Betriebsanleitung vom letzten Monat könnte inzwischen überholt sein."

Die Manager anderer Firmen erkannten, dass man sich die patentierte Produktionsweise von Toyota (TPS – Toyota Production Systems) näher ansehen sollte. So unterschiedliche Unternehmen wie John Deere (Landwirtschaftsmaschinen) und Wal-Mart (Einzelhandel) haben das TPS näher analysiert und Teile davon übernommen.

Ein grundlegendes Prinzip, das TPS durchzieht, ist *kaizen* – ständige Verbesserung. Der Schlüssel zu dieser ständigen Verbesserung sind diejenigen Mitarbeiter, die speziell damit beauftragt sind, in einer Firma nach *muda* (= Verschwendung) Ausschau zu halten. Selbstverständlich ist jedes Unternehmen bestrebt, seine Produkte und Produktionsabläufe zu verbessern. Aber David Magee weist in seinem Buch *How Toyota Became No. 1* zu Recht darauf hin, dass „es einen großen Unterschied ausmacht, ob man TPS einfach als Methode zur Verbesserung der Produktion betrachtet oder ob man es als Handlungsprinzip für jeden einzelnen Mitarbeiter sieht".

Kaizen springt einem in allen Toyota-Fabriken direkt ins Auge, wo jeder Mitarbeiter beim ersten Anzeichen irgendeines Problems die Befugnis hat, das Fließband zu stoppen. Toyota-Arbeiter werden regelrecht dazu angehalten, dies im Fall eines Qualitäts- oder Sicherheitsproblems zu tun. Bei Toyota werden die Mitarbeiter dafür nicht gerügt, sondern im Gegenteil, belobigt. Denn es herrscht die Auffassung, dass sie andernfalls riskieren, einen Fehler zu begehen. Deshalb wird die sogenannte Andon-Leine an jedem Arbeitstag in den Fabriken von Toyota bis zu 5000 Mal gezogen.

Bei Toyota beschränkt sich diese Philosophie der Verbesserung und des Verzichts natürlich nicht auf die Arbeit in den Produktionshallen. Das ist der Punkt, wo viele andere Firmen den größten Fehler machen. Firmen, die das *kaizen*-Prinzip nicht auf andere Bereiche anwenden, scheitern oft. Bei Toyota hingegen bemerkt man das Firmenprinzip in fast allen anderen Aktivitäten des Unternehmens.

Jim Press, der frühere President von Toyota Motor North America (und jetzige President von Chrysler), sagt: „Natürlich ist die Produktion der anschaulichste Ort dafür, um zu erkennen, wie TPS wirkt ... Aber die Grundprinzipien und der Geist dieses Prinzips finden sich überall ... vom Kundendienst bei einem Lexus-Händler bis hin zu einem Wachmann auf dem Gelände von Toyota Motor Sales in Torrance in Kalifornien."

Ein weiterer Bestandteil der Firmenphilosophie von Toyota sind die „5 Warum-Fragen". Die „5 Warum-Fragen" dienen dazu, bei Fehlern oder unerwünschten Ergebnissen schnell zur Ursache des Problems vorzustoßen. Der Hintergrund ist, dass ein Manager mit ein paar allgemeinen Fragen nicht zielgerichtet genug an die eigentliche Störquelle vorstößt.

Diese Methoden fanden weitere Verbreitung, als andere Firmen in den 1970er-Jahren anfingen, die Methoden von Toyota genauer unter die Lupe zu nehmen und sie teilweise zu übernehmen. Die Grundideen, die hinter den „5 Warum-Fragen" stehen, wurden später zu verbesserten und verfeinerten Qualitätskontrollmethoden weiterentwickelt, wie etwa das auf einem statistischen Ansatz beruhende Six-Sigma-Programm von Motorola, das auch von General Electric übernommen und so allgemein bekannt wurde. Die „5 Warum-Fragen" sind ebenfalls eine Methode, die Toyota dazu verwendet, sich von Althergebrachtem zu lösen und neue Wege zu beschreiten.

Auf der Liste der am meisten bewunderten Firmen, die von der Wirtschaftszeitschrift *Fortune* veröffentlicht wird, belegte Toyota 2007 den dritten Platz in den USA und den zweiten Platz weltweit (sie hatten sich damit um sechs Ränge verbessert). Zweifellos hat das in der Firma durchgängig angewandte Prinzip, sich der Zukunft zuzuwenden und das Alte hinter sich zu lassen, viel zu diesem Erfolg beigetragen.

Verzicht und Realität

Einigen Managern fällt es leichter, die Vergangenheit hinter sich zu lassen, als anderen. Diejenigen, die die größten Probleme damit haben, sind oftmals solche, denen es schwerfällt, sich der Realität zu stellen. Dr. Sydney Finkelstein, der Verfasser des Buches *Why Smart Executives Fail* (Warum kluge Manager scheitern), hat eine sechsjährige Langzeitstudie durchgeführt und herausgefunden, dass es vor allem zwei Gründe dafür gibt. Bei beiden spielt die Unfähigkeit, mit der Realität zurechtzukommen, eine entscheidende Rolle.

Der Studie zufolge werden in Unternehmen und generell in Organisationen die größten Fehler gemacht, wenn sich in der Führungsspitze eine Mentalität ausbreitet, bei der die Realität verdrängt wird. Der andere Faktor, der wesentlich zu diesem Scheitern beiträgt, wird umschrieben als „wahnhafte Haltung, mit der an falschen Realitäten festgehalten wird".

Das ist möglicherweise eine Erklärung dafür, warum für einen Mann wie Jack Welch die oberste Grundregel im Geschäftsleben lautete, „sich der Realität zu stellen". Bei General Electric wiederholte er dieses Mantra ein ums andere Mal und es half ihm, die schwierigen Entscheidungen zu fällen, aufgrund deren er unter anderem vom Wirtschaftsmagazin *Fortune* zum „Manager des Jahrhunderts" gekürt wurde.

Die ersten zehn seiner zwanzig Jahre an der Spitze von General Electric sind wie eine Aneinanderreihung von Musterbeispielen aus einem Lehrbuch für aktive Projektaufgabe. Er verkaufte 117 Geschäftsbereiche, die nicht mit seiner neuen Vision des Unternehmens vereinbar waren. So verkaufte er beispielsweise 1984 die gesamte Haushaltsgerätesparte von GE, also den Bereich, der praktisch in jedem amerikanischen Haushalt vertreten war (vom Toaster bis zum Föhn). Als er gefragt wurde, warum er ein Stück Amerika an Ausländer verkaufe, antwortete er unmissverständlich: *„Wir haben nur die Wahl, ob wir im Jahr 2000 Toaster oder Computertomografen herstellen wollen."*

Eine solche Aussage lässt sich direkt auf einen Drucker'schen Lackmustest zurückführen:

Wenn wir das nicht bereits produzieren würden, würden wir es – beim augenblicklichen Kenntnisstand – jetzt produzieren wollen?

Falls man diese Frage mit Nein beantwortet, dann muss sich das Unternehmen zwingend die weitere Frage stellen: Und was sollen wir jetzt tun? Die Antwort muss eine Handlungsentscheidung sein und keinesfalls der Auftrag für eine weitere Marktuntersuchung.

Diese Sätze standen in Druckers Buch *Post-Capitalist Society* (dt.: Die postkapitalistische Gesellschaft, 1993) und gehörten zu einer ganzen Reihe ähnlicher Fragen, die Drucker in Zusammenhang mit dem Thema „Eintritt in neue Märkte" behandelt hatte. Drucker war ganz entschieden der Ansicht, dass es für Unternehmen nur eine einzige Möglichkeit gab, sich auf streng rationale Weise mit solchen Schlüsselfragen auseinanderzusetzen. Diese Strategie arbeitete er in der ersten Hälfte der 1990er-Jahre aus: „Heutzutage muss in die Organisation eines jeden größeren Unternehmens eine Struktur eingebaut sein, die ein *Change-Management* ermöglicht. Theoretisch muss der organisierte Verzicht auf alles, was das Unternehmen betreibt, möglich sein ... Es wird immer wichtiger, dass die Unternehmen Verzicht und aktive Projektaufgabe planen, statt nur das Fortbestehen erfolgreicher Entscheidungen, Praktiken und Produkte zu sichern – eine Herausforderung, der sich bisher nur einige japanische Firmen gestellt haben."

Diese nachdrückliche Forderung Druckers kann in den Händen fähiger Manager, die es mit der Projektaufgabe ernst meinen, zu einem mächtigen Instrument werden. Wenn man sich den damit verbundenen Fragen ehrlich stellt, wird den verantwortlichen Führungskräften überaus deutlich, welche Sparten oder Märkte sie besser aufgeben. Die wesentlichen Punkte, auf die es dabei ankommt, sind eine glasklare Realitätswahrnehmung seitens der Manager und ein strategischer Unternehmensplan, der sich auf das fokussiert, was das Unternehmen am besten kann. Drucker sagt dazu: „Solch eine Strategie versetzt das Unternehmen in die Lage sich zielgerichtet opportunistisch zu verhalten. Wenn irgendeine Geschäftsaktivität wie eine günstige Gelegenheit aussieht, sie aber nichts zum strategischen Unternehmensziel beiträgt, dann ist es auch keine wirkliche Gelegenheit,

Geld zu verdienen, sondern bloß eine Art Nebenerwerb und lenkt die Unternehmenskräfte ab."

Wie sonst könnte man dauerhaft die Nase vorn haben als dadurch, dass man sich von allem obsolet Gewordenen befreit. Dabei sollte man Folgendes beachten:

- **Trennen Sie sich von unzulänglichen Mitarbeitern und/oder solchen, die die Firmenwerte nicht beachten.**
  Nicht nur von Produkten oder Produktionsprozessen muss man sich bisweilen trennen. Jim Collins, der Autor des Buches *Good to Great* (dt.: Der Weg zu den Besten, 2003), wies darauf hin, dass es zu den wichtigsten Aufgaben eines Managers gehört, die richtigen Leute an Bord zu holen und die falschen Leute abzuheuern. Bereits Jahrzehnte vorher hatte Peter Drucker dafür plädiert, jeden, vor allem jeden Manager, zu entlassen, der kein gutes Vorbild abgibt. „Wenn man so einen Mann weitermachen lässt, korrumpiert er andere. Das ist der ganzen Organisation gegenüber unfair."

- **Trennen Sie sich von den „Milchkühen", sobald sie die ersten Anzeichen von Schwäche zeigen.**
  Drucker riet Managern immer wieder dringend, alle Kräfte eines Unternehmens bei denjenigen hochergiebigen Produkten oder Produktlinien zu bündeln, die „ihre Kosten mehrmals verdienen", also den wahren Goldeseln. Er meinte, dass „alle übrigen ... mit dem auskommen müssen, was da ist, oder sogar mit weniger. Sie werden einfach behalten und gemolken, aber sie werden nicht ‚gefüttert'. Sobald die Milch versiegt, kommen sie ins Schlachthaus."

- **Bringen Sie Ihren direkt unterstellten Mitarbeitern die Prinzipien der aktiven Projektaufgabe bei.**
  Sie machen es ja nicht alleine. Sie müssen sich der Hilfe derjenigen versichern, die die größte Nähe zum Marktgeschehen und zum Kunden haben, um ständig diejenigen Produkte erkennen und auszusortieren zu können, die schwächeln. Sie sollten Ihre Mitarbeiter auch dazu anhalten, Vorschläge für Erneuerung und neue Gelegenheiten zu machen.

Denke nur an morgen

Aktive Projektaufgabe ist ein Schlüsselbegriff zum Verständnis von Druckers Denken, denn es war auch Teil dessen, was er persönlich lebte. In der aktiven Projektaufgabe kommen einige der wichtigsten Prinzipien von Druckers Denken zusammen. Beispielsweise setzt die Projektaufgabe voraus, dass man sich systematisch immer wieder die richtigen Fragen stellt: „Wenn Sie glauben, dass Sie schon alle richtigen Antworten kennen, dann haben Sie noch nicht einmal damit angefangen, Fragen zu stellen“, sagte Drucker. Er hörte nie damit auf, die richtigen Fragen zu stellen, und empfahl Managern, jede nur denkbare Annahme zu hinterfragen, selbst die anscheinend größten Selbstverständlichkeiten. So schrieb Drucker beispielsweise: „Nichts scheint einfacher und selbstverständlicher zu sein als die Antwort auf die Frage, welches Geschäft eine Firma eigentlich betreibt ... Dabei ist die Frage ‚Womit befassen wir uns?‘ meistens eine recht schwierige Frage, auf die man erst nach intensiverem Nachdenken eine Antwort findet. Und falls man die richtige Antwort findet, ist sie alles andere als offensichtlich.“ Wenn man die Aufgaben des Unternehmens, seine Geschäftsfelder definiert, müssen bisweilen harte Entscheidungen getroffen werden, welche Märkte man verlassen oder in welche man eintreten will, welche Bereiche man ausbaut und auf welche man verzichten kann. Und schließlich kann kein Unternehmen sich von Überholtem trennen, wenn es nicht „jemanden in der Führungsspitze gibt, der speziell mit der Aufgabe betraut ist, wie ein Unternehmer und Erneuerer an der Zukunft des Unternehmens zu arbeiten.“

Kapitel 8
Stärken überprüfen

„Vor allem in der Wissensarbeit muss bei der Besetzung der Stellen auf die Stärken der Mitarbeiter geachtet werden. Das heißt, man muss sein Augenmerk ständig darauf richten, dass sie dort eingesetzt werden, wo sie sich am besten entfalten und die besten Leistungen und Ergebnisse hervorbringen können."

In der zweiten Hälfte der 90er-Jahre und um das Jahr 2000 herum wurden von bedeutenden Autoren Abertausende von Buchseiten darüber verfasst, wie wichtig es ist, die Vorzüge von Führungskräften und Unternehmen noch weiter auszubauen, indem man sich auf deren Stärken konzentriert.

Doch bereits Jahrzehnte vorher, lange bevor alle anderen daraus ein Modethema machten, hatte Drucker sehr klar ausgesprochen, dass es zu den wesentlichen Aufgaben eines verantwortungsbewussten Managers gehört, sich auf Stärken zu konzentrieren: „Durch nichts wird der Zusammenhalt und der Elan eines Unternehmens oder einer Organisation leichtfertiger zerstört, als wenn man an den Schwächen der Mitarbeiter herumdoktert, statt sich auf deren Stärken zu konzentrieren, wenn man sich mit ihren Unzulänglichkeiten beschäftigt, statt ihre Fähigkeiten auszubauen. *Das Hauptaugenmerk muss auf den Stärken liegen ... es wäre ein Riesenfehler, sich mit den Schwächen abzugeben"*, unterstrich Drucker nachdrücklich.

Das klingt ganz selbstverständlich und intuitiv gesehen vollkommen richtig. Gleichwohl verbringen die Manager heutzutage sehr viel Zeit mit immer erneuten Versuchen, die Schwächen auszubügeln, statt die Stärken zu fördern. Es ist sogar so, dass die meisten großen Unternehmen ein derartiges Verhalten nicht nur unterstützen, sondern es durch informelle wie offizielle Abläufe und Kontrollmechanismen geradezu institutionalisieren. Dadurch werden die Manager geradezu dazu angehalten, sich mit den Kompetenzdefiziten ihrer Mitarbeiter auseinanderzusetzen, statt deren Stärken zu fördern.

In diesem Kapitel werden die frühen Werke Druckers nach seinen Aussagen über die Stärke-Theorie durchforstet und wie sie mit anderen Aspekten seines Denkens, etwa der Auswahl und Entwicklung des Führungspersonals, zusammenhängen. Dabei werden auch hocheffiziente moderne Führungskräfte, wie A.G. Lafley von Procter & Gamble, vorgestellt und es wird ausgeführt, wie sie Teile von Druckers Strategien dazu verwendet haben, ihre Unternehmen zu stärken

Die Stärke-Revolution

Vor wenigen Jahren erlangte das Autorenteam Marcus Buckingham und Donald Clifton Ruhm und Reichtum, weil es ihnen gelungen war, sehr erfolgreich die von ihnen sogenannte Stärke-Revolution zu propagieren. Gleich am Anfang ihres Bestsellers *Now, Discover Your Strengths* (Entdecken Sie Ihre Stärken Jetzt!, 2002) steht folgendes Manifest: „Wir haben dieses Buch geschrieben, um eine Revolution zu beginnen, die Revolution der persönlichen Stärken. Im Zentrum dieser Revolution steht ein einfacher Satz: Jedes Unternehmen muss nicht nur die Tatsache klar erkennen, dass jeder Mitarbeiter verschieden ist, es muss aus diesen Unterschieden Kapital schlagen. Es muss nach Anhaltspunkten für die natürlichen Talente jedes einzelnen Mitarbeiters Ausschau halten und dann diesen Mitarbeiter so einsetzen und fördern, dass seine oder ihre Talente in echte Stärken umgewandelt werden."

Beinahe fünfzig Jahre zuvor schrieb Peter Drucker: „Man kann nur auf Stärken aufbauen. Man kann nur etwas erreichen, indem man etwas tut. Jede personelle Einschätzung und Beurteilung muss sich daher in allererster Linie darauf beziehen, wozu ein Mensch in der Lage ist ... ein Mitarbeiter sollte niemals mit einer Führungsaufgabe betraut werden, wenn er sich mit den Kompetenzdefiziten seiner Leute abplagt, statt deren Stärken zu nutzen." Später sagte er außerdem: „Wir müssen unsere Unternehmen so organisieren, dass jeder, der über Kompetenz und Stärken in einem wichtigen Bereich verfügt, diese auch entfalten und umsetzen kann."

Wie wir bereits mehrmals beobachten konnten, war Drucker der Erste, der diesen Gedanken formulierte. Damit soll keineswegs gesagt sein, dass die Aussagen von Buckingham und Clifton nicht authentisch wären oder dass sie keinen wesentlichen Beitrag zu unserem Wissen und unseren Erkenntnissen über das Management geleistet hätten. Dies soll nur bedeuten, dass sie ihre **Stärke-Revolution** auf Gedanken aufgebaut haben, die sich bis zu Drucker zurückverfolgen lassen.

Es gereicht Buckingham und Drucker durchaus zur Ehre, dass sie Druckers Leistungen anerkannten, indem sie ein Zitat von ihm auf der vorderen Klappe ihres Buchumschlages abdrucken ließen, welches lautet: „Die meisten Amerikaner wissen gar nicht, wo ihre Stärken liegen. Auf diese Frage antworten die meisten mit einem verwunderten Blick oder sie sagen etwas, was sie zufällig darüber wissen, was definitiv die falsche Antwort ist."

Verschaffen Sie sich Klarheit über Ihre Stärken

Bei meinem Treffen mit Drucker wurde sehr deutlich, dass seine Stärke-Doktrin, die er bereits vor fünfzig Jahren formuliert hat, nach wie vor zum Kernbestand seiner Grundüberzeugungen zählt. Er selbst kannte sich wie auch seine Stärken gut genug und verwendete an diesem Tag reichlich Zeit darauf, wie er im Vertrauen auf seine eigenen Stärken den Großteil seines Berufslebens darauf verwendet hatte, diese von ihm geschaffene

Managementlehre auszubauen (auch wenn er das rasch wieder relativierte, als er meinte, er habe gar nicht die Absicht gehabt, etwas so überaus Einmaliges zu schaffen).

Ihm war aber vollkommen bewusst, dass seine größte Leistung – und damit seine größte Stärke – darin bestand, Management als eine eigenständige Disziplin dargestellt zu haben, bevor irgendjemand anderes darauf gekommen war, darüber ein eigenes Lehrgebäude zu errichten. „Was ich nun wirklich geschaffen und geschafft habe, ... war, Management als eine damals neue gesellschaftliche Funktion und Institution zu erkennen und anzuerkennen und in systematischer Form darzustellen."

Wenn man seine Stärken kennt und weiß, was man will, dann hat man noch den zusätzlichen Vorteil, dass man weiß, was man *nicht* will. So gibt es beispielsweise sicherlich nicht viele ehrgeizige Professoren und Akademiker, die einen Ruf nach Harvard ablehnen würden. Genau das aber tat Drucker, weil er sich selbst und seine Stärken kannte. Drucker wusste natürlich, dass dort die Fallstudien den wesentlichen Teil des Lehrplanes ausmachten, und er sagte mir, welche tiefe Abneigung er gegen derartige Fallstudien hegte. Als weiteren Grund dafür, warum er Harvard einen Korb gab, lag in der damaligen Regel der Universität, die es Professoren nicht gestattete, einer Beratertätigkeit nachzugehen. Drucker wollte aber keinesfalls das aufgeben, was er besonders gern tat.

Führungskräfte, die es verstehen, sich auf Stärken zu konzentrieren, wissen eben, was sie zu tun haben, meinte Drucker, und sie wissen auch, was sie zu lassen haben. „Man sollte möglichst wenig Energie auf den Versuch verschwenden, Bereiche mit geringer Kompetenz verbessern zu wollen", unterstrich Drucker. „Es kostet unverhältnismäßig viel mehr Anstrengung und Mühe, Inkompetenz in irgendeine Form von Mittelmäßigkeit zu verwandeln, als eine ohnehin gute Leistung zur wahrhaft hervorragenden zu führen ... Die Kräfte und Energien – und die Zeit –, die dafür aufgewendet werden, sollten darin investiert werden, einen talentierten und kompetenten Mitarbeiter zu einem exzellenten Mitarbeiter zu machen."

Druckers Leitsatz, dass es leichter und besser sei, kompetente Manager zu hochqualifizierten Leistungsträgern zu machen, statt inkompetente Manager zu bloß kompetenten, wurde von den beiden Autoren Jack Zenger und Joseph Folkman in ihrem 2002 erschienenen Buch *The Extraordinary Leader* bestätigt. Als Grundlage seines Buches wertete das Autorenduo 200 000 ausführliche Bewertungen von 20 000 Personen aus. Als sie die 10 Prozent Topbewertungen den 10 Prozent am schlechtesten bewerteten Managern gegenüberstellten, fanden sie heraus, dass diejenigen ohne irgendeine dezidierte Kompetenzeigenschaft im unteren Drittel aller Manager ihres Unternehmens rangierten.

Manager, denen eine bestimmte Stärke (oder Kompetenz) attestiert wurde, rangierten in den Bewertungen immerhin im Bereich zwischen 34 und 68 Prozent. Wenn der Führungskraft drei Stärken zugeschrieben wurden, ergab sich eine hohe Bewertung bis zum Bereich von 84 Prozent. Jack Zenger zieht daraus den Schluss: „Die wirklich entscheidende Erkenntnis aus dieser Untersuchung lautet, dass den hochqualifizierten Führungskräften eines Unternehmens in drei bis vier Bereichen besondere Kompetenzen zugeordnet werden und nicht ein bisschen Kompetenz in vierunddreißig Bereichen." Auf der Grundlage einer ausgesprochen breiten Datenerhebung bestätigt diese Schlussfolgerung, was Drucker schon Jahrzehnte vorher, seit Anfang der 1950er-Jahre, postuliert hat.

Sieben Tipps, wie man seine Stärken zur Geltung bringt

Einer von Druckers Grundsätzen lautet: *„Jede Weiterentwicklung ist zuerst Selbstentwicklung."* Das bedeutet, es liegt in erster Linie an jedem Einzelnen, alles zu tun, was nötig ist, um die innere Einstellung sowie die Ausbildung und Erfahrung zu gewinnen, die für ein berufliches Fortkommen nötig sind, und dann auch die Initiative zu ergreifen. Der Schlüssel hierzu liegt in der Konzentration auf die eigenen Stärken. Hier folgen sieben praktische Hinweise, wie man dabei vorgehen kann, die den Büchern Druckers entnommen sind:

1. Erstellen Sie eine Liste mit Ihren wichtigsten Leistungen und Erfolgen der vergangenen zwei bis drei Jahre.

2. Erstellen Sie eine Liste mit vier bis sechs spezifischen Aufgaben, für die in erster Linie Sie in Ihrer Firma verantwortlich sind.

3. Bewerben Sie sich um die Aufgaben, die die größten Herausforderungen darstellen.

4. Stellen Sie fest, worin Ihre herausragendste Qualität besteht, und stellen Sie dann fest, welche herausragende Qualitäten andere haben.

5. Haben Sie keine Angst vor starken Kollegen oder vor ehrgeizigen Mitarbeitern.

6. Weisen Sie talentierte Menschen nicht zurück – umgeben Sie sich mit den Besten.

7. Werden Sie wirklich zum Macher und vergeuden Sie nicht Ihre Zeit damit, andere herunterzumachen.

Beurteilungsgespräche neu bewerten

Es dürfte nur sehr wenige Manager und Mitarbeiter in einer Firma geben, die sich auf die jährliche Beurteilungsrunde freuen. Die meisten denken mit Schrecken daran. Die Manager erledigen das Ganze wegen des Wusts an Papierkram nur ungern, und daher besteht eine verbreitete Tendenz, das bis zur letzten Minute vor sich herzuschieben (bis die Führungsspitze unüberhörbar danach schreit). Die Menschen betrachten diese Beurteilungsgespräche mit Unbehagen, weil niemand gerne andere kritisiert (und niemand gerne kritisiert wird), denn das ist es, was in solchen Beurteilungsgesprächen im Allgemeinen passiert. Aus allen diesen Gründen wird die jährliche Beurteilungsrunde eher als sehr unangenehmes Ritual empfunden und nicht als willkommene Gelegenheit für Manager, die bereit sind, ihre innere Einstellung gegenüber dieser wichtigen Aufgabe zu ändern.

Es entbehrt nicht einer gewissen Ironie, dass Peter Drucker, der Erfinder der weitverbreitetsten Form des Personalgesprächs im 20. Jahrhundert, des *Management by objectives* (MBO), von Anfang an der Meinung war, ein Manager, der sich nur an Kompetenzdefiziten abarbeite, sei ein *mis-*

manager. Wenn man einfach nur die problematischen Eigenschaften von Mitarbeitern sieht und sie nur darauf hinweist, wo ihre Defizite liegen, dann führt das nicht zu einer besseren Leistung. „Mit dem, wozu jemand nicht in der Lage ist, kann man nichts erreichen ... Das Personalgespräch muss sich also in allererster Linie darauf konzentrieren, was jemand zu erreichen in der Lage ist", schrieb Drucker schon recht früh.

Es gibt etliche Firmen, die sich wirklich an Druckers **Stärke-Doktrin** halten. An der University of Toyota in Torrance in Kalifornien war **Stärke-Training** viele Jahre lang ein ganz wichtiger Punkt im Lehrplan. 1999 bot die Firma ein Pilotprogramm zur Identifizierung von Stärken an und die Reaktion war überwältigend. Es sprach sich wie ein Lauffeuer herum und innerhalb weniger Wochen gab es eine Warteliste für mehr als ein Jahr, berichtete Mike Morrison, der Dekan der University of Toyota. Heute steckt das Prinzip des Führens anhand von Stärken bei jedem Manager von Toyota in den Genen.

Das bekannteste Beispiel dafür, wie die University of Toyota die Drucker'sche **Stärke-Doktrin** umsetzt, ist die Handhabung der Beurteilungsgespräche. An der University of Toyota wird Managern beigebracht, wie sie managen, indem sie die Schwächen ihrer Leute umgehen. Stattdessen werden sie trainiert, sich auf die Stärken ihrer Leute zu konzentrieren und die Schwächen herunterzuspielen. Daraus ergibt sich auch ein regelrechter Paradigmenwechsel im Hinblick darauf, wie man Beurteilungsgespräche führt und was man davon erwarten kann. Morrison sagt, dass man hier ständig noch an Verbesserungen arbeite. Gleichwohl kann kein Zweifel daran bestehen, dass die University of Toyota auf dem richtigen Weg und allen anderen weit voraus ist.

Dein Hinterzimmer ist anderer Leute Wohnzimmer

Peter Drucker hatte eine geradezu unheimliche Gabe, anderer Leute Stärken richtig einzuschätzen. Wie ich in Kapitel 10 noch ausführlicher darlegen werde, sprach er bei meinem Besuch ausführlich über den Großkonzern General Electric und dessen langjährigen Vorstandsvorsitzenden Jack Welch und kam dabei auch auf Welchs herausragende Führungskompetenz zu sprechen: „Er hatte diese erstaunliche Fähigkeit, den Mund zu halten." Drucker hatte an vielen Meetings mit Welch teilgenommen und erzählte mir, dass Welch stundenlang dasitzen konnte, ohne ein Wort zu sagen – bis auf die eine oder andere klärende Zwischenfrage oder um die wichtigsten Punkte zusammenzufassen. Allerdings sorgte er stets dafür, dass jedes Meeting mit klaren Aufgabenstellungen beendet wurde. Drucker betonte, dass dies ein ganz wesentlicher Punkt war; Welch hatte das von Alfred Sloan, dem ehemaligen Chef von General Motors, übernommen. Weil bei den meisten Meetings ansonsten nur Murks herauskommt, ist es besonders wichtig, dass Führungskräfte ihre Mitarbeiter am Ende der Sitzung mit glasklaren Handlungsanweisungen und Zielvorgaben entlassen.

Wie Drucker wusste, verfügte Welch aber auch über viel weitergehende Führungsstärken; als Vorstandsvorsitzender behielt er stets seine strategischen Ziele im Auge. Er verfügte über die seltene Gabe, rechtzeitig zu erkennen, wann ein Unternehmen neu positioniert werden musste, auch wenn alle anderen der Meinung sind, es sei doch alles in bester Ordnung.

Als Welch im Jahr 1981 Chef von General Electric wurde, hatte er Druckers Lektionen noch frisch im Gedächtnis. Vielleicht erklärt das, warum er schnell begriff, was anderen entgangen war: Obwohl General Electric selbst in Managementlehrbüchern immer noch als Musterbeispiel eines Großunternehmens galt, war er sich vollkommen im Klaren darüber, dass die Firma (wie er es später nannte) „in die Luft gejagt" beziehungsweise völlig neu erfunden werden müsse.

Nur wenige Leute (darunter auch ich) wussten, dass Welch, einige Wochen bevor er seine Position bei GE übernahm, zu Drucker nach Kalifornien geflogen war und ihn in seinem Haus in Claremont besucht hatte. Drucker erzählte mir einige Einzelheiten über das Gespräch, das die beiden miteinander geführt hatten. Drucker gab Welch den Rat, sofort in die Offensive zu gehen. Aber auch wenn man in die Offensive geht, muss man Verzicht üben und sich von manchem Althergebrachten verabschieden. Einer der Grundsätze Druckers lautet bekanntlich: „Der erste Schritt zu mehr Wachstum ist die Entscheidung, worauf man verzichten kann."

Viele Jahre später, in den späten 1990ern, machte sich Welch einen anderen von Druckers Lehrsätzen zu eigen: Schuster bleib bei deinem Leisten, also halte dich an das, was du am besten kannst, und lass die anderen den Rest machen. Welch formulierte das für sich als Merksatz: „Was du als Hinterzimmer betrachtest, ist für andere ein Wohnzimmer." Welch befolgte Druckers Rat und setzte ihn bei GE um. Statt selbst eine Kantine zu betreiben, wurde diese Aufgabe an einen Gastronomiebetrieb vergeben. Wenn das Bedrucken von Papier nicht zu deinen Kernkompetenzen zählt, beauftrage eine Druckerei. Die Hauptsache dabei ist, die Stärken seines Unternehmens zu kennen – den Bereich, wo man wirklich Wertschöpfung betreiben kann – und seine besten Leute und alle Ressourcen seiner Firma darauf zu konzentrieren.

Elizabeth Haas Edersheim, die eine Biografie über Drucker verfasste, fand dafür eine ganz einfache Formulierung. Sie berichtet, dass Welch ihr gesagt habe: „Peter Drucker hat mir vor Augen geführt, wie viel leichter es für General Electric ist, mit einer anderen Firma zusammenzuarbeiten, die das beherrscht, was General Electric langweilig findet."

Somit erklärt sich, warum Welch mit einer Firma in Indien kooperierte, die sämtliche Programmierarbeiten für General Electric ausführte – und das zwanzig Jahre bevor das Outsourcen von Computerdienstleistungen nach Indien groß in Mode kam. Nachdem Welch festgestellt hatte, dass sein Unternehmen niemals wirklich gut im Programmieren sein würde, suchte und fand er eine Firma, die diesen Job exzellent beherrschte. Dass er Druckers **Stärke-Doktrin** vollkommen verstanden hatte, bewies Welch mit der Erklärung: „Es ist völlig ausgeschlossen, dass sich *meine* besten Leute in meinem Hinterzimmer wohlfühlen. Also haben wir diese Aktivitäten in das Wohnzimmer von anderen verlagert und darauf bestanden, dass *deren* beste Leute für uns arbeiten."

Im Laufe der Zeit hat Welch die Wir-machen-alles-selbst-Autonomie, die bis zu seiner Ernennung für GE charakteristisch war, aufgegeben. Er wies seine Manager an, für die dringendsten Probleme des Unternehmens Lösungen von außerhalb zu suchen. „Irgendwo hat irgendjemand eine bessere Lösung", lautete ein gängig gewordener Welch-Refrain. So erklärt sich unter anderem, warum Jack Welch bei General Electric so außerordentlichen Erfolg hatte. Sein Unternehmen immer wieder auf dessen Stärken abzuklopfen, wurde eine Routineübung, die sich in die Firmenkultur tief einprägte.

Diese Lektion nahm sich auch die weltgrößte Inneneinrichtungskette Home Depot mit ihren vielen Artikeln, die in großen Paketen verschickt werden müssen, zu Herzen. Die Erkenntnis, dass Logistik und Versand nicht zu den Kernaufgaben eines Inneneinrichters gehören, führte dazu, dass die Firma sich mit UPS zusammentat, um den gesamten Versand abzuwickeln. Dadurch konnten beide Firmen „bei ihrem Leisten bleiben" und die Kunden profitierten am meisten von dieser Entscheidung.

Ein weiteres Beispiel für einen Top-Manager, der auf Stärken setzt, ist James McNerney. Der gegenwärtige Chef von Boeing arbeitete bereits als Top-Manager bei General Electric jahrelang unter Jack Welch, konnte aber nicht dessen Nachfolger werden. Er übernahm zwischenzeitlich die Führung bei 3M, bevor er zu Boeing ging, und hat in beiden Firmen Hervorragendes geleistet (auch wenn er bei 3M nur für die relativ kurze Zeit von vier Jahren die Führung innehatte). Wie steigert er die Leistungen seiner Mitarbeiter? Indem er ihnen den folgenden Rat gibt, den er im Übrigen auch selbst beherzigt: „Man muss viel erwarten können, man muss die Leute inspirieren und sie auffordern, die Werte, die ihnen in ihrer Familie und in ihrer Kirchengemeinde wichtig sind, auch bei der Arbeit zu befolgen."

Wie man seine Stärken prüft

Was für eine Art von Führungskraft sind Sie? Jemand, der die Stärken seiner Mitarbeiter und seines Unternehmens stärkt, oder einer, der zu viel Zeit damit verbringt, sich mit den Negativfaktoren zu beschäftigen? Beantworten und bewerten Sie für sich selbst die nachstehenden Aussagen auf einer Skala von fünf (stimme voll zu) bis eins (stimme überhaupt nicht zu):

1. Ich glaube, meine Stärken gut zu kennen, und versuche, diese Stärken einzusetzen, um die Ziele meines Unternehmens zu erreichen.

2. Ich versuche, meine Stärken zu verbessern, sei es durch praktische Anwendung, durch einen Coach oder durch die Teilnahme an Kursen.

3. In der Einheit des Unternehmens, wo ich Verantwortung trage (Team, Abteilung, Bereich), arbeiten meine besten Leute an den Aufgaben, die meiner Firma die besten Chancen bieten.

4. Ich halte mich an das Vorbild von Jack Welch und verlagere Aufgaben und Aktivitäten aus meinem Hinterzimmer nach außen in das Wohnzimmer von jemand anderem.

5. Wenn ich mich mit meinen direkten Mitarbeitern unter vier Augen unterhalte, spreche ich eher darüber, was sie am besten machen, statt mich bei deren Schwachpunkten aufzuhalten.

6. Wenn ich Abteilungsmeetings leite, stelle ich die Leistungen und Erfolge meiner Abteilung heraus.

7. Ich ermutige meine Mitarbeiter, sich dort weiter fortzubilden, wo sie sich bereits hervorragend bewähren. Ich verwende einen bestimmten Teil meines Budgets auf die Fortbildung meiner Leute und schaffe ein Umfeld, in dem sich Mitarbeiter von einer B^{+}-Note zu Eins-A entwickeln können.

Zählen Sie nun die Punkte zusammen, die Sie notiert haben. Das ist zwar keine wissenschaftlich abgesicherte, aber eine schnelle und praktische Methode, bei der Sie anhand der Punktzahl immerhin eine gewisse Tendenz erkennen können.

Wenn die Punktzahl über 28 liegt, können Sie sich als Führungskraft betrachten, die Stärken fördert und mit Stärken führt.

Liegt die Punktzahl zwischen 22 und 27, dann nehmen Sie das Thema Stärken ernst, aber Sie können sich noch verbessern, indem Sie an den Bereichen arbeiten, wo sie nur 3 oder weniger Punkte erzielt haben.

Falls Sie bei 17 bis 21 Punkten liegen, gibt es noch eine Menge Verbesserungspotenzial. Lesen Sie die sieben Aussagen noch einmal durch und notieren Sie bei jedem einen konkreten Vorschlag, wie Sie sich verbessern könnten.

Wenn Sie unter 17 Punkten gelandet sind, dann sind Sie ein Pessimist, der sich zu lange mit Kleinigkeiten und Kleinlichkeiten aufhält und sich an den Fehlern und Schwächen der Leute aufhängt. Nehmen Sie sich die sieben Aussagen noch einmal vor und schreiben Sie sich zu jeder drei Vorschläge auf, mit denen Sie Ihre Einstellung und Ihre Vorgehensweise ändern können.

Stärken überprüfen

Denken Sie stets daran, dass das Thema Stärken viele Facetten hat. Dazu gehört, dass Sie Ihre Stärken kennen und alles tun sollten, um sie noch weiter auszubauen. (Denken Sie an den Drucker'schen Grundsatz: „Jede Weiterentwicklung ist zuerst Selbstentwicklung.") Ferner gehört dazu, dass Sie Ihre direkten Mitarbeiter bei der Weiterentwicklung ihrer Stärken unterstützen und sich nicht bei deren Schwächen aufhalten sollten. Durch Stärken führen bedeutet auch, dass Sie diesen Aspekt bei der Stellenbesetzung in den Vordergrund rücken – platzieren Sie Ihre besten Leute dort, wo sie die besten Resultate und die höchsten Erträge erzielen können. Drucker hat stets davor gewarnt, dass gemeinnützige Organisationen ihre besten Leute an Stellen verheizen, „wo es nichts zu gewinnen gibt". Dieser unbeabsichtigte Fehler ist weit verbreitet und kommt in Organisationen, die sich wenig verändern, häufig vor. Wenn man in regelmäßigen Abständen, beispielsweise halbjährlich, eine einfache Stärken-Überprüfung vornimmt, kann man als Manager wichtige Anpassungen vornehmen, vor allem in schwierigen Zeiten (beispielsweise wenn man sich um einen neuen Kunden oder Auftrag bewirbt oder wenn ein neues Produkt lanciert werden soll). Und schließlich und endlich ist zu beachten, dass die stärksten Manager nur die stärksten Leute einstellen und befördern. Daran erinnert Drucker mit dem Hinweis auf die Grabinschrift, die der amerikanische Stahl-Tycoon Andrew Carnegie eingravieren lassen wollte: „Hier liegt ein Mann, der es verstand, viele Menschen für sich arbeiten zu lassen, die viel fähiger waren als er selbst."

Kapitel 9

Welches ist der ausschlaggebende Faktor?

„Wirkliche Führungskräfte stellen nicht die törichte Frage ‚Was möchte ich gern tun?', sondern sie fragen, ‚Was muss getan werden?' Erst dann können sie sich die Frage stellen, ‚Welche von den infrage kommenden Aufgaben passt am besten zu mir?' Sie geben sich nicht mit Dingen ab, die sie nicht gut beherrschen. Sie kümmern sich darum, dass alles Notwendige erledigt wird, aber nicht von ihnen."

Druckers Einstellung zu den Themen Führung und Charisma hat sich innerhalb von fünfzig Jahren nicht verändert. Er vertrat den Standpunkt, dass die Menschen dem Faktor Charisma eine zu große Bedeutung beimessen und nicht genug beachten, was wirklich zählt (zum Beispiel Charakter und die Fähigkeit, eine Sache zu Ende zu bringen). „Führungsfähigkeit hat nichts mit einer faszinierenden Persönlichkeit zu tun ... und auch nicht mit ‚netzwerken' und ‚Leute beeinflussen' – das sind Verkäuferqualitäten", versicherte Drucker. Führung bedeutet, dass man in der Lage ist, alles von einer höheren Warte aus zu betrachten, dass man Menschen dazu bringt, bessere Leistungen zu erzielen und ihre Persönlichkeit über das normale Maß hinaus zu entwickeln."

Im Übrigen ist Drucker der Ansicht, dass es so etwas wie „Führungskompetenz oder Führungspersönlichkeit" an sich gar nicht gibt. Er will damit sagen, dass jeder Mensch anders ist und dass es keine einheitliche Liste von Merkmalen gibt, anhand deren man „die Führungsfigur" definieren könnte. Seiner Meinung nach hatte Harry S. Truman keinerlei Charisma („so farblos wie ein toter Fisch" lautete sein Urteil über den dreiunddreißigsten Präsidenten der USA), aber er war „absolut vertrauenswürdig" und wurde „regelrecht verehrt".

In Druckers Augen waren Männer wie Präsident Franklin D. Roosevelt, der britische Premierminister Winston Churchill und die Generäle George Marshall, Dwight D. Eisenhower, Bernard Montgomery und Douglas MacArthur herausragende Führungsfiguren während des Zweiten Weltkrieges. Aber es gab „hinsichtlich ihrer ‚persönlichen Merkmale' keinerlei Gemeinsamkeiten und auch nicht hinsichtlich ihrer ‚Führungsqualitäten'."

Die charismatischsten politischen Führer des 20. Jahrhunderts, schrieb Drucker, waren Hitler, Stalin, Mao und Mussolini. Er bezeichnete sie als „Verführer". Neben Truman hielt er Ronald Reagan für einen der wirkungsvollsten Präsidenten des vergangenen Jahrhunderts. „Seine Stärke war gar nicht Charisma, wie viele Leute immer wieder annehmen", erklärte Drucker, „sondern sie bestand darin, dass er genau wusste, wozu er fähig war und wozu nicht."

Der Schlüssel liegt in der Effektivität

Im Jahr 2004 sagte Drucker in einem Interview mit Forbes.com, er sei der erste Wirtschaftsautor gewesen, der sich mit dem Thema Führung beschäftigt habe – vor fünfzig Jahren. Seither, so meint er, habe man sich aber allzu sehr mit Führung beschäftigt und „nicht genug auf Effektivität geachtet". Damit hat er vollkommen recht. Wenn man bei Amazon.com den Begriff „Leadership" (Führung) eingibt, erhält man über eine *viertel Million* Treffer. Als beinahe eigenständiges Segment im Markt der Wirtschaftsbücher sind Bücher mit „Führung…“ im Titel permanent Bestseller; das ist natürlich der Grund, warum Verleger dieses Thema lieben und warum der Markt von solchen Titeln überschwemmt ist.

Wie definiert Drucker nun „Führung“? „Ein Führer ist jemand, dem die Leute folgen.“ So hat er den Begriff in mehreren Büchern auf den Punkt gebracht. James O'Toole, bis vor kurzem Managing Director des Booz Allen Hamilton Strategic Leadership Center, ist der Meinung, „dem liegt eine sehr tiefe Erkenntnis zugrunde … angehende Führungskräfte sollten sich durchaus darum bemühen zu lernen, wie sie Menschen dazu bringen, ihnen zu folgen. Es gibt überhaupt keinen praktischeren Ansatz.“

Drucker äußerte sich später immerhin noch ein wenig ausführlicher, als er hinzufügte: „Die Grundlage einer wirksamen Führung besteht darin, sich über den Auftrag einer Organisation oder eines Unternehmens völlig klar zu werden, ihn zu definieren und ihn allen deutlich zu machen.“ (Interessanterweise klingt die Definition, die Jack Welch für Unternehmensführung gegeben hat, sehr ähnlich wie die von Drucker: Welch zufolge ist ein Führer jemand, „der eine Vision formulieren kann und andere dazu bringt, sie umzusetzen“. Dazu mehr im folgenden Kapitel über Welch.)

Drucker fasste den Unterschied zwischen Management und Führung in einem berühmten Satz zusammen, der mit rund einem Dutzend Wörter auskommt, und wiederholte diese Formel immer wieder: „Management bedeutet, Dinge richtig zu tun; Führung bedeutet, die richtigen Dinge zu tun.“

Und schließlich noch der Hinweis, dass geborene Manager (wie in Kapitel 5 besprochen) und alle wirklich effektiven Führungskräfte sich viel mehr dafür interessieren „*was* richtig ist statt dafür, *wer* recht hat“. – „Wenn es so weit kommt, dass die beteiligten Personen wichtiger werden als die zu erfüllenden Aufgaben, führt das ins Verderben“, schrieb Drucker.

Diese Lektion hatte Drucker von Alfred Sloan, dem langjährigen General-Motors-Chef, gelernt. Ich erinnere daran, dass Sloan nicht derjenige war, der im Jahr 1943 Drucker damit beauftragt hat, über seine Firma eine Untersuchung anzustellen (es war diese Studie, aus der später Druckers erstes bedeutendes Buch *Das Großunternehmen – Concept of the Corporation* hervorgegangen ist). Sloan selbst wollte das eigentlich gar nicht. Aber da Drucker nun einmal da war, sagte Sloan zu dem vielversprechenden jungen Autor: „Sagen Sie uns einfach, was Sie für richtig halten. Machen Sie sich keine Gedanken darüber, wer recht haben könnte. Denken Sie nicht weiter darüber nach, ob diesem oder jenem Manager in unserer Firma Ihre Empfehlungen und Schlussfolgerungen gefallen oder nicht."

Druckers Idealvorstellung von Führung

Drucker war seiner Zeit stets voraus. In seinem ersten Wirtschaftsbuch schrieb er: „Aller Voraussicht nach wird eine Firma, die lauter Genies oder Supermänner als Manager braucht, nicht lange überleben. Sie muss vielmehr so organisiert sein, dass sie sich unter einer Führung, die aus ganz normalen Menschen besteht, gedeihlich entwickeln kann. Kein Unternehmen kann eine Einmannherrschaft lange ertragen." (Interessanterweise revidierte Drucker diese Aussage insofern, als er in seinem Buch *Managing in the Next Society* (2002) rund fünfzig Jahre später den General-Electric-Chef Jack Welch und den Intel-Chef Andy Grove als „Unternehmens-Supermänner" bezeichnete.)

Diese Feststellung schrieb er 1946 in einem Buch, das sich auf überzeugende Weise für die dezentrale Führung großer Unternehmen einsetzte – als Gegenmodell zu autokratischen, streng hierarchisch geführten Unternehmen. Nach seiner Einschätzung hatte dieses autokratische Modell zum Niedergang von Ford beigetragen. Henry Fords Firma wurde letztlich deswegen von GM überholt, weil er ein riesiges, milliardenschweres Unternehmen führen wollte, ohne seinen Managern zu vertrauen.

Drucker gibt auch eine Erklärung dafür, warum Führung in Unternehmen eine wichtigere Rolle spielt als in anderen Organisationen oder Institutionen: „In modernen Unternehmen ist Führung nicht nur wichtiger als in anderen Organisationen, sondern auch schwieriger. Denn das moderne Industrieunternehmen braucht sehr viel mehr Führungspersonal als andere Organisationen und es müssen hochqualifizierte Leute sein. Die Unternehmen sind einfach nicht in der Lage, automatisch Führungspersonal in ausreichender Anzahl und mit ausreichenden Qualifikationen und Erfahrungen hervorzubringen."

Später ergänzte er: „Führungskompetenz kann man nicht irgendwie hervorbringen oder hochzüchten. Sie kann weder gelehrt noch gelernt werden ... Aus Managern werden nicht automatisch Führungskräfte. Das Management kann nur die Bedingungen schaffen, unter denen sich Führungskompetenzen bewähren können; es kann potenzielle Führungskompetenzen aber auch unterdrücken."

Mit anderen Worten, wirkliche Top-Führungskompetenz ist angeboren, sie wird nicht gemacht. Drucker zufolge sind echte Führungskräfte dünn gesät. Diesen rigorosen Standpunkt vertrat er in seinen ersten beiden Wirtschaftsbüchern, die 1946 und 1954 veröffentlicht wurden. Doch im Lauf der Zeit milderte er diese Ansichten etwas ab. Herausragende Führungsbegabung kann man nicht im Reagenzglas züchten, aber Management kann man lernen. Schließlich dienten seine Bücher auch dem Zweck, ganz gewöhnliche Leute zu praktischen Managern zu machen. Denn als er mit seiner Tätigkeit begann, hatte er ja vergeblich in den Bibliotheken nach Büchern zum Stichwort „Management" Ausschau gehalten, darum musste er sich um das Thema kümmern.

Wie bereits in Kapitel 5 erörtert, ging Drucker davon aus, dass nur eine begrenzte Zahl von Naturtalenten für die Führungsaufgaben in großen Unternehmen zur Verfügung steht. Druckers Bücher waren eine große Hilfe, als es darum ging, eine Managerschicht heranzubilden, als die Naturtalente nicht mehr ausreichten.

Um allerdings als Führungskraft wirklich effektiv zu sein, benötigt man einige Eigenschaften, die zu jedem Führer gehören; über dieses Thema hat sich Drucker ein Leben lang in Wort und Schrift Gedanken gemacht. Er hatte schon früh konstatiert: „Führung bedeutet, die richtigen Dinge zu tun." Die wirkungsvollsten Führungspersönlichkeiten, die Druckers hohen Ansprüchen gerecht wurden, verfügten über folgende Eigenschaften und Veranlagungen:

Zuerst Charakter, dann Mut

Jeder, der Drucker kannte, weiß, dass er ein Mensch war, der seine eigenen Worte beherzigte. So wie er sprach, handelte er auch. Auch wenn er selbst immer wieder wiederholte, dass er von „Management aus eigener Erfahrung“ nichts verstehe, heißt das nicht, dass er nicht über die Qualitäten verfügte, die er unabdingbar für eine effektive Unternehmensführung hielt.

Die wichtigste dieser Eigenschaften ist Charakter. Drucker selbst hatte ausgesprochen viel Charakter. Der Autor von *Good to Great* (dt.: Der Weg zu den Besten, 2003), Jim Collins, schrieb über Drucker, er sei „zutiefst durchdrungen von einem humanitären Ideal und von einem sehr, sehr tiefen Mitgefühl für den einzelnen Menschen“. Das ist die beste Definition von Charakter, die ich mir vorstellen kann.

Drucker selbst sagte dazu: „Im Grunde wird Führung nur durch den Charakter bewirkt, denn ausschlaggebend ist das persönliche Vorbild. Drucker stellte schon früh in seinen Schriften fest, dass man Charakter weder lernen noch sich sonst wie aneignen kann; wenn die Integrität einmal infrage gestellt ist, kann sich eine Führungspersönlichkeit davon kaum mehr erholen. „Letztendlich sind es die Ausrichtung auf die Zukunft und die Verantwortungsbereitschaft, die den Manager ausmachen“, sagte er.

Ferner braucht eine Führungspersönlichkeit Mut, um harte Entscheidungen zu fällen. Man braucht Mut, um sich von Überkommenem zu lösen, um Dinge abzuschaffen, auf die man einen wohlerworbenen Anspruch erhebt, oder um auf halber Wegstrecke die Richtung zu wechseln. Wie man in der Drucker-Biografie von Elizabeth Haas Edersheim nachlesen kann, attestierte Drucker dem General-Electric-Chef Jack Welch wegen dessen drastischer Maßnahmen beim Umbau seiner Firma den „Mut eines Löwen“ (Welch verkaufte Hunderte von Geschäftsbereichen und opferte über 100 000 Arbeitsplätze).

Eine klare Zielvorgabe entwickeln

Die erfolgreichsten Führungspersönlichkeiten entwerfen ein klares Bild von dem, was getan werden muss. „Die Grundlage wirksamer Führung besteht darin, eine durchdachte Vorstellung von der Aufgabe eines Unternehmens zu entwickeln, diese zu definieren und klar und deutlich darzustellen“, erklärt Drucker. Die Führungskraft gibt die Ziele vor, setzt die Prioritäten und Maßstäbe und wacht über deren Einhaltung. Natürlich wird sie auch Kompromisse machen. Erfolgreichen Führungspersönlichkeiten ist schmerzhaft bewusst, dass sie nicht das ganze Universum kontrollieren können (nur die Verführer dieser Welt, wie die Hitlers, Stalins, Maos, erliegen diesem Irrtum). Aber bevor er einen Kompromiss eingeht, hat ein wirklicher Anführer sich ausführlich Gedanken darüber gemacht, was richtig und was wünschenswert ist. Eine Führungspersönlichkeit ist wie eine Trompete, deren Schall laut und deutlich erklingt, das ist ihre wichtigste Aufgabe.

Eine loyale Einstellung fördern

Drucker behauptete stets, dass es den erfolgreichsten Managern gelinge, bei ihren Mitarbeitern auf allen Ebenen ein Gefühl der Loyalität und Solidarität zu schaffen. Loyalität kann man nicht erkaufen. Man muss sich ihrer würdig erweisen. Daher müssen Manager an sich selbst hohe Maßstäbe anlegen und mit gutem Beispiel vorangehen. Die Werte eines Unternehmens dürfen nie infrage gestellt werden. Nur Manager, die die Werte eines Unternehmens selbst vorleben, können von ihren Leuten verlangen, das Wohl der Firma vor ihre persönlichen Interessen zu stellen. Wenn es Führungskräften gelingt, dieses Loyalitäts- und Solidaritätsgefühl hervorzurufen, stärkt das die Moral der Mitarbeiter, was wiederum ihre Leistung verbessert.

Loyalität und Solidarität beruhen immer auf Gegenseitigkeit, das ist keine Einbahnstraße. Auch Manager müssen das praktizieren, was sie anderen predigen, indem sie sich ihrerseits loyal gegenüber ihren Mitarbeitern verhalten. Dazu gehört, dass man positives Feedback gibt sowie eine bessere Bezahlung und eine Beförderung, wenn es sich ein Mitarbeiter verdient hat. Da heutzutage Talente rar gesät sind, muss ein Management seine besten Mitarbeiter so behandeln, als hätten sie ständig Angebote von Konkurrenzfirmen, was im Übrigen von der Realität gar nicht so weit entfernt sein dürfte.

In einer Atmosphäre von Furcht und Schrecken hingegen kann man überhaupt nichts managen. Manager, die noch glauben, damit irgendetwas bewirken zu können, sind Ewiggestrige, gehören aber nicht mehr in die Welt von heute oder morgen. Menschen, die um ihre Jobs fürchten müssen, können einfach keine sinnvollen Beiträge leisten und werden sich hüten, irgendetwas Neues auszuprobieren.

Stärken fördern

Wie im vorangegangenen Kapitel bereits erörtert, konzentrieren sich Führungskräfte auf Stärken: ihre eigenen Stärken, die Stärken ihrer Mitarbeiter, die Stärken von anderen Geschäftspartnern und die Stärken ihres Unternehmens. Drucker sagte, der Schlüssel zu gutem und wirklich wirksamem Management liege darin, „die Stärken eines Menschen zur Entfaltung zu bringen und seine Schwächen irrelevant werden zu lassen".

Um ein Beispiel zu geben, verwies Drucker auf zwei amerikanische Präsidenten: „Als sie ihre Kabinettslisten zusammenstellten, sagten sowohl Franklin D. Roosevelt wie Harry S. Truman, man solle sich nicht von persönlichen Schwächen ablenken lassen. Sie wollten zuerst wissen, was jeder Einzelne leisten konnte." Drucker wies ferner darauf hin, es könne sicherlich kein Zufall gewesen sein, dass diese beiden Präsidenten über die effektivsten Regierungsteams im 20. Jahrhundert verfügten.

Keine Bedenken angesichts fähiger Mitarbeiter

Gemäß Druckers Idealvorstellung von einer Führungskraft weiß er oder sie ganz genau um ihre Verantwortung für das Wohlergehen des Unternehmens. Solche Führungskräfte müssen sich nicht vor starken, ehrgeizigen Mitarbeitern fürchten. Nur Verführer und schwache Manager sind misstrauisch; deshalb führen sie ständig Säuberungen durch. Starke und erfolgreiche Anführer umgeben sich jedoch mit starken Helfern; sie feuern sie an, drängen sie vorwärts, verwirklichen sich in ihnen. Da ein kompetenter Manager letztlich die Verantwortung für alle Fehler und Unzulänglichkeiten seiner Mitarbeiter übernimmt, sieht er in ihren Erfolgen und Triumphen auch eigene Erfolge und keine Bedrohung.

„Ein Anführer mag eitel sein – so wie General MacArthur schon fast krankhaft eitel war. Oder er kann in seiner persönlichen Haltung sehr bescheiden sein – so wie Lincoln und Truman fast bis an die Grenze eines Minderwertigkeitskomplexes bescheiden waren. Aber alle drei wollten fähige, unabhängige und selbstsichere Mitarbeiter um sich haben; sie ermutigten ihre Leute, lobten und förderten sie. Genauso verfuhr ein ganz anders gearteter Mensch: Dwight ‚Ike' D. Eisenhower als Oberbefehlshaber in Europa.

Vertrauen durch Zuverlässigkeit gewinnen

„Ein letztes Merkmal, das eine erfolgreiche Führung ausmacht, ist, Vertrauen zu gewinnen", schrieb Drucker. „Wenn man Vertrauen missachtet, verliert man auch die Menschen, die einer Führungskraft folgen sollen; so zerstört sich erfolgreiche Führung von innen, sie wird unmöglich ... Einer Führungskraft zu vertrauen bedeutet nicht, dass man sie persönlich mögen muss. Man muss ihr auch nicht in allem zustimmen. Vertrauen besteht vor allem aus der Überzeugung, dass die Führungskraft meint, was sie sagt ... Ihre Handlungen und ihre Aussagen, die Grundsätze, die sie verkündet, müssen sich decken oder zumindest miteinander vereinbar sein. Wirklich erfolgreiche und nachhaltige Führung – und das ist wiederum eine sehr alte Weisheit – beruht nicht auf Cleverness; sie beruht in erster Linie auf Zuverlässigkeit.

Die Führungskräfte von morgen vorbereiten

Drucker wusste, dass in der Heranbildung von Führungskräften ein Schlüssel zur Zukunft von Unternehmen liegt. Er orientierte sich immer langfristig und riet Managern dringend, dies ebenfalls zu tun. Nach seiner Ansicht orientieren sich zu viele Manager am kurzfristigen Börsenkurs ihrer Unternehmen. Drucker schrieb einmal, dass zu viele Firmen ihre führenden Positionen im Weltmarkt Menschen verdankten, die schon eine Generation zuvor verstorben seien.

Drucker war außerdem der Ansicht, dass jeder Spitzenmanager seinen Nachfolger aufbauen sollte. „Den schlimmsten Vorwurf, den man einer Führungskraft machen kann, ist, dass ihr Unternehmen zusammenbricht, wenn sie zurücktritt oder plötzlich stirbt. Das ist in Russland nach Stalins Tod passiert und in Firmen geschieht es ebenfalls viel zu häufig. Eine erfolgreiche Führungskraft weiß, dass das letztendlich ausschlaggebende Kriterium für ihre Führungskompetenz darin besteht, die Energien der Menschen und ihre Zukunftshoffnungen zu mobilisieren."

Die ausschlaggebenden Faktoren

So wie es keine abstrakt definierbaren „Führungskompetenzen" gibt, so gibt es auch keinen einzelnen ausschlaggebenden Faktor für „Führung". „Führung bedeutet, die richtigen Dinge zu tun", und dazu gehören eben viele Faktoren. Wir wissen, dass sich Druckers Idealvorstellung von einer Führungskraft aus einigen ihm wichtig erscheinenden Merkmalen und Verhaltensweisen zusammensetzte:

- **Sie verfügt über Charakter und Mut:** Das sind die beiden grundlegendsten Merkmale für eine Führungspersönlichkeit.

- **Sie entwickelt eine klare Zielvorgabe:** Eine Führungskraft zeichnet ein klares Bild, wo die Reise hingehen soll.

- **Sie fördert Loyalität und Solidarität:** Ein Spitzenmanager ist sich darüber im Klaren, dass Loyalität auf Gegenseitigkeit beruht.

- **Sie fördert die Stärken:** Ein Spitzenmanager bringt Stärken zur Entfaltung und lässt Schwächen irrelevant werden.

- **Sie hat keine Bedenken angesichts fähiger Mitarbeiter:** Deren Erfolge sind ihre Erfolge.

- **Sie ist zuverlässig:** Führungsstärke beruht nicht auf Cleverness, sondern in erster Linie auf Zuverlässigkeit.

- **Sie bereitet die Führungskräfte von morgen vor:** Die besten Führungskräfte sind sich darüber im Klaren, dass es zu ihrer Verantwortung gehört, junge Nachwuchskräfte heranzubilden, die ihr Unternehmen in der Zukunft weiterführen.

Kapitel 10

Drucker über Jack Welch

„Jack Welch ist in vielerlei Hinsicht als Manager ein Naturtalent. Sehr im Gegensatz zu allen seinen Vorgängern. Sie mussten bittere Lektionen lernen ..., aber sie lernten sie. Welchs unmittelbarer Vorgänger bei General Electric, Reg Jones, war der fähigste Manager von allen, nein, das ist das falsche Wort, der sympathischste Manager, einfach von der menschlichen Seite gesehen."

Was mich während meines Gesprächs mit Drucker unter anderem sehr beeindruckte, war seine Fähigkeit, in Bruchteilen einer Sekunde von einem Thema zum anderen zu springen. Das passierte ziemlich häufig, aber am unterhaltsamsten fand ich es, als er innerhalb eines Atemzugs auf den früheren GM-Chef Alfred Sloan, die ägyptischen Pyramiden und die Wahl von Jack Welch zum General-Electric-Chef zu sprechen kam.

Kurz nachdem sich Drucker darüber ausgelassen hatte, dass es im Wesentlichen Alfred Sloan gewesen sei, der in den 1920er- und 1930er-Jahren als President von General Motors den Typus des modernen Managers geschaffen habe, erwähnte er mir gegenüber, dass er immer wieder gefragt werde, wen er für den bedeutendsten Manager in der Weltgeschichte halte. „Wissen Sie, was ich darauf antworte?", fragte er mich ein wenig provozierend.

Natürlich tappte ich in die Falle und schlug Sloan vor.

Ich hatte noch nicht einmal das richtige Jahrtausend getroffen.

„Der größte Manager aller Zeiten", fuhr Drucker weitgehend unbeeindruckt von meiner Antwort fort, „war der Mann, der – praktisch ohne Vorbild – die erste große Pyramide erdachte und entwarf und deren Bau durchführte … Kein mir bekannter Manager wäre in der Lage, das zu tun, was dieser Mensch vollbracht hat. Wir wissen ja nicht, wie viele tausend Menschen für ihn arbeiteten. Aber die Hauptarbeit konnte sicherlich nur in den wenigen Monaten zwischen Aussaat und Ernte verrichtet werden … Es mussten auf jeden Fall Tausende von Arbeitern untergebracht und verköstigt werden, man musste Vorsorge treffen, dass keine Seuchen ausbrachen. Mit dem Bau konnte erst begonnen werden, nachdem der Pharao den Thron bestiegen hatte, schließlich handelt es sich bei einer Pyramide um ein Grabmal. Die Pyramide musste bei dessen Tod fertiggestellt sein und die meisten Menschen in der damaligen Zeit lebten nicht besonders lange, weil beispielsweise Tuberkulose weit verbreitet war. Aber er schaffte es. Zu so etwas wäre heute niemand mehr in der Lage. Es ist wirklich eines der großen Geheimnisse der Weltgeschichte … und dabei rechneten die Ägypter noch nicht einmal mit Zahlen, wie wir das kennen. Allein die Budgetierung muss ein Riesenproblem gewesen sein", schloss Drucker listig grinsend.

Nach dieser Anekdote ging er rasch zum Thema „geborener Manager" über und spitzte es auf Jack Welch zu. Allerdings konnte ich in dem Moment die Tragweite dessen, was Drucker im Begriff stand, mir zu sagen, gar nicht richtig erfassen – was er mir nun sagte, ging weiter als alles, was er jemals öffentlich über Jack Welch und den Zustand von GE zum Zeitpunkt von dessen Führungsübernahme geäußert hatte. Er sprach ausführlich über General Electric und stellte Vergleiche zwischen Jack Welch und dessen unmittelbarem Vorgänger Reginald Jones an, der von 1972 bis 1981 Vorstandsvorsitzender des Unternehmens war.

Auch wenn sich nur wenige Manager, die heute unter fünfzig sind, noch an Reg Jones erinnern – vor allem im Vergleich zu dem Manager-Star Jack Welch, holte Drucker gleichwohl zu längeren Ausführungen darüber aus, was Jones bereits alles für General Electric erreicht habe, bevor Welch der neue Chef geworden sei. Dabei fiel mir natürlich sofort ein, Drucker zu fragen, wen von den beiden er für den besseren Manager halte. Zu meiner Überraschung konzedierte Drucker sofort, dass Jones über Eigenschaften und Qualitäten verfügte, die Welch nicht hatte. So etwas hatte Drucker früher nie (und auch danach nie mehr) öffentlich zugegeben. Hier folgt ein kurzer Originalauszug aus der Tonbandaufzeichnung des Gesprächs:

Drucker: „Dieser Mann [Jones] verfügte über einen bemerkenswerten Anstand ... Welch wurde bei GE allgemein respektiert, war aber auch gefürchtet, Jones hingegen war sehr beliebt."

Krames: „Und was ist nun besser?" [Ich meinte damit: Wer war die bessere Führungspersönlichkeit, Welch, der „respektiert und gefürchtet" wurde, oder Jones, der allgemein „beliebt" war?]

Drucker: „Um es ganz offen zu sagen, Jones ... Aber Welch wäre ziemlich unglücklich gewesen, wenn er in den 70er-Jahren den Chefposten bei GE hätte wahrnehmen müssen, als sich GE eher ... auf dem Rückzug befand wäre nicht das richtige Wort ... in der Defensive befand. Es waren zwei Dinge, die Reg Jones Welch hinterließ: Erstens war GE darauf vorbereitet, in die Offensive zu gehen, weil Jones das Unternehmen restrukturiert hatte. Und Jones hatte als Erster das Potenzial erkannte, das in dem Finanzbereich von GE steckte. Ja, das war Jones.

Und es gibt noch einen zweiten Punkt, der bis in die 50er-Jahre zurückreicht. Welch stand bei seiner Übernahme eine ganze Armee von gut ausgebildeten Führungskräften zur Verfügung, und das hatte damit angefangen ... Sie wissen vermutlich, dass ich an der Gründung von Crotonville beteiligt war. [Crotonville ist das firmeneigene Managementschulungszentrum von GE.] Das begann wirklich in Crotonville, die systematische Ausbildung von Managern auf Initiative von Ralph Cordiner."

Hier muss man etwas zur Firmengeschichte von General Electric einflechten: Der Antriebsmotor, durch den GE unter Welch ein Wachstumsunternehmen par excellence wurde, war die Sparte GE Capital, der Finanzbereich des Konzerns. Im Jahr 2000 steuerte dieser Bereich mehr als 5 Milliarden Dollar zum Betriebsergebnis bei (und damit mehr als 40 Prozent des Gesamtergebnisses). Drucker rechnet es also Welchs Vorgänger als hohes Verdienst an, das Geschäft mit den Finanzdienstleistungen angefangen zu haben; diese Aktivitäten wurden stark ausgeweitet und entwickelten sich rasch zum gesonderten Konzernbereich GE Capital: „Jones erkannte das Potenzial, das in GE Finance steckte, ein Bereich, der bis dahin hauptsächlich dazu da gewesen war, den Kauf von GE-Produkten durch die Endabnehmer zu finanzieren. Jones begann dann mit der Ausweitung dieses Geschäfts zum umfassenden Finanzdienstleister. Dies stand übrigens auch eindeutig damit im Zusammenhang, dass ich dabei in erheblichem Umfang mit Jones zusammenarbeitete … Er sah vollkommen deutlich, dass die Finanzdienstleistungen ein Bereich mit erheblichem Expansions- und Wachstumspotenzial waren“, sagte Drucker.

Ohne den Finanzdienstleistungsbereich von GE, das bedeutet Druckers Aussage implizit, hätte die Geschichte von Jack Welch, dem Managementsuperstar, vermutlich nie geschrieben werden können.

Ich fragte mich, was wohl hinter diesem ausführlichen Monolog Druckers über Welch stecken mochte. Er wusste, dass ich mehr als ein halbes Dutzend Bücher über Welch entweder selbst geschrieben oder herausgebracht hatte, also dachte er vielleicht, es sei angebracht sich am besten in der „Sprache“ desjenigen Top-Managers auszudrücken, den er selbst am besten kannte.

Im Nachhinein glaube ich allerdings, dass es ihm eher um sein eigenes (Druckers) Vermächtnis ging. Er hatte über fünfzig Jahre lang hinter den Kulissen von General Electric gewirkt und viel dazu beigetragen, dass diese Firma zu den am meisten bewunderten und nachgeahmten dieser Welt zählt, aber er hatte dafür wenig Anerkennung bekommen. Ich erinnerte mich daran, was Drucker schon in der ersten Stunde, die ich bei ihm verbrachte, gesagt hatte: „Es sind die Klienten, die für die Fehler des Beraters zahlen.“

Was dabei ungesagt blieb, war die andere Seite dieser Gleichung: Der Berater erntet keine Lorbeeren, wenn alles gut läuft. Es ist kein Geheimnis, dass GE zu den weltweit erfolgreichsten Unternehmen der letzten fünfzig Jahre zählt; welchen Anteil Druckers Einfluss auf die Firma hatte, ist hingegen weitgehend unbekannt geblieben.

Niemand würde bestreiten wollen, dass Drucker einen bedeutenden Einfluss bei GE ausübte. Aber abgesehen davon, dass Welch ihm für einige seiner besten Entscheidungen (beispielsweise, welche Bereiche abgestoßen werden sollten) seinen Dank abstattete, hat Drucker wenig Anerkennung für all das bekommen, was er für GE getan hat.

Drucker lag während seiner ganzen Laufbahn wenig daran, sich mit Auszeichnungen und Trophäen zu schmücken, aber diese ganze Geschichte ist ein Beweis dafür, dass ihm sein Vermächtnis in den letzten Jahren seines Lebens am Herzen lag. Aus welchem anderen Grund sollte er mich in dem Wissen, dass ich ein Buch über ihn schreiben wollte, zu einem ausführlichen Interview empfangen und dann eine andere Autorin ebenfalls dazu auffordern, ein Buch über ihn zu verfassen, das eher eine Art Biografie werden sollte, die nach seinem Tod erscheinen sollte? (Drucker hatte Elizabeth Haas Edersheim, die Autorin von *McKinsey's Marvin Bower*, angerufen und sie gefragt, ob sie bereit wäre, ein Buch über ihn zu schreiben. Das Ergebnis war *The Definite Drucker* - dt.: Peter F. Drucker: Alles über Management, Redline Wirtschaft, 2007 –, das etwa ein Jahr nach seinem Tod erschien.)

Das war ein ungewöhnlicher Schritt für Drucker und ich erinnere mich, dass er am Anfang seiner Karriere gesagt hatte: „Eines der Geheimnisse, wie man jung bleibt, besteht darin, dass man keine Interviews gibt, sondern sich an seine Arbeit hält - daran halte ich mich. Es tut mir leid, ich stehe nicht zur Verfügung."

Plötzlich stand er zur Verfügung.

Drucker war sicherlich einer der bescheidensten Menschen, die mir jemals begegnet sind. Dennoch kann man es durchaus verstehen, wenn er den Wunsch hatte, dass man sich an seine wesentlichen und weitreichenden Beiträge an eine Wissenschaftsdisziplin erinnerte, die er mitbegründet hatte und von der viele der größten Firmen der Welt beeinflusst wurden.

Die Verbindung Drucker – General Electric – Welch

Zunächst ein wenig zur Vorgeschichte: Die Zusammenarbeit zwischen Drucker und General Electric reicht weit zurück. Drucker war seit den frühen 1950er-Jahren als Berater für GE tätig. 1951 stellte der damalige GE-Vorstandsvorsitzende Ralph Cordiner eine eindrucksvolle Mannschaft zusammen, die die Effektivität des Managements verbessern sollte und der Drucker angehörte. Dieses Team nahm Dutzende anderer Firmen unter die Lupe, untersuchte die Personalakten von rund 2000 Mitarbeitern, führte Zeit- und Bewegungsstudien von Führungskräften von General Electric durch und befragte Hunderte von Managern der Firma.

Da Ralph Cordiner nicht allzu viel von innovativem Managementdenken hielt – „ein Manager ist ein Manager ist ein Manager“ lautete eine der Standardaussagen des Vorstandsvorsitzenden – gab er Drucker und dem Team den Auftrag, als verlässliche Arbeitsgrundlage für alle Managementaufgaben, -herausforderungen und -probleme eine Art Handbuch zu verfassen; es sollte Schluss sein mit den Mutmaßungen und dem Improvisieren bei der Arbeit des Managements.

Das Endergebnis dieser immensen Studienarbeiten über das Management waren die sogenannten Blue Books, eine fünfbändige, 3463-seitige Managementbibel. Drucker und seine Kollegen hatten den Versuch unternommen, so etwa wie eine Betriebsanleitung für die Manager von General Electric zu verfassen.

Der bekannte Managementprofessor, Unternehmensberater und Buchautor Noel Tichy, der die Managementakademie von GE in Crotonville in den ersten Jahren unter Welchs Konzernführung leitete, sagte einmal, die wichtigen Konzepte von Jack Welch klängen immer so, als seien sie direkt diesen Blue Books entnommen. Tichy schrieb in seinem Buch über Welch: „Begraben unter einer erdrückenden Menge von albernen Vorschriften über Managementprozeduren lagen dort so durchschlagende Konzepte wie *Management by objectives*“, das Drucker dann herausdestilliert hat,

„aber auch die meisten revolutionären Ideen, denen sich Welch später verschrieben hat."

Tichy führt auch an einem Beispiel vor, wie diese Managementtheoretiker aus der Frühzeit Welch beeinflusst haben: „Die Erörterungen über das Thema Dezentralisierung beispielsweise [die in den Blue Books enthalten sind], haben sehr große Ähnlichkeit mit Welchs sogenanntem Beschleunigungsprinzip. Möglichst wenig Einmischung von oben, möglichst wenig Verzögerung bei der Entscheidungsfindung, möglichst viel Beweglichkeit im Wettbewerb – dadurch wird ein Höchstmaß an Service für den Kunden und an Profit für das Unternehmen erzielt." Cordiner gründete Crotonville, „um den Managern [von General Electric] die neuen Prinzipien [aus dem Blue Book] beizubringen", fügte er hinzu. (Crotonville wurde sowohl in den USA wie im Ausland vielfach nachgeahmt – beispielsweise von IBM in seiner Sands Point School oder im Hitachi Institute for Management Development in Japan. Die Akademie in Crotonville wurde 2001 in John F. Welch Leadership Development Center umbenannt.)

Cordiner machte Drucker zu einem der Mitbegründer von Crotonville und Drucker sagte zu mir, dass die Akademie für die Heranbildung von wirklich fähigem Managementnachwuchs für die Firma jahrzehntelang eine zentrale Rolle gespielt habe – vor allem bis in die Anfangszeit der Ära Welch, die 1981 begann.

Im Jahr 1956 nahmen 4000 qualifizierte Mitarbeiter und leitende Angestellte an dem sogenannten Professional Business Management Course teil (einem anspruchsvollen dreizehnwöchigen Lehrgang, bei dem die Teilnehmer von der Außenwelt weitgehend abgeschnitten waren). Das Vormittagsprogramm bestand aus Vorträgen von hohen Beamten, Soziologen und Wirtschaftsfachleuten. Bis zum Ende der 50er-Jahre hatte sich die Anzahl der Teilnehmer, die das Programm durchlaufen hatten, verchsfacht auf eine Gesamtzahl von 25 000 Managern, die wiederum 10 Prozent der Gesamtbelegschaft von GE ausmachten. Welch hat den Umfang dieser Managerausbildung und -weiterbildung dann mit dem von ihm lancierten Work-Out Programm und der Six-Sigma-Initiative nochmals ausgeweitet, unterstrich William Rothschild, ein führender Firmenstratege von GE. Aber in den 50er-Jahren war diese Art von Managementtraining ohne Beispiel.

Was Welch geerbt hat

Druckers Fortsetzung der Geschichte lautete: „Ich war einer von drei Mitbegründern – die anderen beiden waren der Vorstandschef von GE [Ralph Cordiner] und derjenige, der mich als Berater zu General Electric gebracht hat, ein Mann namens Harold Smiddy. Der war zuvor Senior Partner bei Booz Allen and Hamilton gewesen und war als Chef der Managementberatung zu General Electric gegangen. Er war der eigentliche Begründer der kompletten Neuaufstellung von GE [mit dem Ziel der weitgehenden Dezentralisierung], zu der ich schon seit den späten 40er-Jahren beziehungsweise hauptsächlich dann seit Anfang der 50er-Jahre als Hauptberater beigetragen hatte ... Welch verfügte also über einen enormen Fundus an ausgebildeten, erfahrenen und zielstrebigen Führungskräften. Ohne die Vorarbeit dieser beiden [Cordiner und Smiddy] wäre Welch bald stecken geblieben."

Ich war wie vom Donner gerührt. *Ohne diese beiden wäre Welch bald stecken geblieben?* Das stand eindeutig im Widerspruch zum Inhalt jeden Buches über Welch, das ich in den vergangenen zehn, zwölf Jahren als Autor oder Verleger publiziert hatte. In jedem dieser sieben Bücher war von Welch das Bild des Retters in der Not gezeichnet worden, der einen überalterten, unter der Last seiner Bürokratie kurz vor dem Zusammenbruch stehenden Industrie-Saurier gründlich kuriert und wieder auf die Beine gestellt hatte. Und hier kam Drucker, der langjährige Welch-Berater, und zeichnete seinerseits ein völlig anderes Bild der Ära Welch.

Nach seiner Darstellung war GE um 1980 herum ein Unternehmen, das bereits zum Durchstarten bereit war – als hätte ein riesiger Glücksspielautomat nur auf jemanden gewartet, der mit ein paar Münzen in der Hand daherkam und sie nur noch einwerfen musste, damit die Gewinne sprudelten.

Das Verhältnis zwischen Drucker und Welch ist einfach faszinierend. Welch selbst preist Drucker für dessen „Nummer-eins-Nummer-zwei-Strategie" (die nichts anderes besagt, als dass jede Firma, die es nicht schafft, Marktführer zu werden, aus dem Markt ausscheiden sollte), und manche Taktiken und Strategien von Welch gehen allem Anschein nach ursprünglich auf Drucker zurück.

So entschied Welch beispielsweise 1984, den gesamten Haushaltsgerätebereich zu verkaufen, in dem viele das Herzstück von GE sahen. Welch war sich jedoch völlig darüber im Klaren, dass Haushaltsgeräte ein reifer Markt waren und nicht mehr zu den Stärken von GE gehörten. Drucker erwähnte, dass die Entscheidung für diesen Verkauf in demselben Raum fiel, in dem wir beide an jenem Tag beisammensaßen. „Für diese Entscheidung war er mir immer dankbar", sagte Drucker so ganz nebenbei.

Was das Verhältnis der beiden zueinander anbelangt, wollte ich sichergehen, dass ich Druckers Charakterisierung von General Electric unter Welch nicht missverstanden hatte. Ich konnte es kaum glauben, dass dieser absolute Top-Manager, der vielen als der beste seiner Generation galt – und als Manager des Jahrhunderts inthronisiert war – seine Erfolge den Vorbereitungen verdankte, die Drucker und andere Jahrzehnte vorher getroffen hatten. Daher fragte ich ihn geradeheraus: „Herr Dr. Drucker, wollen Sie damit sagen, dass General Electric auf einen Mann wie Welch gewartet hat?"

Durch seine Antwort goss Drucker noch mehr Öl ins Feuer: *„Mehr als das"*, gab er zurück. Das war der Moment, als Drucker auf den Finanzdienstleistungsbereich von GE zu sprechen kam und darauf, wie es damit angefangen hatte, bevor Welch sein Amt antrat.

Wie lauten also die Fakten?

In seinen Memoiren *Jack – Straight from the Gut* (dt.: Was zählt: die Autobiographie des besten Managers der Welt, 2001) berichtete Welch, dass GE Capital im Jahr 1978, also drei Jahre bevor er das Ruder übernahm, 5 Milliarden Dollar Anlagevermögen verwaltete. Dank seiner intensiven Fokussierung auf diesen Bereich verwandelte sich die Firma von einem Herstellungsgiganten in ein Dienstleistungsschwergewicht. Bis zum Jahr 2000 hatte Welch selbst Hunderte von Firmenübernahmen für GE Capital ausgehandelt oder abgesegnet, und dadurch hatte sich dieser Konzernbereich explosionsartig vergrößert. In seinem letzten Jahr als Vorstandsvorsitzender war das Anlagevermögen von GE Capital auf sagenhafte 370 Milliarden Dollar angewachsen und der Bereich steuerte 41 Prozent zum Gesamtertrag des Konzerns bei.

Im Nachhinein betrachtet, erscheinen diese Fakten als „obskur" – um eines von Druckers Lieblingswörtern zu verwenden. Bereits Reg Jones hatte

GE auf das Gleis in Richtung Finanzdienstleistungen gesetzt, die in Welchs Strategie so eine enorme Rolle spielten, aber Welch hatte die großen Investments getätigt und diesen Geschäftsbereich in Dimensionen ausgebaut, die sich niemand vorher vorstellen konnte.

Der richtige Mann für die Zukunft

Dieser Teil unseres Gesprächs endete damit, dass Drucker mir sagte, „Jones hatte sich Welch ausgesucht, weil er der richtige Mann für die strategische Neuausrichtung war. Er war mitnichten die Idealbesetzung an der Spitze von GE ... jedenfalls nicht, um General Electric im Sinne von Reg Jones weiterzuführen ... das wäre jemand anderer gewesen, übrigens ein enger Freund von mir, der ebenfalls im Rennen um den Posten des Vorstandsvorsitzenden war ... der aber letztlich von sich aus verzichtete, weil er sagte, ich bin zwar der Richtige für die Gegenwart, aber ich bin nicht der Richtige für die Zukunft der Firma. Was General Electric aber jetzt braucht, ist ein Mann für die Zukunft. Er war damals einer der Vice Presidents von GE und stellvertretender Vorstandsvorsitzender. Ein Jahr nach dem Amtsantritt von Welch zog sich der Mann freiwillig auch von diesem Posten zurück. Als die Entscheidung fiel, saß er hier auf dem Sofa." (Drucker deutete auf ein Sofa hinter mir in seinem Wohnzimmer. Auch dieser Schritt war offenbar notwendig, um in der Führungsspitze eindeutig klarzumachen, dass niemand mehr da war, der Welch seinen Führungsanspruch streitig machte; und auch diese Entscheidung fiel im Gespräch mit Drucker in dessen Privathaus.)

Nach der Ankündigung, dass Welch der Nachfolger von Reg Jones würde, schrieb *The Wall Street Journal,* dass man sich bei General Electric entschieden habe, eine „legendäre Führungsfigur durch ein Nervenbündel" zu ersetzen. Ironischerweise war später dann Jack Welch derjenige, den man mit dem Begriff „Legende" assoziierte, wenn man ein Vorbild für den modernen Typus eines Managers nennen wollte.

Als bekannt wurde, dass er plante, seine Memoiren zu schreiben, überboten sich die Verleger gegenseitig mit Vertragsangeboten. Warner Books ging aus diesem Bieterwettstreit schließlich als Sieger hervor und erhielt für die enorme Summe von 7,1 Millionen Dollar den Zuschlag für die

Veröffentlichung des Buches. Zu jener Zeit war dies der höchste Vorschuss für ein Sachbuch mit der einzigen Ausnahme von *Crossing the Threshold of Hope* (dt.: Die Schwelle der Hoffnung überschreiten, 1994) von Papst Johannes Paul II., das 8,5 Millionen erzielte. (Seither haben nur Hillary Clinton und Bill Clinton 8 Millionen beziehungsweise 12 Millionen Dollar bekommen sowie Alan Greenspan, der langjährige amerikanische Notenbankchef, 8,5 Millionen Dollar.)

Die Bankauszüge abgleichen

Da ich selbst schon sieben Bücher über Welch geschrieben oder zumindest verlegerisch betreut habe, wäre es unverantwortlich, wenn ich diese Debatte so offen stehen lassen würde. Nach Druckers Eindruck bekam Drucker alle Trümpfe zugespielt, weil bereits ein starker strategischer Ansatz vorhanden war. Gleichwohl sind in diesem Zusammenhang noch ein paar relativierende Bemerkungen zu machen, um das Bild korrekt abzurunden.

Trotz seiner Behauptung, dass der Tisch bereits gedeckt gewesen sei, als Welch sich daran niederließ, steht für Drucker außer Zweifel, dass Welch als Führungspersönlichkeit ein Naturtalent war: „Jack Welch war in vielerlei Hinsicht als Manager ein Naturtalent ... Seine große Stärke lag in seiner Fähigkeit, stets zu fragen, was als Nächstes erledigt werden musste, sich auf die Prioritäten zu konzentrieren und alles andere zu delegieren." Er wusste auch, wie enorm wichtig es war, sich voll auf die Prioritäten zu konzentrieren und sich keinesfalls ablenken zu lassen: „Deshalb lag seine erste Priorität fünf Jahre lang – die ersten fünf Jahre – darauf, General Electric zu restrukturieren", erklärte Drucker, „und dann fragte er, was muss als Nächstes getan werden, und setzte eine neue Priorität. Und die letzte Priorität war, die Struktur von General Electric um den Informationsfluss herum zu organisieren."

Zum Schluss darf der Hinweis nicht fehlen, dass Drucker die Vorzüge und Verdienste von Welch nicht nur mir gegenüber herausstrich, sondern auch in seinen Büchern. In *Management Challenges for the 21st Century* (dt.: Management im 21. Jahrhundert, 1999) schrieb Drucker ausdrücklich: „Seit Welchs Amtsantritt als Vorstandsvorsitzender 1981 hat GE mehr Vermögen gebildet als jedes andere Unternehmen auf der Welt."

Er würdigte die Art und Weise, wie Welch seine Firma um Informationsflüsse herum organisiert hat, was für Großorganisationen in den wissensbasierten Gemeinschaften ein enorm wichtiger Zukunftsfaktor ist. „Einer der Hauptgründe für Welchs Erfolg lag darin, dass GE dieselbe Information für jeden Einzelnen in den jeweiligen Geschäftsbereichen für verschiedene Zwecke unterschiedlich aufbereitete. Das traditionelle Berichtswesen im Finanz- und Marketingbereich wurde so beibehalten, wie es auch in anderen Firmen geschieht, wo die Buchhalter einmal im Jahr Bilanz ziehen. Doch das gleiche Datenmaterial wurde auch für langfristige strategische Zwecke aufbereitet, damit man unerwartete Veränderungen, Erfolge wie Misserfolge, rasch erkennen und sehen konnte, wo aktuelle Verläufe sich wesentlich von den Erwartungen unterschieden."

Drucker über Welch

Der Kernpunkt in diesem Kapitel ist das Thema Führung und der richtige Zeitpunkt. Bevor Drucker mir erklärte, wieso Welch der richtige Mann für die Zukunft von GE gewesen sei, waren verschiedene Szenarien für die Führungsfrage denkbar. Man hätte den für diese Aufgabe am besten geeigneten Mann aussuchen und ihm den Job anvertrauen können; dabei hätte man nur die gegenwärtige Situation im Auge gehabt und nicht die Zukunft. Drucker sagte einmal: „So etwas wie einen guten Mann an sich gibt es gar nicht. Die Frage lautet: Wofür soll er gut sein?" Was Drucker mir über Welch sagte, ermöglichte mir ein besseres Verständnis des Zusammenspiels von Managern, ihrer Firma und der Bewegung auf der Zeitachse. Als Welch die Führung übertragen wurde, war er der richtige Vorstandsvorsitzende für die Zukunft von General Electric, nicht für das Unternehmen, wie es einmal in der Vergangenheit oder wie es in der Gegenwart war. Wenn wirklich wichtige Posten zu besetzen sind, ist es zwingend notwendig, über den Tellerrand des momentan Gegebenen hinauszuschauen. 1971 wäre Welch eine Fehlbesetzung gewesen und vermutlich ebenso 2001 (als er in den Ruhestand ging). Aber er war in den 1980er- und 1990er-Jahren der richtige Mann an der Spitze, um den grundlegenden Konzernumbau durchzuziehen.

Kapitel 11

Überlebenswichtige Entscheidungen

„Entscheidungen über Beförderungen bezeichne ich als überlebenswichtige Entscheidungen.“

Nach dem Erscheinen von *The One Minute Manager* (dt.: Der Minuten-Manager, 1983) von Blanchard und Johnson und von *In Search of Excellence* (dt.: Auf der Suche nach Spitzenleistungen, 1982) von Peters und Waterman verkündeten einige übereifrige Wirtschaftsautoren bereits die Entstehung neuer Unternehmensformen, die nur noch wenig mit den herkömmlichen Organisationen gemein hätten. Hier war ein Umdenkprozess in Bezug auf Führungsfragen im Gange mit dem Ziel, die traditionelle, beinahe militärische Kommando- und Kontrollstruktur auf den Kopf zu stellen und die Führungshierarchien platt wie einen Pfannkuchen zu machen.

Drucker erkannte jedoch, dass darin ein Versprechen lag, das nicht eingehalten werden konnte: „Vor ein paar Jahren“, schrieb er 2002, „sprachen alle über das Ende der Hierarchien. Wir sollten alle eine glückliche Mannschaft sein, da wir ja alle im gleichen Boot saßen. Nun ja, so weit ist es nicht gekommen und es wird auch nie so weit kommen – aus einem ganz einfachen Grund: Wenn das Schiff sinkt, bleibt keine Zeit mehr, um in einer Mannschaftsversammlung Maßnahmen zu debattieren. Dann müssen Kommandos gegeben werden. Es muss jemand da sein, der sagt ‚genug diskutiert, so wird's gemacht'. Ohne einen Entscheidungsträger fällt auch keine Entscheidung."

Ohne einen Entscheidungsträger fällt auch keine Entscheidung ist ebenfalls einer von diesen typischen Drucker'schen Merksätzen. In diesem Kapitel geht es um Entscheidungen, und zwar nicht um irgendwelche Entscheidungen, sondern um diejenigen, die Drucker als die für die Zukunft eines Unternehmens wesentlichen betrachtete, diejenigen, die er als überlebenswichtige Entscheidungen bezeichnete.

In diesem Kapitel geht es um Druckers Denkansatz und seine Ratschläge hinsichtlich Personalentscheidungen, Produktentscheidungen und die anderen wichtigen Entscheidungen, mit denen Manager tagtäglich konfrontiert sind.

Was sind überlebenswichtige Entscheidungen?

Einer der ganz wesentlichen Punkte bei dieser Art von Entscheidungen ist, sie niemals zu delegieren. Drucker beschränkte den Typus überlebenswichtige Entscheidungen zunächst nur auf Personalentscheidungen; erst später bezog er auch andere Arten von wichtigen Entscheidungen mit ein, auch wenn er ihnen nicht ganz diesen Stellenwert einräumte. Personalentscheidungen sind für ihn aber praktisch immer überlebenswichtige Entscheidungen.

Drucker sagte dazu, dass die Besetzung von Schlüsselpositionen, entweder durch eine Neueinstellung oder eine Beförderung, nicht sehr oft vorkommt. Wenn jedoch diesbezügliche Entscheidungen getroffen werden müssen, sollte man sie sehr ernst nehmen und niemals übereilt vorgehen: „Bei hastig getroffenen Personalentscheidungen besteht eine große Gefahr, dass sie nicht zum gewünschten Erfolg führen. Diese Gefahr besteht auch bei anderen Entscheidungen auf der höchsten Führungsebene, wenn sie zu übereilt getroffen werden."

Drucker befasste sich erstmals mit folgenden Arten von überlebenswichtigen Entscheidungen:

- Beförderungen: Wer soll befördert werden und wann?
- Entlassung oder Zurückstufung eines Managers.
- Definition des Aufgaben- und Zuständigkeitsbereichs eines Managers.

Wer soll befördert werden?

Wie in Kapitel 9 bereits erwähnt, war sich Drucker schon von Anfang an darüber im Klaren, was er von einer Führungskraft erwartete; zum Beispiel Integrität, Charakter sowie Zuverlässigkeit und Beständigkeit. Seiner Ansicht nach sollten sich Führungskräfte vor allem auf die Stärken ihrer Mitarbeiter konzentrieren und dabei ihre eigenen Schwächen nicht verleugnen. Aus diesem Grund treffen besonders führungsstarke Manager ihre strategischen Personalentscheidungen so, dass sie Mitarbeiter durch Neueinstellung oder durch Beförderung in Stellungen bringen, in denen diese ihre Stärken zur Geltung bringen und Schwachpunkte des Managers kompensieren. „Versuchen Sie niemals, sich als Experte aufzuspielen, wenn Sie es nicht sind. Verlassen Sie sich nur auf ihre wirklichen Stärken und suchen Sie sich für die anderen Aufgaben Leute, die das jeweils am besten können", riet er.

Dies soll wiederum nicht bedeuten, dass man sich fehlerfreie Angestellte heraussuchen soll. „Ich würde niemals jemanden in eine Top-Position befördern, der nie Fehler begangen hat; auch wenn jemand größere Fehler begangen hat, ist das in Ordnung. Ansonsten holt man sich nämlich mit Sicherheit jemanden, der nur mittelmäßig ist", meint Drucker.

Für die Beantwortung der Frage nach dem richtigen Zeitpunkt kann es ein wichtiger Anhaltspunkt sein, dass jemand mit seinem Status nicht zufrieden ist. Das bedeutet nämlich, dass derjenige bereit ist, mehr zu leisten. Man sollte sich auch unbedingt die Leistungsbilanz eines Kandidaten anschauen. „Letztendlich ist Management eine praktische Kunst", erklärt Drucker. „Es geht dabei nicht ums Wissen, sondern ums Können und Machen. Ausschlaggebend sind nicht die Theorie, sondern die Resultate. Was jemanden für einen höheren Posten legitimiert, ist seine Leistung."

Wer soll entlassen werden?

„Jeden Manager, aber auch jeden Angestellten, der keine guten Leistungen erbringt, sollte man entlassen", mahnte Drucker wieder und immer wieder. Bei jedem Manager ist vor allem persönliche Unreife unakzeptabel. Wer sich vorwiegend mit seinem Ego beschäftigt, wirkt auf das Gesamtunternehmen zersetzend. Das sind diejenigen, die sich in erster Linie mit sich selbst und ihrem eigenen Fortkommen beschäftigen und nicht mit dem des Unternehmens, und diejenigen, denen es wichtiger ist, stets recht zu behalten, statt das Rechte beziehungsweise das Richtige zu tun. Führungspersönlichkeiten gehen stets mit gutem Beispiel voran, leben die Werte einer Organisation vor und setzen einen hohen Standard für sich selbst und für andere. Alles andere zieht ihren Verantwortungsbereich oder sogar das Gesamtunternehmen auf Dauer in den Abgrund.

Wie wird der Aufgabenbereich für jede einzelne Stelle definiert?

Die Grundvoraussetzung für jeden Einzelnen Ihrer direkten Mitarbeiter, damit er oder sie ihren Job richtig machen kann, ist zu wissen, was von ihnen erwartet wird. Es gibt keine größere Verschwendung von Personalressourcen als wenn jemand Zeit verplempert, weil er nicht weiß, was er eigentlich machen soll. Für den Manager ist es daher unabdingbar, klare Ziele zu setzen; genauso wichtig ist, dass er alles beiseiteräumt, was den Mitarbeiter an der Erfüllung seiner Aufgaben hindert. Außerdem denken verantwortungsbewusste Manager vor allem an die Zukunft des Unternehmens. Alles andere wäre verantwortungslos.

In seinen späteren Werken verwendete Drucker seine Kennzeichnung „Überlebensentscheidungen" nicht mehr so häufig. Die Frage der Entscheidungsfindung von Managern blieb jedoch ein vorherrschendes Thema in seinen Büchern. In seinem Buch *Managing for Results* (dt.: Sinnvoll wirtschaften, 1965) behandelte er beispielsweise die enorme Bedeutung von „Prioritäten" und wie darüber entschieden wird, ein Thema, auf das ich in diesem Kapitel noch zu sprechen komme. Egal welche Bezeichnung man dafür wählt, fest steht, dass bei effektiven Führungskräften nicht nur die Anzahl der richtigen Entscheidungen diejenige der falschen übertrifft, sondern dass vor allem die wichtigen Entscheidungen überwiegend richtig getroffen werden. Das unterscheidet wirklich erfolgreiche Manager von solchen, die unter „ferner liefen" gezählt werden.

Wer trifft Überlebensentscheidungen?

In zwei seiner besonders wichtigen Werke *Managing for Results* (dt.: Sinnvoll wirtschaften, 1965) und *The Effective Executive* (dt.: Die ideale Führungskraft, 1967) sagte Drucker ausdrücklich, dass man keinen (Manager-)Titel tragen muss, um in einer Firma oder einer anderen Organisation die wichtigsten Entscheidungen zu treffen.

In *The Effective Executive* stellte er fest: „In allen unseren wissensbasierten Unternehmen sitzen Leute, die niemanden managen, aber trotzdem Entscheidungsträger und Führungskräfte sind. Allerdings gibt es nur selten Situationen wie etwa im Dschungel von Vietnam, wo sich jederzeit ein beliebiges Mitglied einer Einheit in die Lage versetzt sehen kann, überlebenswichtige Entscheidungen für die ganze Gruppe zu treffen."

In modernen, wissensbasierten Unternehmen sind es keineswegs immer die Top-Manager, die wichtige Entscheidungen treffen – es kommt durchaus vor, dass auch Mitarbeiter auf der mittleren oder unteren Ebene etwas entscheiden, was sich für die Zukunft des Unternehmens als ausschlaggebend erweist. Als Beispiel führt Drucker einen jungen Chemiker an, der eine bestimmte Versuchsreihe weiterverfolgt und damit etwas erreicht, was die Zukunft des ganzen Unternehmens beeinflusst. Ein anderes Beispiel kann ein junger Produktmanager sein, der einem Produkt irgendeinen Dreh verleiht und es damit zur bestverkäuflichen Neueinführung des Jahres macht.

Moderne Organisationen und moderne Unternehmen, in denen so viele Menschen auf allen Ebenen einen wesentlichen Beitrag leisten können, sind meilenweit von dem überholten und völlig veralteten Unternehmenstyp der Zeit um 1918 entfernt, wie ihn Drucker im fünften Kapitel skizzierte. Das waren Unternehmen mit einer sehr kleinen Führungsschicht und einem Heer von ungelernten oder angelernten Arbeitern und Angestellten. Innerhalb solcher Organisationsstrukturen war es ausschließlich der Führungsschicht möglich und vorbehalten, überlebenswichtige Entscheidungen zu treffen; die Masse darunter wäre dazu niemals in der Lage gewesen. Und selbst wenn sie es gewesen wäre, hätte es keine Mechanismen gegeben, irgendwelche neuen Ideen für die Firma einzubringen. In der Welt des Taylorismus mit seiner mechanistisch „wissenschaftlichen Betriebsführung" gab es nur einen einzigen „optimalen Weg", eine Arbeit oder eine Aufgabe durchzuführen, und die beruhte auf der Grundannahme, dass kein Arbeiter über mehr Talent verfüge als der andere.

Das änderte sich grundlegend, als der Wissensarbeiter aufkam. „Für Wissensarbeit spielt Quantität keine Rolle. Sie wird auch nicht über Kosten definiert", erklärt Drucker. „Das Einzige, was zählt, sind die Ergebnisse."

Drucker verwendete den Begriff *executive* in Bezug auf alle „Wissensarbeiter, Manager oder sonstige Fachkräfte, von denen aufgrund ihrer Position oder ihrer Fachkenntnisse erwartet werden kann, dass sie Entscheidungen treffen ..., die einen Einfluss auf die Leistungen und Ergebnisse des Ganzen haben." Die meisten Wissensarbeiter haben natürlich nicht die Möglichkeit, die zukünftige Entwicklung ihres Unternehmens zu verändern, weil dies nur den Talentiertesten möglich ist. Andererseits, fügte Drucker hinzu, darf man nicht vergessen, dass sich in jeder Firma das Potenzial der Menschen, die das Schicksal des Unternehmens beeinflussen können, nicht unbedingt dem Organisationsplan entnehmen lässt.

Schließlich darf auch nicht übersehen werden, wie viele Menschen selbst in ausgesprochen trägen und reifen Geschäftsfeldern „täglich Entscheidungen treffen müssen, die nachhaltig und oftmals unumkehrbar sind" und die dadurch denjenigen ähneln, die auf höchster Führungsebene getroffen werden. Dieser Aspekt wird oftmals zu wenig in Betracht gezogen und verstanden. „Das kommt daher", erklärt Drucker, „dass Fachkenntnisse als Legitimationsgrund für eine Entscheidung genauso zählen wie ein Rang in einer Hierarchie."

Wissen und Fachkenntnisse allein reichen jedoch nicht aus. Die Mitarbeiter in einer Firma können wichtige Aufgaben nur dann zur Zufriedenheit erledigen, wenn sie nicht abgelenkt oder mit sinnlosen Pflichten belastet werden. Drucker sagt dazu: Diejenigen Menschen, die in jeglicher Art von Organisation die eigentliche Fach- und Sacharbeit leisten – die Ingenieure, Lehrer, Verkäufer, Krankenschwestern und alle Arten von Managern auf der mittleren Ebene – werden mit einer ständig steigenden Flut von kleinen Pflichtaufgaben und Zusatzarbeiten belastet, die nichts oder nur wenig zu dem beitragen, wozu diese Menschen eigentlich ausgebildet sind und wofür sie letztlich bezahlt werden."

Die Drei-Stellvertreter-Regel

Die Drei-Stellvertreter-Regel übernahm Peter Drucker von Ralph Cordiner, dem Vorstandsvorsitzenden von General Electric, für den er an der Managementakademie von GE in Crotonville die Blue Books, eine Managementbibel von mehreren tausend Seiten, erarbeitet hatte. Diese Regel besagt, dass ein verantwortungsbewusster Vorstandsvorsitzender innerhalb von drei Jahren nach Amtsantritt mindestens drei Kandidaten herangebildet haben sollte, die notfalls seine Nachfolge antreten könnten und die ihm „gleichwertig oder sogar überlegen" sein sollten. Diese Art von Vorsorge für die Zukunft betrifft jedoch nicht nur Vorstandsvorsitzende, alle Manager sollten sich darüber Gedanken machen und ähnlich vorgehen.

Drucker sagt in diesem Zusammenhang: „Das erste Prinzip der Weiterentwicklung des Managements muss daher lauten: Weiterentwicklung des jeweiligen Managements insgesamt ... Das zweite Prinzip der Managemententwicklung muss lauten: Die Weiterentwicklung muss dynamisch sein ... Sie muss sich immer an den Erfordernissen der Zukunft ausrichten ... Die Aufgabe, die Manager von morgen heranzuziehen, ist zu groß und zu bedeutend, als dass man sie als Job für Spezialisten betrachten könnte. Ihr Gelingen hängt von sämtlichen Faktoren ab, die mit dem Managen von Managern zu tun haben: wie man den Aufgabenbereich eines leitenden Mitarbeiters und seine Beziehungen zu seinen Vorgesetzten wie zu seinen Mitarbeitern organisiert; die Mentalität und der Wertekanon des Unternehmens; seine Organisationsstruktur." Diese Aufgabe, die leitenden Mitarbeiter von morgen heranzubilden, wird in den Unternehmen von heute, wo die Naturtalente immer seltener, der Führungsbedarf aber immer dringender wird, ganz zentral. Die modernen Unternehmen benötigen die besten Leute mehr als diese besten Leute das jeweilige Unternehmen.

Entscheidungen und Prioritäten

In seinem Buch *Managing for Results* erweiterte Drucker seine Prinzipien hinsichtlich überlebenswichtiger Entscheidungen auf andere grundlegende Entscheidungen, die Manager zu treffen haben, und darauf, wie sie priorisiert werden sollen. Ein Unternehmen kann noch so gut gemanagt und organisiert sein, nach Druckers Ansicht gibt es immer mehr Chancen am Markt als Unternehmensressourcen zur Verfügung stehen, um diese auch zu nutzen. Dementsprechend müssen „Prioritäten gesetzt werden, andernfalls wird gar nichts erreicht". Wenn Manager diese Entscheidungen treffen, müssen sie sich mit der Situation auseinandersetzen, wie sie ist, „mit den vorhandenen Stärken und Schwächen, den Chancen und den Notwendigkeiten".

„Durch Prioritätsentscheidungen werden gute Absichten in wirkungsvollen Einsatz, Erkenntnisse in Handeln umgesetzt", schrieb er. Seiner Meinung nach sagt die Art und Weise, wie Prioritäten gesetzt werden, viel über das Management eines Unternehmens aus. „Prioritätsentscheidungen zeigen deutlich, wie es um die Zukunftsfähigkeit und Solidität eines Managements bestellt ist. Sie legen die grundsätzliche Ausrichtung und die Strategie fest."

Ein wichtiger Schlüssel, um zu Prioritätsentscheidungen zu gelangen, liegt bereits darin festzulegen, was keinesfalls gemacht werden soll. Drucker wies darauf hin, dass die wenigsten Menschen Probleme damit haben, Prioritäten festzulegen; für Manager besteht das größere Problem oft darin, über die von ihm sogenannten „Posterioritäten" Entscheidungen zu treffen, also alles das, was nicht getan werden sollte. „Man kann nicht oft genug wiederholen, dass ein Manager niemals etwas aufschieben sollte; falls etwas irrelevant erscheint, wäre es besser sich davon zu verabschieden, die Sache abzuschaffen oder aufzugeben." Das sollte nicht besonders überraschend sein, wenn wir uns daran erinnern, welche zentrale Rolle der geplante Verzicht in Druckers Managementdenken spielt.

Er rät Managern nachdrücklich zu großer Disziplin, wenn es darum geht, sich von allem, was vielleicht einmal als eine gute Idee oder Marktchance im Raum stand, weiterhin fernzuhalten: „Es erweist sich beinahe immer als schwerer Fehler, sich einer Sache wieder annehmen zu wollen, die irgendwann einmal in der Vergangenheit zurückgestellt werden musste, auch wenn sie seinerzeit sehr verlockend erschien."

Mit anderen Worten, man sollte keine Bedenken haben, einen Geschäftsabschluss oder ein Produkt oder eine Produktidee auf sich beruhen zu lassen, die entweder nicht zustande gekommen sind oder trotz erheblicher Investitionen zu keinem Ergebnis geführt haben. Drucker hatte sehr oft den Eindruck, dass Manager sich in irgendwelche Vorhaben verlieben, die zu einem bestimmten Zeitpunkt möglicherweise ganz aussichtsreich waren; aber wenn man sie später wieder mit unvoreingenommenem Blick betrachtet, halten sie der Überprüfung vor allem hinsichtlich der Anforderungen und Erwartungen für die Zukunft nicht stand.

Es ist einfach so, dass „die Wirtschaft ein Katalysator für Veränderungen in der Gesellschaft ist". Etliche Jahre später äußerte er sich wieder zu dem Thema: „Selbst das erfolgreichste Unternehmen der Gegenwart erweist sich als Lachnummer, wenn es ihm nicht gelingt, seine eigene, anders geartete Zukunft zu schaffen. Es ist gezwungen, innovativ zu sein, seine eigenen Produkte und Dienstleistungen neu zu erfinden, und das gilt auch für das Unternehmen selbst. Alle anderen großen gesellschaftlichen Einrichtungen sind dazu da, den Status quo zu *konservieren*, manchmal sogar, den Wandel zu unterbinden. *Die Aufgabe der Wirtschaft ist es, für Innovation zu sorgen* [Hervorhebungen von Drucker]. Kein Wirtschaftsbetrieb kann auf die Dauer überleben oder gar prosperieren, wenn er nicht erfolgreich Innovation betreibt."

Der Schlüssel zum Erfolg liegt darin, sagt Drucker, mit den stets beschränkten Ressourcen eines Unternehmens ein Maximum an Marktchancen auszuschöpfen. Man ist gut beraten, sich auf die wenigen Produkte, Dienstleistungen und Ideen zu konzentrieren, mit denen sich aller Voraussicht nach die besten Ergebnisse erzielen lassen. Firmen, die zu viel auf einmal tun wollen, sind zum Untergang verurteilt, meint Drucker. „Das Wichtigste ist", erklärt er weiter, „dass die zur Verfügung stehenden Ressourcen dort eingesetzt werden, wo die wirklich großen Chancen liegen – dort also, wo großes Ertragspotenzial und wo die Zukunft liegt. Und wenn der Preis, den man dafür zahlen muss, in der Aufgabe schnell zu realisierender, vermeintlich sicherer, aber kleinformatiger und ertragsschwächerer Aktivitäten liegt, dann muss man diesen Preis bezahlen."

Im Jahre 2004 wies Drucker noch einmal darauf hin, dass die größte Falle, in die ein Manager tappen kann, das Festhalten an einem Projekt ist, für das es so gut wie keine Erfolgsaussichten gibt. Er handelt dabei oft auf Druck von außen und strampelt sich ab, die Sache zum Laufen zu bringen (sei es ein neues Produkt oder eine neue Dienstleistung, eine neue Produktvariante, ein Herstellungsprozess oder was auch immer). Deshalb verlangte Drucker stets mit Nachdruck: „Sagen Sie mir nicht, was Sie alles machen, sagen Sie mir lieber, was Sie alles *nicht mehr* machen."

Überlebenswichtige Entscheidungen

Es gibt keine wichtigeren Entscheidungen als Personalentscheidungen. Drucker hat die Lektionen, die er sich von dem früheren General-Motors-Chef Alfred Sloan abgeschaut hat, niemals vergessen. „Führungskräfte verbringen mehr Zeit damit, andere Mitarbeiter zu managen und Personalentscheidungen zu treffen als mit allen anderen Aufgaben – und das ist auch richtig so", insistierte er. „Keine andere Entscheidung hat so langfristige Auswirkungen und ist so schwer rückgängig zu machen wie eine Personalentscheidung. Außerdem sagte er, dass die meisten Führungsverantwortlichen schlechte Personalentscheidungen fällen und ihre durchschnittliche Trefferquote nicht höher als ein Drittel sei: Ein Drittel der Neueinstellungen sind gute Leute, ein Drittel sind „minimaleffektiv" und das restliche Drittel erweist sich als Fehlgriff. Sloans Personalauswahl war, auf lange Sicht gesehen, makellos, weil er bei jeder Schlüsselposition im Management die Auswahl selbst traf. Auch wenn es so aussieht, als habe sich Sloan zu weit auch mit den Stellenbesetzungen auf den mittleren Führungsebenen befasst, so sollte man ihm das nachsehen, einfach weil seine Personalauswahl für den Erfolg von General Motors der ausschlaggebende Faktor war.

Nach den Personalentscheidungen rangieren die Prioritätsentscheidungen an zweiter Stelle, also die Entscheidungen über die Verteilung der Ressourcen. Der wichtigste Punkt hierbei ist, die besten Leute dorthin zu setzen, wo sie sich am besten entfalten und am meisten bewirken können. In Unternehmen, in denen die besten Leute sich mit banalen Problemen wie etwa Revierkämpfen herumschlagen, herrscht Missmanagement. Schließlich sollte man sich davor hüten, Rücksichten auf Manageregos zu nehmen, wenn es darum geht, sich von Projekten zu verabschieden, die aufgeschoben oder aufs Abstellgleis gedrückt wurden.

Kapitel 12

Drucker der Stratege

„Ohne Verständnis der Aufgaben, der Ziele und der Strategie eines Unternehmens können Manager nicht gemanagt, Organisationen nicht organisiert und Führungsaufgaben nicht produktiv wahrgenommen werden."

Diese Geschichte ist inzwischen Teil der Legende um Peter Drucker: Der ursprüngliche Titel für Druckers Buch *Managing for Results* sollte *Business Strategies* (Unternehmensstrategien) lauten. Zu jener Zeit, in der ersten Hälfte der 1960er-Jahre, wurde das Wort „Strategie" in Verbindung mit Wirtschaft wenig gebraucht.

Als Drucker und sein Verlag die Titelformulierung *Business Strategies* (dt.: Unternehmensstrategien) bei Managern, Unternehmensberatern, Wirtschaftsprofessoren und Buchhändlern abfragten und testeten, riet man ihnen von dieser Formulierung ab. „Das Wort Strategie, so bekamen sie immer wieder zu hören, gehört in einen militärischen oder allenfalls noch in einen politischen Zusammenhang, aber nicht zur Wirtschaft." Drucker wies darauf hin, dass noch in der Ausgabe des *Oxford Dictionary* von 1952 das Wort Strategie ausschließlich als „Lehre von der Kriegführung, Verwendung einer Armee oder von Armeen bei einem Feldzug" definiert wurde.

Selbstverständlich wurde „Managementstrategie" innerhalb eines Jahrzehnts zu einem der bekanntesten Wirtschaftsbegriffe und zu einem der häufigsten Themen in wirtschaftswissenschaftlichen Untersuchungen.

Zweck- und Zielbestimmungen zuerst

Wie alle anderen Aspekte des Managements auch ist Strategie für Drucker ein Gedankenspiel. Zu einer Strategie gelangt man nicht, indem man eine Anzahl von Regeln und Vorschriften streng befolgt, sondern indem man verschiedene Aspekte seines wirtschaftlichen Handelns durchdenkt.

Alles fängt bei den Zielen an. „Nur eine klare Definition von Aufgaben und Unternehmenszweck, also dem, was man überhaupt erreichen will, führt dann zu klar umrissenen und realistischen Firmenzielen. Dies ist die Grundlage für spätere Prioritätensetzungen, Geschäftsstrategien, Pläne und konkrete Aufgabenstellungen für die Mitarbeiter. Es ist der Ausgangspunkt für den Zuschnitt von Managementstrukturen. Die Strategie bestimmt die Struktur. Mit der Strategie werden die wesentlichen Geschäftsfelder festgelegt. Um eine Strategie festlegen zu können, müssen wir wissen, worin unser Geschäft besteht und was wir erreichen wollen.

Drucker wies darauf hin, dass „es anscheinend keine einfacher zu beantwortende Frage gibt als die nach dem Geschäftszweck. Eine Stahlhütte produziert Stahl, eine Eisenbahngesellschaft befördert Fracht und Passagiere ... Doch die Frage lautet nach wie vor ‚Worin besteht unser Geschäftszweck?' Das ist oft eine schwierige Frage, deren Antwort man erst nach vielem Nachdenken und Nachforschen findet. Und die richtige Antwort ist meistens nicht das, was auf der Hand zu liegen scheint."

Wenn man sich an dieser Stelle an Druckers Gesetz erinnert, kann man ohne den Kunden überhaupt keine strategische Ausrichtung definieren, denn es ist der Kunde, der den Geschäftszweck definiert. „Deshalb kann die Frage ‚Worin besteht unser Geschäftszweck?' nur durch die Sicht von außen beantwortet werden, durch den Blickwinkel der Käufer, Kunden und des Marktes. Das Management muss das, was die Kunden sehen, denken, glauben und wollen, jederzeit als Fakt hinnehmen und ernst nehmen", genauso wie alle anderen Fakten oder Zahlen und Daten, die im Verkauf, Rechnungswesen oder von Ingenieuren erhoben oder ausgerechnet werden, behauptete Drucker.

Nach seiner Ansicht liegt einer der wesentlichen Gründe, warum Firmen scheitern, in der unzulänglichen Antwort des Managements auf die Frage „Worin besteht unser Geschäftszweck?" Diese Frage muss „klar und deutlich" beantwortet werden. Und diese Frage sollte man sich nicht nur dann stellen, wenn eine Firma mit ihrer Tätigkeit beginnt oder wenn sie in Schwierigkeiten gerät. „Im Gegenteil", schrieb Drucker, „man muss sich diese Frage insbesondere dann stellen und gründlich darüber nachdenken, wenn eine Firma Erfolg hat. Wenn man sich diese Frage dann nämlich nicht stellt, kann das schnell in den Abgrund führen."

Als ein Beispiel dafür, wo man es richtig gemacht hat, dient Drucker immer wieder der Hinweis auf die marktbeherrschende amerikanische Telefongesellschaft American Telephone and Telegraph Company (AT&T) in den frühen 20er-Jahren. Lange bevor es Mode wurde, das Wort *Service* mit beinahe jeder Art von Aktivität in der Geschäftswelt in Verbindung zu bringen, definierte der President von AT&T sein Unternehmen folgendermaßen: „Was wir bieten, ist Service."

Eine andere bekannte Firma, die das Thema Service schon recht früh in den Mittelpunkt ihres unternehmerischen Handelns stellte, ist IBM. Der legendäre President von IBM, Thomas J. Watson (er bekleidete diese Position von 1915 bis 1956), ließ in den Büros Plakate mit seinem Slogan „We sell service" (Wir verkaufen Service) aufhängen.

Drucker räumt ein, dass dies heute völlig selbstverständlich klingt, aber zu jener Zeit war es das keineswegs. Zunächst einmal und vor allen Dingen war beispielsweise AT&T ein Monopolist, sodass die Kunden gar keine andere Wahl hatten und nicht zu einem Konkurrenten wechseln konnten. Gleichwohl führte diese Definition des Geschäftszwecks zu einer „radikalen Erneuerung der Firma und zu einem innovativen Verständnis von Geschäftszweck. Diese Ausrichtung erforderte intensives Training, man kann auch von Indoktrination sprechen", formuliert Drucker. Darin wurde die gesamte Belegschaft einbezogen und das Ganze wurde von einer PR-Kampagne begleitet, die den Service-Gedanken in den Vordergrund rückte.

Diese Definition des Geschäftszwecks machte außerdem eine „Finanzpolitik erforderlich, die davon ausging, dass die Firma ihren Service überall erbringen musste, wo er verlangt wurde; also war es Aufgabe des Managements, das dafür erforderliche Kapital aufzutreiben und die Rendite dafür zu erwirtschaften", fügte Drucker hinzu. „In der Rückschau erscheint das alles ganz einfach und selbstverständlich, aber man benötigte rund zehn Jahre bis man das alles erkannt und umgesetzt hatte." Zum Schluss stellt Drucker die Frage: „Wäre es denn in den Zeiten des New Deal nicht unausweichlich zu einer Verstaatlichung der Telefongesellschaft gekommen, wenn es bei AT&T nicht bereits am Anfang des Jahrhunderts diese sorgfältige Analyse des Geschäftszweckes gegeben hätte?"

Ein Beispiel aus dem 21. Jahrhundert

Man macht es sich zu leicht, wenn man meint, die Frage „Worin besteht unser Geschäftszweck?" gehöre in verstaubte alte Betriebswirtschaft-Lehrbücher, die sowieso keiner liest. Welcher Manager wüsste nicht, was für eine Art von Geschäft er betreibt? Doch ein zeitgenössisches Beispiel kann immer noch vor Augen führen, wie aktuell und langlebig Druckers Grundsatzfrage „Worin besteht unser Geschäftszweck?" bis heute nachwirkt.

Als ich Firmenrankings und moderne Erfolgsgeschichten miteinander verglich, stieß ich auf eine für die New Economy ganz typische Firma, die sich gleichwohl auffallend eng an die klassischen Drucker'schen Managementprinzipien hielt: den Online-Händler Amazon.com.

Wie mit so vielen anderen erfolgreichen Neugründungen in diesem Bereich verbindet sich mit dieser Firma eine geradezu sagenhafte Gründungsgeschichte. Angeblich dachte sich der Firmengründer Jeff Bezos die eigentliche Geschäftsidee in einem Chevy Blazer auf einer Fahrt von Fort Worth in Texas nach Bellevue im Bundesstaat Washington aus, die er gemeinsam mit seiner Frau unternahm.

Wie man ein Unternehmen des 21. Jahrhunderts definiert

Jeff Bezos arbeitete zunächst im Bereich der Computertechnik und wechselte von dort ins Investmentbanking. Zuerst war er bei Bankers Trust Company und anschließend bei D. E. Shaw & Company. Shaw ist ein eigenwilliger, quantitativer Hedge-Fonds, dessen innovative Handelstechniken viel Aufmerksamkeit erregten. In jedem seiner Jobs bewährte sich Bezos ganz hervorragend. 1994 übertrug Shaw Bezos eine Aufgabe, aus der eine Lebensaufgabe werden sollte. Bezos sollte sich mit potenziellen Geschäftsmodellen für das Internet beschäftigen.

Dabei stieß Bezos auf eine ganz bemerkenswerte Statistik: Der Zuwachs bei der Internetnutzung betrug damals unglaubliche 2300 Prozent pro Jahr. Bezos war sich völlig darüber im Klaren, dass dies eine wirklich außergewöhnliche Zahl war: „Man muss sich immer vor Augen halten, dass Menschen meistens keine besonders klare Vorstellung davon haben, was exponentielles Wachstum bedeutet", sagte er. „Das liegt daran, dass es nicht zu unseren Alltagserfahrungen gehört ... Außerhalb von Petrischalen im Labor wachsen Dinge eben nicht dermaßen schnell. Es passiert einfach nicht." Er fuhr fort: „Wenn sich etwas mit einer Wachstumsrate von 2300 Prozent vermehrt, dann muss man schnell handeln. Wenn man ein gutes Gespür für die Dringlichkeit hat, die da entsteht, ist das ein großer Vorteil."

Als Nächstes stellte Bezos eine Liste mit zwanzig Produkttypen zusammen, die gut dafür geeignet sind, online verkauft zu werden. Dazu gehörten CDs und Bürobedarfsartikel. Dann erfuhr Bezos, wie kleinteilig die Buchindustrie strukturiert ist, und prompt rangierten Bücher ganz oben auf seiner Liste. In den USA werden drei Millionen aktuelle Buchtitel angeboten und es gibt Zehntausende von Verlagen. Selbst die Nummer eins im Markt, der Verlagsgigant Random House, hat lediglich einen Marktanteil von zehn Prozent.

Durch einen unglaublichen Zufall nahm Bezos im September 1994 an einem viertägigen Einführungsseminar über Buchverkauf teil, der von der amerikanischen Buchhändlervereinigung American Booksellers' Association in Portland im Bundesstaat Oregon veranstaltet wurde. Auf dem Seminarplan standen unter anderem so absolut hochspannende Themen wie „Entwicklung eines Geschäftsplans", „Bestellwesen, Bevorratung, Remittenden" und „Lagerhaltung".

Doch das waren nicht die einzigen Lektionen, die in diesen vier Tagen erteilt wurden. Der Vorsitzende der Buchhändlervereinigung hielt einen launigen Vortrag, in dem er eine Geschichte zum Besten gab, wie einmal der Wagen eines seiner Kunden aus irgendwelchen Gründen direkt vor seinem Buchladen über und über mit Dreck bespritzt wurde. Darüber regte sich der Kunde so auf, dass der Inhaber des Buchgeschäfts, gleichzeitig Vorsitzender der Buchhändlervereinigung, seinem Kunden anbot, den Wagen auf dem Grundstück seines Hauses am anderen Ende der Stadt zu säubern. Diese Geschichte über Kundenservice machte auf Bezos tiefen Eindruck. Später nahm er sich vor, dass in seinem Geschäftsmodell der Kundenservice ein „Eckpfeiler von Amazon.com" sein müsse.

Amazon.com wurde noch im Jahr 1994 gegründet, nahm 1995 seinen Geschäftsbetrieb auf und ging 1997 ins Internet. Interessant dabei ist unter anderem, dass Amazon keineswegs der erste Online-Buchvertrieb war (und auch nicht der zweite oder dritte). Vorausgegangen waren in Amerika clbooks.com, books.com und wordsworth.com (das letztgenannte Unternehmen hielt Amazon zwei Jahre lang durchaus auf Abstand). Gleichwohl war Amazon von Anfang an am besten aufgestellt und am stärksten kundenorientiert; für die traditionellen Buchhandelsketten mit ihren durchaus einladenden Geschäften wurde Amazon zu einer echten Herausforderung.

Bezos immerwährendes Augenmerk auf den Kunden war ein ausschlaggebender Punkt, damit die Firma ihr Profil gewann. In den ersten Jahren veranstaltete Bezos angeblich alle drei Monate Meetings, um seinen Mitarbeitern einzuimpfen, dass in einem hervorragenden Kundendienst der Schlüssel zum Erfolg der Firma liege.

Ein weiterer Erfolgsfaktor war die Art und Weise, wie der Gründer den Geschäftszweck definierte. In den ersten Jahren hätte Bezos Druckers Frage „Worin besteht unser Geschäftszweck?" leicht beantworten können: „eine Online-Buchhandlung". Schließlich war es genau das, was die Firma betrieb.

In seinem ersten Brief an die Aktionäre formulierte er die Zukunft seiner Firma: „Wir haben uns vorgenommen, unseren Kunden etwas zu bieten, was sie sonst nirgendwo bekommen, und haben damit *begonnen*, sie mit Büchern zu versorgen."

In seinem zweiten Aktionärsbrief (von 1998) machte der Vorstandsvorsitzende von Amazon eine weiter gehende Aussage: „Wir haben uns vorgenommen, ein Forum zu etablieren, wo zig Millionen Kunden alles Mögliche finden können, was man online kaufen möchte. Für das Internet ist dies der Tag 1 und wenn es uns gelingt, unser Vorhaben gut umzusetzen, dann wird es auch der Tag 1 für Amazon bleiben.

Wir wissen inzwischen, dass Bezos sich schon im Dezember 1996 völlig darüber im Klaren war, was der Geschäftszweck von Amazon „sein sollte" – womit er eine klassische Drucker-Frage beantwortet hat. In seinem Buch *Amazon.com: Get Big Fast* (dt.: amazon.com, 2000) berichtet Robert Spector, dass es bei einer Klausurtagung, an der alle Mitarbeiter von Amazon teilnahmen, darum ging, wie die Firma ihre Produktpalette erweitern sollte, was man also außer Büchern noch anbieten könnte.

Ein Manager von Amazon fasste es folgendermaßen zusammen: „Es war von Anfang an klar, dass Amazon sich nicht nur auf Bücher beschränken und sich mit Margen begnügen würde, mit denen niemand auf die Dauer glücklich sein konnte."

Hätte Bezos sein Geschäftsziel zu eng definiert, dann hätte er sein Geschäftsmodell unnötig beschränkt und sich damit der Möglichkeit beraubt, eine breit angelegte Angebotsdiversifikation durchzuführen. Lange bevor die Firma echte Gewinne erwirtschaftete, schwebte ihm bereits ein Online-Multishop vor, wo die Leute „einfach alles online" kaufen können. Innerhalb weniger Jahre dehnte Amazon seine Angebotspalette auf CDs, DVDs, MP3-Player, Computer, Software, Videospiele, Werkzeug, Elektro-Artikel, Kleidung, Möbel, Nahrungsmittel, Spielwaren etc. aus.

Statt also seine Firma über Produkte zu definieren, stellte Bezos das Konsumentenerlebnis („denk immer an den Kunden") in den Vordergrund und schuf eine „Kundengemeinschaft" – einer der beiden Schlüssel zum Erfolg von Amazon. Anders als in einem herkömmlichen Buchladen können sich die Amazon-Kunden persönlich einbringen, indem sie Buchkritiken verfassen und die Bücher bewerten, die sie gelesen haben. Auch die Autoren sind aufgerufen, sich zu engagieren, indem sie eine Reihe von Fragen beantworten, die zusammen mit der Anzeige ihres Buches auf die Website gestellt werden.

Für die Verlage waren diese Innovationen ein echter Fortschritt. Bevor es Amazon gab, gab es für Lektoren und Marketingmanager so gut wie keine Möglichkeit, ein direktes Feedback von den Lesern zu bekommen. Jetzt erhalten sie Kommentare über ihre Bücher und über die ihrer Mitbewerber direkt vom Endverbraucher.

Außerdem veröffentlicht Amazon stündlich aktualisiert Verkaufsplatzierungen seiner Artikel, wodurch die Verlage aktuellste Daten erhalten, wie sich ihre Bücher verkaufen. Bis dahin gab es nur Bestsellerlisten, die in Zeitungen oder Zeitschriften erschienen, aber auf diesen Listen erschien nur ein winziger Bruchteil aller lieferbaren Bücher Amazon bildet hingegen das gesamte Spektrum ganz aktuell ab, ein Informationsdienst für Verlage, Autoren, Leser, Medien und jedermann, der sich für Bücher interessiert.

Ein Vorstandsvorsitzender nach Druckers Vorstellung

Auch wenn viel von der „New Economy“ die Rede ist und davon, wie „das Internet alles verändert“, wurde Amazon auf klassischen Unternehmenskonzepten aufgebaut, die direkt den Drucker'schen Strategien entnommen sein könnten, wie auf den folgenden Seiten dargelegt werden soll.

Bezos ist als Führungsfigur ein Naturtalent, aber die Gründung und Weiterentwicklung eines Online-Unternehmens in den Anfangszeiten des Internets war ein mutiger Schritt, vor allem, wenn man bedenkt, wie schnell sich die Firma zu einer der bekanntesten Online-Marken weltweit entwickelt hat. In der zweiten Hälfte der 1990er-Jahre nannte Bezos das World Wide Web auch das World Wide Wait (die weltweite Warteschleife, weil zu jener Zeit das Einwählen ins Internet oftmals nervtötend lange gedauert hat). Die Leute hatten außerdem Bedenken, ihre persönlichen Kreditkartendaten im Web „preiszugeben“. Jedes neue Online-Unternehmen sah sich mit jeder Menge Blockaden und Hindernissen konfrontiert, die überwunden werden mussten.

Trotz all dieser Schwierigkeiten gelang es Bezos, den Kunden, die seine Website aufsuchten, ein interessantes, eindrucksvolles Erlebnis zu verschaffen. Er unternahm auch sonst alles, was Drucker für wichtig und richtig hielt, um eine langfristig gesunde Entwicklung eines Unternehmens zu gewährleisten. Er war nicht nur ein kluger Chef, sondern auch ein sehr effektiver.

Druckers Strategien als Vorlage

Von Anbeginn an war Bezos sich darüber im Klaren, dass die gegenwärtigen und zukünftigen Ziele für seine Firma nicht im Bereich wolkiger „Abstraktionen" (Druckers Formulierung) liegen konnten. Er wusste, dass die Firma rasch wachsen musste und zwar in Bereiche, die höhere Gewinne bieten würden, als sie mit den im Buchhandel üblichen knapp kalkulierten Margen zu erzielen sind.

Drucker sagte: „Es wäre ... absurd, keinen Wachstumsplan zu haben ..., denn jedes Unternehmen braucht ein Wachstumsziel, eine Wachstumsstrategie und zuverlässige Methoden, wie man gesundes Wachstum von Fettansatz und Krebswucherung unterscheidet." Außerdem verlangte er: „Die Unternehmensorganisation muss immer wieder überdacht und überarbeitet werden, so wie sich eben die Bedingungen und die Verhältnisse am Markt ändern. Macht eine Aufteilung in verschiedene Unternehmensbereiche Sinn, um den wirtschaftlichen Erfolg der Firma als Ganzes zu verstärken? Oder ist es besser, wenn die einzelnen Bereiche gut abschneiden, dies allerdings auf Kosten des Ganzen geht?"

Wir wissen inzwischen, dass Bezos alle diese Fragen bereits genau durchdacht hatte, als seine Firma noch in den Kinderschuhen steckte. Er überlegte sich, was sein Geschäftsfeld heute sein konnte (Bücher) und morgen sein sollte (ein ganzes Warenhaussortiment!).

Wir wollen uns genauer ansehen, was Bezos getan hat – wie er seine Visionen und seine Strategie kommuniziert hat – und dies Druckers Aussagen und

Ratschlägen gegenüberstellen. Bei näherer Betrachtung der nachfolgenden Abschnitte erkennen wir einen ganz modernen Unternehmensführer, der wusste, wie man im entscheidenden Augenblick die richtigen Fragen stellt. Ebenso wichtig ist, dass er entschlossen handelte, damit sein Unternehmen auf seinem Weg aus dem Nichts zum weltgrößten Versandhändler nicht aus der Bahn geworfen werden konnte – weder von Mitbewerbern noch von neuen Technologien noch von überholten Geschäftsplänen.

Der Kunde hat Vorrang vor allem anderen

Drucker: „Es ist der Kunde, der bestimmt, was Gegenstand eines Unternehmens ist. Denn es ist ganz allein der Kunde, der durch seine Bereitschaft, für einen Gegenstand oder für eine Dienstleistung Geld auszugeben, diese Sache in ein Wirtschaftsgut, wirtschaftliche Ressourcen in Wohlstand verwandelt. Es kommt nicht in allererster Linie darauf an, was in einer Firma über die eigenen Produkte gedacht wird – vor allem im Hinblick auf den künftigen Erfolg einer Firma ist dies weniger von Belang. Es kommt vielmehr auf die Vorstellung des Konsumenten an, was er zu kaufen gedenkt; nur was er für einen ‚Wert' hält, ist entscheidend – dadurch wird festgelegt, was ein Unternehmen tut, was es produziert und ob es damit Erfolg hat. Der Verbraucher ist das Fundament eines Unternehmens und er erhält es am Leben. Nur er sorgt für Beschäftigung."

Bezos: „Von Anfang lag unser Hauptaugenmerk darauf, dass wir unseren Kunden ein überzeugendes Angebot machen … wir begannen damit, unseren Kunden etwas anzubieten, was sie sonst einfach auf keine andere Weise bekommen konnten, und fingen damit an, sie mit Büchern zu bedienen. Wir konnten ihnen eine viel größere Auswahl als jeder Buchladen vor Ort bieten und präsentierten unser Angebot in einer Art und Weise und in Formaten, die nutzerorientiert waren, wo sich der Kunde leicht zurechtfindet und sozusagen in einem Geschäft, das an 365 Tagen im Jahr rund um die Uhr geöffnet hat. Unser Augenmerk ist ständig darauf gerichtet, das Einkaufserlebnis für den Kunden zu verbessern … Wir haben durch spürbare Preissenkungen die Vorteile für die Käufer weiter ausgebaut. Mundpropaganda und die persönlichen Kundenempfehlungen sind nach wie vor unser zugkräftigstes Werbemittel und wir sind ausgesprochen dankbar für das Vertrauen, das die Kunden in uns setzen."

„Die langfristige Perspektive"

Drucker: „Bei jedem Managementproblem, bei jeder Entscheidung, jeder Aktion muss man noch einen weiteren wesentlichen Faktor berücksichtigen – man muss es nicht unbedingt als weitere Managementfunktion bezeichnen, sondern vielmehr als eine weitere Dimension: die Zeit. Ein Management muss immer sowohl gegenwärtige wie langfristige Optionen und Auswirkungen im Auge behalten."

Bezos: „Es geht um die langfristige Perspektive" wurde zu einem immer wiederkehrenden Schlagwort in Jeff Bezos alljährlichem Aktionärsbrief; das stand schon in dem ersten aus dem Jahr 1997. Unter dieser Schlagzeile fuhr Bezos fort: „Wir glauben, dass der wesentliche Maßstab für unseren Erfolg der Shareholder-Value sein muss, den wir *auf lange Sicht* erarbeiten ... Bei unseren Entscheidungen spielt dieser Aspekt immer eine Rolle ... Wegen der Bedeutung, die wir der langfristigen Perspektive zumessen, treffen wir bisweilen andere Entscheidungen oder andere Abwägungen, etwa bei Kosten-Nutzen-Analysen, als andere Firmen."

Lass es nicht zu, dass Wall Street sich in deine Firma einmischt

Drucker: Er hat Manager immer ermahnt, daran zu denken, dass Marktführerschaft, ganz egal in welcher Branche, nur sehr schwer zu behaupten ist und dass das, was heute noch gültig ist, morgen schon obsolet sein kann. Außerdem riet er Managern, ihr Handeln nicht an der Tagesentwicklung des Dow Jones auszurichten (das heißt, sie sollten sich bei den für ihre Firma wichtigen Managemententscheidungen nicht von kurzfristig gültigen Aktienkursen beeinflussen lassen).

Bezos: Er hatte sich geschworen „bei allen Investmententscheidungen immer nur das Erreichen der langfristigen Marktführerschaft als Kriterium gelten zu lassen und nicht kurzfristige Profitabilitätserwägungen oder hektische Reaktionen auf Kursbewegungen an der Börse". Im Jahr 2002 fügte er hinzu: „Wie der bekannte Investor Benjamin Graham einmal gesagt hat, funktioniert der Aktienmarkt kurzfristig betrachtet wie eine Volksabstimmung, langfristig gesehen aber wie ein Expertenrat ... Wir sind eine

Firma, die sich lieber dem Urteil eines Expertenrates stellt; über einen längeren Zeitraum gesehen bleibt das gar nicht aus. Über einen längeren Zeitraum gilt das für alle Firmen."

Eine falsche Entscheidung ist besser als gar keine Entscheidung

Drucker: „Prioritätsentscheidungen müssen ‚wissentlich und willentlich' getroffen werden ... es ist besser, eine falsche Entscheidung zu treffen und die Folgen zu tragen, als sich davor zu drücken, weil die Aufgabe unangenehm und unbequem ist; das führt im Ergebnis nämlich dazu, dass Ereignisse von außen falsche Prioritäten setzen."

Bezos: Ihm wurde einmal eine Frage zu Investitionsentscheidungen gestellt, die sich als Fehlschlag erwiesen haben. „Man muss so viele solcher Entscheidungen treffen, dass man manchmal auch danebengreift", erwiderte der Gründer von Amazon. Wenn die Unternehmensführung jedoch „bei den Investitionen keine Fehler macht ... würden wir unsere Aufgabe und unsere Verantwortung gegenüber den Aktionären nicht erfüllen, denn wir würden dann nie aufs Ganze gehen. Man muss eben immer damit rechnen, dass auch Fehler passieren können."

Nimm Risiken auf dich, die sich erst in der Zukunft auszahlen

Drucker: „Selbstverständlich beinhaltet jede Innovation ein Risiko. Aber man kann auch im Supermarkt ausrutschen, obwohl man nur ein Brot kaufen wollte. Jede Geschäftsaktivität ist per definitionem mit einem Risiko verbunden. Sich lediglich am Status quo festzuklammern – was gleichbedeutend ist mit nicht innovativ zu sein – ist viel riskanter, als sich um das zu kümmern, was morgen geschehen soll."

Bezos: Er hatte von Anfang keine Bedenken, kalkulierte Risiken einzugehen. „Wenn wir eine ausreichende Wahrscheinlichkeit für einen Fortschritt in Richtung Marktführerschaft sehen, werden wir immer mutige Investitionsentscheidungen einem zögerlichen Vorgehen vorziehen. Einige dieser Entscheidungen werden sich auszahlen, andere nicht, aber wir können auf jeden Fall daraus etwas lernen." 2002 fügte er noch hinzu: „Viele von Ihnen haben gehört, dass ich von ‚kühnen Wetten' gesprochen habe, die wir eingegangen sind und weiterhin eingehen werden. Zu diesen Wetten zählt praktisch alles, was wir gemacht haben, unsere Investitionen in digitale und drahtlose Technologie bis hin zu unserer Entscheidung, in kleinere E-Commerce-Firmen zu investieren..."

Ziele stehen für die eingeschlagene Strategie

Drucker: „Zielvorgaben müssen festgelegt werden, das reicht von ‚Was ist unser Geschäftszweck?', ‚Was wird er in Zukunft sein?' bis zu ‚Was sollte er in Zukunft sein?' Das sind keine abstrakten Begriffe. Das sind Handlungsanweisungen und Handlungsverpflichtungen, durch die die selbstgesetzte Aufgabe eines Unternehmens in die Tat umgesetzt wird. Das ist die Vorgabe, an der die Leistung gemessen wird. Zielvorgaben stehen also für die Grundstrategie eines Unternehmens."

Bezos: Er hat immer wieder die Ziele für seine Firma vorgegeben: „Unsere Zielvorstellung ist, mithilfe unserer Plattform das größte Konsumentenunternehmen auf der ganzen Erde aufzubauen, einen Marktplatz oder ein Forum, wo die Verbraucher online wirklich restlos alles finden und bekommen, wonach sie suchen. Wir orientieren uns an den Wünschen der Kunden, verbessern uns ständig in ihrem Sinne und anhand ihres Bedarfs, personalisieren das Geschäft im Hinblick auf jeden einzelnen und arbeiten ständig daran, das Vertrauen unserer Kunden zu rechtfertigen."

Wachstum durch strategische Allianzen

Drucker: Er vertrat die Ansicht, dass Unternehmen, die Zugang zu neuen Märkten oder neuen Technologien suchen, über Partnerschaften, Joint Ventures oder Minderheitsbeteiligungen lieber strategisch sinnvolle Allianzen eingehen sollten, statt sich ganze Firmen einzuverleiben. „Solche Konstellationen werden, gerade in der globalisierten Wirtschaft, das Wachstumsmodell sein im Gegensatz zu dem herkömmlichen Modell einer Muttergesellschaft mit einer Anzahl von Tochtergesellschaften, die sich vollkommen im Besitz der Mutter befinden."

Bezos: Er tätigte Investitionen in Unternehmen wie drugstore.com, Sothebys, HomeGrocer.com. Die größte Neuerung bei Amazon war jedoch die Einführung der sogenannten zShops. Man könnte sie als Shopping-Mall im Internet bezeichnen. Dadurch bekamen die Abermillionen Kunden von Amazon Zugang zu Tausenden von Händlern, die ihrerseits eine monatliche Gebühr an Amazon entrichten. Das war eine der wesentlichen Erweiterungsstrategien von Bezos: „Es ist uns einigermaßen egal, ob wir etwas über zShops oder ob wir es selbst direkt verkaufen. Das ist uns ziemlich schnurz. Man kann nicht alles selbst anbieten. Man muss dazu mit anderen kooperieren."

Die Ergebnisse sprechen für sich. Es besteht kein Zweifel, dass sich Bezos' langfristig angelegte Managementstrategie ausgezahlt hat. Zehn Jahre nach dem Börsengang (zu einem nach Splits umgerechneten Preis von 1,50 Dollar pro Aktie) überstiegen die Erlöse 13 Milliarden Dollar. Der Aktienkurs bewegt sich um die 85 Dollar und Amazon hat einen Börsenwert von mehr als 33 Milliarden Dollar, das ist mehr als General Motors und Xerox zusammen. Der Aktienwert hat sich 1997 verdoppelt und es gibt keine Anzeichen, dass sich die Wertzunahme verlangsamt. Der Börsenwert ist neunzigmal so hoch wie die jüngsten Gewinne, was nichts anderes heißt, als dass die Investoren im Hinblick auf die Zukunft der Firma sehr optimistisch sind.

Drucker, der Stratege

Drucker fängt immer damit an, grundlegende Fragen nach dem Geschäftszweck einer Firma zu stellen. „Die Ziele müssen definiert werden, indem man Fragen beantwortet wie ‚Was ist unser Geschäftszweck?‘, ‚Was wird er in Zukunft sein?‘, ‚Was sollte er in Zukunft sein?‘ Er weist insbesondere darauf hin, dass die ‚Definition der Geschäftsvorhaben und der Aufgaben eines Unternehmens schwierig, mühsam und sogar riskant ist. Aber nur dadurch ist es für ein Unternehmen möglich, sich Ziele zu setzen, Strategien zu entwickeln, die vorhandenen Ressourcen richtig einzuteilen und alles ins Laufen zu bringen. Nur dadurch wird ein Unternehmen in die Lage versetzt, erfolgreich gemanagt zu werden.‘“

„Die Strategie bestimmt die Struktur. Mit der Strategie werden die wesentlichen Geschäftsfelder festgelegt. Um eine Strategie festlegen zu können, müssen wir wissen, worin unser Geschäft besteht und was wir erreichen wollen.“ Drucker gab allerdings gleichzeitig zu bedenken, dass „die richtige Struktur nicht automatisch gute Ergebnisse garantiert“. Andererseits wird aber auf jeden Fall mit einer falschen Struktur das Erreichen der Unternehmensziele unmöglich. Die Struktur eines Unternehmens „muss so angelegt sein, dass diejenigen Ergebnisse besonders zur Geltung kommen, die für das Unternehmen wirklich von Bedeutung sind; also die Ergebnisse, die in einem engen Zusammenhang mit der zentralen Geschäftsidee des Unternehmens, seinen besonderen Vorzügen und Vorteilen und seinen Marktchancen stehen.“

Kapitel 13

Die vierte Informationsrevolution

„Wir stecken mitten in einer weiteren Informationsrevolution. Sie hat in den Wirtschaftsunternehmen begonnen und zwar mit Unternehmensinformationen. Aber mit Sicherheit werden alle Arten von Organisationen und Institutionen davon erfasst werden. Die Bedeutung dessen, was Information ist, wird sich für Unternehmen wie für jeden Einzelnen grundlegend verändern.“

Eine von Druckers Stärken lag darin, jedes Ereignis so darstellen zu können, dass es praktisch jeder verstand. A. G. Lafley, der President von Procter & Gamble, der viele Jahre lang eng mit Drucker zusammenarbeitete, sagte: „Eine der herausragendsten Eigenschaften von Peter Drucker ist seine Fähigkeit, komplexe Sachverhalte einfach darzustellen. Seine Neugier war unersättlich und er hörte nie auf, Fragen zu stellen.“ Lafley bezeichnete Drucker als ganzheitlichen Sozioökologen, weil er immer den Sinn des Ganzen zu verstehen versuchte und sich dabei gedanklich nicht auf die Wirtschaft und die Unternehmenswelt beschränkte, sondern neben vielem anderen auch Geschichte, Anthropologie, Kunst, Literatur, Soziologie und Wirtschaftswissenschaften mit einbezog.

Drucker verdankt seine offene, tolerante Weltsicht zumindest teilweise seiner Kindheit und den Erfahrungen seiner Jugend. Er wuchs in einer wohlhabenden, kultivierten Wiener Familie auf. In seinem Elternhaus verkehrten Künstler, Politiker, Intellektuelle und verschiedene kreative Köpfe; auch Sigmund Freud zählte zu den Bekannten. Drucker lernte Freud als achtjähriger Junge kennen (mehr dazu im Epilog).

Durch seine klassische Bildung und dank seiner ersten Jobs als Zeitungsjournalist in Frankfurt am Main und anschließend als Banker in London bekam er Kontakte zu allen möglichen Menschen, die seinen Horizont erweiterten. Seine treffenden Voraussagen über Hitler und über den späteren Holocaust sowie über die Auswirkungen des Hitler-Stalin-Paktes unmittelbar vor dem Zweiten Weltkrieg waren ein erster Hinweis auf seine visionären Fähigkeiten.

Drucker verfügte vor allen Dingen über die Fähigkeit, Wendepunkte im geschichtlichen Verlauf zu erkennen, und er befasste sich damit unter verschiedenen Blickwinkeln in mehreren seiner Bücher. Indem er die Blickwinkel veränderte, konnte er aufzeigen, welchen Einfluss ein Ereignis oder eine Neuerung auf Manager und Unternehmen hat; gleichzeitig ermöglichte er es dem Leser, die Entwicklung seiner Gedanken zu einer großen Anzahl von Themen mit zu verfolgen.

Das beste Beispiel hierzu ist, wie Drucker die sich ständig verändernde Rolle von Information und Wissen und deren Einfluss auf Unternehmen sowie auf die Gesellschaft als Ganzes nachvollzog. So untersuchte er in umfassender Weise, wie verschiedene Epochen in der Geschichte durch Information, ihren Gebrauch und ihre Anwendung geformt wurden. Er hat sich auch damit befasst, welchen Einfluss Informationstechnologien auf Managemententscheidungen genommen haben – und zwar zum Besseren wie zum Schlechteren. Überraschenderweise hat Drucker lange Zeit die These vertreten, dass dies eher zum Schlechteren gereicht hat.

Außerdem hat er aufgearbeitet, welche Art von Information Manager erhalten, wie sie sie aufnehmen und wie sich das auf ihre Arbeit auswirkt;

denn von der Information und von der Informationsaufnahme hängt es ab, wie sie ihre Firma und wie sie die Außenwelt sehen. Drucker zeigte außerdem, wie Information die Struktur, ja die „Gene" von Unternehmen und der Gesellschaft verändert hat. Dieses Kapitel befasst sich mit Druckers Ansichten über die sich ständig verändernden Auswirkungen von Information auf große Unternehmen und auf die Gesellschaft. Diese Veränderungen hat er über fünfzig Jahre lang in seinen Werken sehr gedankenreich und weit vorausschauend begleitet.

An dieser Stelle sei an Druckers Aussage erinnert, dass er seine Bücher nicht wiedergelesen habe. Es gibt keine zweiten oder dritten Auflagen von *Das Großunternehmen* oder *Die Praxis des Managements* oder von irgendeinem anderen seiner Bücher. (Drucker und sein Verlag veranstalteten allenfalls Neuzusammenstellungen früherer Kapitel aus einzelnen Werken in gesonderten Ausgaben wie etwa *The Essential Drucker* – dt.: *Was ist Management*, 2002.) Stattdessen schrieb Drucker, wann immer er eine neue Idee oder einen neuen wichtigen Gedanken hatte, einfach ein neues Buch, in dem oftmals bereits bearbeitete Themen unter einem neuen Aspekt betrachtet wurden. Um verstehen zu können, wie sich sein Denken zu einigen seiner Schlüsselthemen im Lauf der Zeit verändert hat, kommt man nicht umhin, einige seiner Hauptwerke zu lesen, um deren Behauptungen und Prognosen gegenüberzustellen und zu vergleichen.

Die Ausgangslage in den ersten Werken

Im Jahr 1954 behandelte Drucker das Thema Information in seinem bahnbrechenden Buch *Die Praxis des Managements* im Zusammenhang mit der Art und Weise, wie sich die Produktivität von Managern verbessern lässt. „Jeder Manager muss diejenigen Informationen erhalten, die er braucht, um seine eigene Leistung messen und beurteilen zu können. Er muss sie so frühzeitig erhalten, dass er auch die notwendigen Veränderungen im Hinblick auf die erwünschten Ergebnisse vornehmen kann. Und diese Information muss direkt an den Manager selbst gehen, nicht an seinen Vorgesetzten. Sie muss ein Mittel der Selbstkontrolle sein, nicht der Kontrolle von oben." Und Drucker fügte hinzu: „Nur wenn ein Manager alle Informationen über seine Aufgaben und Aktivitäten erhält, kann er für die Ergebnisse auch voll verantwortlich gemacht werden."

Man beachte, wie Drucker Information generell sah, als er Mitte der 1950er-Jahre darüber schrieb. Er betrachtete sie als rein *internes* Managementinstrument und nicht als etwas, was dem Manager dabei hilft, die Außenwelt besser zu verstehen. Dieser Punkt spielt erst in seinen späteren Werken eine herausragende Rolle.

In seinem Buch *Die ideale Führungskraft* beispielsweise brachte Drucker zwei seiner Hauptthemen zusammen: Er zeigt die Grenzen auf, die Computern als Entscheidungshilfe und zur Effektivitätssteigerung im Management gesetzt sind, und er weist darauf hin, wie überaus wichtig es für Manager ist, eine Außenperspektive auf ihr Unternehmen zu gewinnen und beizubehalten. Seiner Ansicht nach konzentrieren sich vor allem die größeren Unternehmen zu sehr auf die falschen Dinge: „Je größer und dem Anschein nach erfolgreicher ein Unternehmen wird, desto mehr wird die Aufmerksamkeit auf die internen Vorgänge und Ereignisse gelenkt. Das kann so weit führen, dass die Energien und die Fähigkeiten eines Managers derartig stark davon absorbiert werden, dass er seine eigentlichen Aufgaben gar nicht erfüllen und sich am Markt gar nicht mehr bewähren kann."

Außerdem sagte er noch: „Heutzutage wird diese Gefahr durch die Computer und die moderne Informationstechnologie nur noch größer. Alles, was der Computer, dieser elektronische Trottel, nämlich kann, ist, mit quantifizierbaren Daten umzugehen. Man kann aber im Großen und Ganzen lediglich die Daten quantifizieren, die intern verfügbar sind ... Wirklich entscheidungswichtige Außenwahrnehmungen sind aber in der Regel nicht in quantifizierbarer Form erhältlich – und wenn, dann ist es meist zu spät, um irgendetwas unternehmen zu können."

Die Manager auf die letztlich doch nur beschränkten Möglichkeiten und sogar auf die latenten Gefahren hinzuweisen, die im Gebrauch von Computern stecken, ist ein durchgehendes Thema in Druckers Werken. In seinem umfangreichsten Buch *Management: Tasks, Responsibilities, Practices* (dt.: Neue Managementpraxis, 2 Bände, 1974) beschrieb Drucker, welche Gefahren lauern, wenn man sich zu sehr auf Computer verlässt: „Sobald neue Computer angeschafft werden, beginnt in den Firmen eine hektische Suche nach neuen Einsatzmöglichkeiten für die Geräte. Meistens läuft es darauf hinaus, dass sie dafür verwendet werden, endlose Stapel von Information auszudrucken, die niemand will, niemand braucht und niemand liest. Allein der Gebrauch der Geräte wird so zum Selbstzweck. Und im Endergebnis verfügt niemand über irgendwelche Informationen."

Dagegen war Drucker der Ansicht, dass Unternehmen sich lieber die eine wesentliche Frage stellen sollten: „Was für eine Art von Informationen braucht das Top-Management, um seine Entscheidungen fällen zu können ... und zwar nicht nur die aktuellen Entscheidungen, sondern auch zukünftige Entscheidungen?"

Solche Überlegungen sind ganz typisch für Drucker. Er konnte sich nie für irgendwelche technischen Spielereien oder andere Krücken erwärmen, auf die sich Manager stützen und dadurch weniger nachdenken oder sich vor den wirklich harten Fragen drücken, die sie sich und anderen eigentlich stellen müssten. Mit der Zeit hat sich Druckers Meinung über derartige Informationen und ihre Funktion für Unternehmen und Manager verändert. Er beobachtete, wie Unternehmen Information zur Umorientierung verwendeten. Diejenigen Firmen, die sich damit ein besseres Verständnis der Außenwelt verschafften (und beispielsweise Daten über Kunden, den Markt, die Mitbewerber erhoben), erlangten natürlich einen Vorsprung gegenüber denjenigen, für die es nur ein internes Informationsinstrument war.

Das neue Unternehmensmodell

Ende der 80er-Jahre arbeitete Drucker das Unternehmensmodell der Zukunft deutlicher heraus, indem er es dem alten, streng hierarchischen Modell von früher gegenüberstellte. 1988 schrieb er einen zukunftsweisenden Artikel, der in der *Harvard Business Review* unter dem Titel *The Coming of the New Organisation* (dt.: Das Unternehmensmodell für die Zukunft) erschien. Darin definierte er die künftige Art und Weise, wie Unternehmen Information einsetzen, um einen Wettbewerbsvorteil zu gewinnen. Um das sich abzeichnende neue Modell besser verständlich zu machen, stellte er die Entwicklungsformen der Unternehmen dar.

In der frühen Entwicklungsphase vor dem Ersten Weltkrieg ebneten Industriebarone wie J. P. Morgan und Andrew Carnegie zunächst einmal den

Weg für professionelle Manager. „Dadurch wurde ein Management als eigenständiger Organisationsbestandteil von Unternehmen überhaupt erst ins Leben gerufen", erklärte er.

Die zweite Phase folgte dann in den 20er-Jahren. Damals entstanden Großunternehmen heutigen Zuschnitts. Führende Manager wie Pierre du Pont und Alfred Sloan führten das Mittelmanagement ein und strukturierten diese Unternehmen im Sinne umfassender Kommando- und Kontrollhierarchien, wie sie für das 20. Jahrhundert typisch wurden und in vielen Unternehmen bis auf den heutigen Tag existieren.

Die dritte Phase war laut Drucker „durch den Übergang von der Kommando- und Kontrollstruktur mit ihrer Bereichs- und Abteilungsorganisation zu der wissensbasierten Organisation der Wissensspezialisten" gekennzeichnet.

„Allmählich zeichnet sich ab", fährt Drucker fort, „wie solche Unternehmen einmal aussehen und funktionieren könnten. Wir können erst deren Grundzüge erkennen. Aber man kann auch schon zentrale Themen wie Werte, Struktur und Verhalten ins Auge fassen. Doch die Aufgabe, ein wirklich funktionierendes, wissensbasiertes Unternehmen aufzubauen, liegt erst noch vor uns. Das ist die Herausforderung für das Management in der Zukunft."

Die neuen Informationsrevolutionen

Rund zehn Jahre nach dem Artikel in der *Harvard Business Review* weitete Drucker dieses Thema aus, indem er seine Theorie der „vier Revolutionen" entwickelte. In seinem Buch *Management Challenges for the 21st Century* (dt.: Management im 21. Jahrhundert, 1999) beschrieb er die neue Informationsrevolution, die Unternehmen rund um den Globus verändern wird.

Drucker hat eine klare Vorstellung dieser neuartigen Revolution: Sie betrifft weder die Managementinformationssysteme (MIS) noch den Bereich der Informationstechnologie (IT). Er nannte sie eine „Revolution der Konzepte".

Drucker erklärt, dass sich die Informationstechnologie in den vergangenen 50 Jahren „hauptsächlich auf die Daten konzentriert hat, nämlich darauf, wie Daten gesammelt, gespeichert, übertragen und dargestellt werden. Der Schwerpunkt lag also auf dem T in IT. Das Hauptaugenmerk der neuen Informationsrevolution wird hingegen auf dem I liegen".

Die gegenwärtigen Neuerungen im Informationsbereich werden den Blickwinkel der Manager verändern. Heutzutage verlangen Manager mehr als bloße Daten. Sie benötigen Informationen, mit deren Hilfe sie die Qualität ihrer Entscheidungen verbessern können. Sie wollen nicht mehr orientierungslos durch die Informationsfluten ihrer (elektronischen oder sonstigen) Posteingangsfächer waten oder die neuesten Tageslisten durchgehen, sondern sie hinterfragen den Datenstrom. „Wozu dient der Bericht X oder welchen Zweck erfüllt Bericht Y?" Diese neue Herangehensweise führt also zu einer Neudefinition von Information und verändert dadurch die Aufgaben der Leute, die Information produzieren.

Drucker behauptete, er habe als einer der wenigen vorausgesehen, dass der Computer zu einem tiefgreifenden Wandel in der Geschäftswelt führen würde. Dabei sagte er auch voraus, dass der Computer vor allem die Entscheidungsfindung im Top-Management verändern würde. Mittlerweile räumt er ein, dass er sich in diesem Punkt völlig geirrt hat. Der Hauptanwendungsbereich von Computern liegt vielmehr im operationellen Tagesgeschäft.

Als Beispiele führt er Softwareprogramme an, mit deren Hilfe Architekten das komplizierte Innenleben von großen Gebäuden innerhalb eines Tages planen können, oder anspruchsvolle Lernsoftware für Chirurgen, die damit virtuelle Operationen ausführen können. „Vor fünfzig Jahren", sagte Drucker, „hätte sich niemand Softwareprogramme vorstellen können, mit denen ein großer Baumaschinenhersteller wie Caterpillar seine Tätigkeiten rund um den Kundendienst- und Reparaturbedarf seiner Kunden steuert, einschließlich seiner Produktion weltweit."

Trotz dieser erstaunlichen Entwicklung hat Drucker seine Grundeinstellung zu dem Problem nicht revidiert. Er ist nach wie vor der Meinung, dass IT an sich wenig dazu beigetragen habe, einem Manager die Entscheidung zu erleichtern, *ob* ein neues Bürogebäude oder eine Schule oder ein Krankenhaus gebaut werden soll oder nicht oder *wie* das neue Bürogebäude, die Schule oder das Krankenhaus konkret genutzt werden soll.

Dementsprechend waren und sind Computer für Manager auch keine große Hilfe bei der Frage, in welchen Markt sie eintreten oder welchen sie verlassen sollen oder welche Firma sie übernehmen könnten: „Für die Aufgaben des Top-Managements", so Drucker, „hat IT bisher allenfalls Daten, aber keine echte Information hervorgebracht. Ganz zu schweigen von neuartigen und andersartigen Fragestellungen oder Sichtweisen oder neuartigen und andersartigen Strategien."

Der Grund, warum die Führungsspitzen von Unternehmen in ihren Aufgaben bisher praktisch nicht von den neuen Technologien unterstützt werden, ist hauptsächlich Trägheit und Denkfaulheit. Seit dem Beginn der Industriellen Revolution am Anfang des 19. Jahrhunderts beruht ein Kerngedanken wirtschaftlichen Handelns und Denkens auf der Grundannahme, dass niedrige Kosten für Unternehmen eine der wesentlichen Voraussetzungen sind, um im Wettbewerb bestehen zu können. Seit es größere Firmen gibt, dienen interne Rechenberichte „letztinstanzlich der Auflistung der Vermögenswerte, die im äußersten Fall einer Liquidierung noch verteilt werden können".

In der Zeit des Zweiten Weltkrieges kamen Gelehrte wie Drucker allmählich auf den Gedanken, dass die Erhaltung der Vermögenswerte und die Kostenkontrolle nicht zu den vordringlichsten Aufgaben einer Unternehmensführung zählen. Denn das sind rein operative Aufgaben des Tagesgeschäfts.

Damit soll nicht gesagt sein, dass ein überdimensionaler Kostenblock ein Unternehmen nicht in den Abgrund reißen könnte. Aber der Unternehmenserfolg beruht letztlich nicht auf der Kostenkontrolle, sondern auf „der Schaffung von Werten und Vermögen", unterstreicht Drucker.

Unternehmen schaffen neues Vermögen, indem sie Risiken eingehen, neue Strategien entwickeln und sich von früheren Projekten aktiv verabschieden. Doch keines der gegenwärtigen Systeme im Daten- und Rechnungswesen der Unternehmen unterstützt die Führungsspitze bei diesen zentralen Entscheidungen. „Die weit verbreitete Unzufriedenheit mit der bisherigen Datenaufbereitung durch IT führt zu der nächsten Informationsrevolution." Deshalb bedarf es neuer Informationsmodelle; das hat die vierte Informationsrevolution ausgelöst, wie Drucker es nennt.

Drucker vertritt die Ansicht, es sei notwendig, „zu definieren, was wir unter Information verstehen". Es geht darum, diese Information für ihre Nutzer zweckdienlich und handhabbar zu machen. Da 90 Prozent der Daten, die in Unternehmen generiert werden, lediglich zur Darstellung dessen dienen, was innerhalb eines Unternehmens vorgeht, braucht man sich nicht zu wundern, wenn die Unternehmensleitungen allmählich die Geduld verlieren. In den letzten Jahren hat sich bei den Top-Managern das Bewusstsein verstärkt, dass sie andere Arten von Daten und Berichten benötigen, um ihre Aufgaben besser erfüllen zu können. Das verlangen sie nun von ihren Leuten im Rechnungs- und Finanzwesen. Drucker sagt, dieser Prozess sei in Gang gekommen, als die Manager sich fragten: „Welche Informationskonzepte benötigen wir eigentlich für unsere Aufgaben?"

Als Drucker über die vier Informationsrevolutionen sprach, beharrte er strikt auf seinem Standpunkt, dass dieser Bereich der Informationswelt bisher weitgehend unerschlossen sei. „Das ist jener neue Bereich ... der wichtigste von allen, wo wir bis jetzt noch keine systematisch organisierten Methoden der Informationsgewinnung entwickelt haben: Informationen über die *Außenwelt* eines Unternehmens. Diese Methoden müssen in ihren Grundannahmen und Grundlagen ganz anders sein ... Das Ziel muss sein, weniger Daten und dafür mehr Information zu liefern. Diese müssen auf das Top-Management, dessen Aufgaben und dessen Entscheidungen zugeschnitten sein."

Drucker sah diese Art von Information als etwas, das nicht nur Wirtschaftsunternehmen betrifft. „Diese neue Informationsrevolution hat in der Unternehmenswirtschaft begonnen, und ist dort am weitesten gediehen. Inzwischen hat sie aber auch den Bildungsbereich und das Gesundheitswesen erfasst. Wenn hier eine grundlegende konzeptionelle Veränderung in Gang gekommen ist, wird sie mindestens genauso wichtig sein wie die Veränderungen der Produktionstechnik in der Industrie ... Bereits jetzt geht jeder davon aus, dass in der Bildungstechnologie tief greifende Veränderungen bevorstehen und dass damit auch ein tief greifender struktureller Wandel einhergeht. Wenn es auf Unterrichtsformen hinausläuft, wie wir sie beispielsweise von den Fernuniversitäten kennen, dann kann es durchaus sein, dass in 25 Jahren eine typisch amerikanische Institution wie das autonome College von der Bildfläche verschwunden sein wird.

Im Gesundheitswesen könnte es ebenfalls zu einer konzeptionellen Neudefinition kommen. Die Zielrichtung wäre, das Gesundheitswesen nicht mehr primär aus dem Blickwinkel der Bekämpfung von Krankheiten, sondern vielmehr als Aufrechterhaltung der körperlichen und geistigen Funktionen zu definieren ... Das kann dazu führen, dass keine der traditionellen Säulen des gegenwärtigen Gesundheitswesen, wie etwa die Krankenhäuser oder die Arztpraxen, diesen Wandel übersteht; jedenfalls nicht in ihrer gegenwärtigen Form oder Funktion."

Drucker zog daraus den Schluss, dass sich im Bildungswesen wie im Gesundheitswesen die größte Veränderung in einer Schwerpunktverlagerung von den Wirtschaftsdaten hin zur Information vollziehen wird, weg vom T in IT hin zum I. Nachfolgend einige Kernpunkte aus Druckers ausführlichen Erörterungen über den Wandel der Bedeutung von Information für Wirtschaftsunternehmen:

- **Mit Informationen kann man vor allem dann etwas anfangen, wenn sie einem Manager etwas über die Außenwelt mitteilen: über Kunden, Nichtkunden, den Markt.**
  Andernfalls handelt es sich einfach um Daten. Diese Art von Information wird man aber erst dann bekommen, wenn danach verlangt wird, wenn die Manager begriffen haben, was sie brauchen, um die Produktivität zu erhöhen und im Wettbewerb besser bestehen zu können.

- **Erläutern Sie Ihren Kollegen im Rechungswesen und im Managementinformationssystem, wie wichtig es ist, Informationen über die Außenwelt des Unternehmens zu erhalten.**
  Dann erarbeiten Sie mit ihnen, welchen genauen Informationsbedarf sie haben, um durch Innovation die Profitbringer der Zukunft zu entwickeln.

- **Warten Sie nicht, bis sich im Rechnungswesen oder im Managementinformationssystem von selbst etwas tut.**
  Es wird vermutlich Jahre dauern, bis sich diese Art von revolutionärer Veränderung, die Drucker im Sinn hat, durchsetzt. Fordern Sie in der

Zwischenzeit andere und sich selbst heraus, um die benötigte Information zu erhalten. Verbringen Sie pro Woche zwei bis vier Stunden auf den Websites Ihrer Konkurrenten, mit Kundengesprächen oder wo man sonst Marktinformationen erhält. Informieren Sie sich auch ansonsten über alles, was außerhalb Ihres Unternehmens vor sich geht.

Die elektronische Revolution und die Macht des Gedruckten

Drucker beschrieb seine Sicht auf die Informationsrevolution in den späten 1990er-Jahren, als sich bereits abzeichnete, wie das Internet viele Branchen verändern würde. Aber auch hier hat Drucker das allzu Offensichtliche und den Hype der sogenannten New Economy durchschaut, die in Büchern und Zeitungsartikeln bereits als neues Utopia angepriesen wurde, wo die alten Regeln der Geschäftswelt keine Gültigkeit mehr haben.

So befürchteten beispielsweise viele, dass das Internet sehr rasch das gedruckte Buch verdrängen würde. Nicht so Drucker. Er ging davon aus, dass das Internet die Printmedien eher stärken würde. Wie das geschehen sollte, beschrieb er in *Management im 21. Jahrhundert*: „Und jetzt werden die Printmedien sich auch der elektronischen Kanäle bedienen." Er wies darauf hin, dass Amazon „innerhalb weniger Jahre" zum größten Versandhändler im Internet wurde.

Nicht nur die Buchverlage haben vom Internet profitiert: „Vor allem die Special-Interest-Zeitschriften gehen zunehmend dazu über, auch Online-Ausgaben herauszubringen. Sie werden im Internet angeboten und der Abonnent kann sie sich zu Hause ausdrucken. Es ist also keineswegs so, dass IT das gedruckte Wort ersetzt, vielmehr benutzen die Printmedien die neue Technologie als Vertriebskanal für *gedruckte Information.*"

Ganz so einfach ist es allerdings nicht. „Dieser neue Vertriebsweg wird sicherlich auch das gedruckte Buch verändern. Neue Verteilungskanäle haben immer Rückwirkungen auf das, was sie verteilen, und verändern die Produkte. Aber Textinhalte werden auch immer Druckwerke bleiben, in welcher Form auch immer sie gespeichert oder ausgeliefert werden", ergänzte Drucker.

„Jenseits der Informationsrevolution"

1999 verfasste Drucker einen weiteren Artikel über dieses Thema. Er trug den Titel *„Jenseits der Informationsrevolution"* und erschien zuerst in der angesehenen amerikanischen literarischen Zeitschrift *The Atlantic Monthly* und später als Teil eines seiner letzten Bücher *Managing in the New Society*. In diesem Artikel beschrieb er weitere Aspekte der Informationsrevolution, namentlich im Zusammenhang mit dem Aufkommen von E-Commerce und dessen Einfluss auf die Informationsrevolution:

„Das wirklich Revolutionäre an der Informationsrevolution macht sich erst jetzt allmählich bemerkbar. Aber es sind nicht Informationsinhalte, die dieses Revolutionäre ausmachen. Es ist auch nicht die sogenannte Künstliche Intelligenz. Ebenso wenig sind es die Auswirkungen der Computertechnologie ... auf Entscheidungsprozesse oder Strategien. Es handelt sich vielmehr um einen Aspekt, den niemand voraussehen konnte und über den man vor zehn oder fünfzehn Jahren noch nicht einmal hätte sprechen können. Ich meine die explosionsartige Ausweitung des Internets als großer, womöglich größter weltweiter Vertriebskanal für Güter, Dienstleistungen und – überraschenderweise – auch für Jobs im Bereich Management und für bestimmte Fachkräfte. Dadurch werden sich ganze Märkte und Branchen, ja ganze Volkswirtschaften strukturell verändern. Genauso wie bestimmte Produkte und Dienstleistungen und deren Verteilungsströme. Ferner Konsumentengruppen, Konsumentenansprüche und Konsumentenverhalten sowie der Stellen- und Arbeitsmarkt. Vermutlich werden die Auswirkungen auf die Gesellschaften und die Politik noch größer sein und darüber hinaus auf unser Weltbild und darauf, wie jeder Einzelne seinen Platz in der Welt sieht."

In diesem Artikel wurde Druckers Überzeugung deutlich, dass die Informationstechnologie Unternehmen und Märkte verändern kann; es wurde auch klar, dass er persönlich sehr daran interessiert und von den Möglichkeiten völlig begeistert war.

Drucker schrieb dazu: „Gleichzeitig werden zweifellos neue und ungeahnte Industriezweige und Branchen in Erscheinung treten, und das wird sehr rasch geschehen." Als ein Beispiel nannte er die Biotechnologie. „Es ist stark anzunehmen, dass auch in Zukunft weitere von neuen Technologien geprägte Branchen auftauchen, die sich zu mächtigen Industriezweigen auswachsen können. Was das sein könnte, kann man im Augenblick nicht einmal vermuten. Aber es ist sehr wahrscheinlich – nein, es ist so gut wie sicher –, dass es so kommen wird und dass es schnell gehen wird. Und es ist so gut wie sicher, dass einige davon direkt mit Computern und Informationstechnologie zu tun haben."

„Natürlich sind das nur Voraussagen", fuhr Drucker fort. „Aber sie beruhen auf der Annahme, dass sich die Informationsrevolution ähnlich abspielt wie andere technikbasierte ‚Revolutionen' sich zuvor in den vergangenen 500 Jahren seit der Gutenberg-Revolution abgespielt haben ... Dabei gehe ich von der Annahme aus, dass die Informationsrevolution ähnlich wie die Industrielle Revolution Ende des 18. und zu Beginn des 19. Jahrhunderts verlaufen wird.

Die Informationsrevolution befindet sich jetzt an einem Punkt, an dem die Industrielle Revolution in den frühen 1820er-Jahren angelangt war, ungefähr vierzig Jahre nach der von James Watt verbesserten Dampfmaschine ... Diejenigen Industriezweige, die in der Frühzeit der Industriellen Revolution am stärksten betroffen waren – die Baumwollindustrie, die Textilindustrie im Allgemeinen, Eisen und Stahl sowie die Eisenbahn –, waren Boomindustrien, die praktisch über Nacht Millionäre hervorbrachten ... Diejenigen Industrien, die nach 1830 entstanden, brachten ebenfalls viele Millionäre hervor. Aber es dauerte rund zwanzig Jahre, bis es so weit war, und das waren zwanzig Jahre harter Kämpfe voller Enttäuschungen und Fehlschläge ... Man muss damit rechnen, dass dies auch für die neuen Branchen gilt, die von nun an in Erscheinung treten werden. Das gilt bereits jetzt für die Biotechnologie", behauptete Drucker.

Schließlich betonte Drucker wie wichtig es sei, die besten Leute an sich zu ziehen und an sich zu binden. Denn sie dürften sich für die Unternehmen der Zukunft als die mit Abstand wichtigsten Erfolgsfaktoren erweisen. Und er war der festen Überzeugung, dass man mit Geld allein hier nicht weiterkommt: „Es wird nicht genügen, die Wissensarbeiter, von denen diese Firmen abhängig sind, einfach nur mit Geld zu locken ... Für den Erfolg in diesen neuen wissensbasierten Branchen wird es darauf ankommen, sie so zu führen, dass sie für diese Spezialisten attraktiv sind – man muss diese Menschen motivieren und sie so in der Firma halten. Wenn man das nicht mehr allein dadurch erreichen kann, dass man – so wie es jetzt geschieht – ihre finanziellen Wünsche erfüllt, wird man in Zukunft auch in Betracht ziehen müssen, ihren Wertvorstellungen entgegenzukommen und ihnen soziale Anerkennung und Beteiligung zu gewähren. Das kann nur geschehen, indem man aus Mitarbeitern Mitentscheider macht und aus – wie auch immer gut bezahlten – Angestellten gleichberechtigte Partner."

Die vierte Informationsrevolution

Die Art wie Drucker seine Ansichten zum Thema Information bis hin zu der von ihm sogenannten Informationsrevolution entwickelte, sagt einiges über Drucker selbst. Zunächst sah er in Information nur ein unternehmensinternes Werkzeug zum Messen von Leistung. Im Laufe der Zeit hielt er es aber für zunehmend wichtig, Informationen auch als Hilfsmittel für ein besseres Verständnis der Außenwelt eines Unternehmens (Kunden, Konkurrenten, Märkte) durch die Manager zu begreifen. Gegen Ende der neunziger Jahre war Drucker jedoch enttäuscht, feststellen zu müssen, dass neunzig Prozent der von Unternehmen generierten Daten und Informationen immer noch nur zur Darstellung der internen Situation eines Unternehmens dient. Der entscheidende Anstoß für eine diesbezügliche Änderung wird daher von den zunehmend ungeduldig werdenden Unternehmensleitungen ausgehen, die mehr zweckdienliche Information über Kunden, Nichtkunden und Märkte erwarten.

Drucker betrachtete das Thema Information aber auch gleichzeitig unter verschiedenen Blickwinkeln. Als einer der ersten erkannte er, dass Computer einen großen Einfluss auf die Unternehmenswirtschaft haben werden, er sah aber auch deren Grenzen. Für ihn waren sie „elektronische Trottel" und niemals in der Lage, Managern die eigentlichen Entscheidungen abzunehmen.

Drucker konstatierte Informationsrevolutionen als Meilensteine der historischen Entwicklung, durch die sich verschiedene Epochen voneinander abgrenzen ließen. Die vierte Informationsrevolution hat bereits ihre Vorläufer, aber sie wird sich erst in vollkommen neuen Branchen auswirken. Wir können nicht vorhersehen, was das für Branchen und Aktivitäten sein werden und es kann zwanzig Jahre dauern, bis sich nach vielen Mühen und harter Arbeit die Dinge herauskristallisieren. Schließlich stellte Drucker erneut eine der Grundthesen seines Gesamtwerkes heraus, dass Menschen wichtiger sind als Technologien. Firmen und Organisationen, die in der Zukunft führend sein werden, werden diejenigen sein, die ihre Top-Leute nicht mit Aktienoptionen und anderen finanziellen Vorteilen zu ködern und zu halten wissen, sondern die aus Angestellten Partner machen.

Kapitel 14

Die wichtigste Aufgabe einer Führungskraft

„Ein Unternehmen muss in der Lage sein, einen Sturm vorherzusehen, ihm zu trotzen und ihm sogar vorauszueilen."

In vielen seiner Bücher hat Drucker mehr als deutlich gemacht, dass Manager bereit und in der Lage sein müssen, vorausschauend und vorbeugend mit drohendem Ungemach umzugehen. „Führung ist ein Schlecht-Wetter-Job", verkündete Drucker 1990, einer seiner apodiktischen Sätze, so wie er mir erklärt hatte: „Krankenhäuser lieben den Ausnahmezustand." Krisen und Ausnahmezustände sind aber nicht auf die Unfallstation in einem Krankenhaus beschränkt. „Die wichtigste Aufgabe der Unternehmensleitung ist es, Schwierigkeiten vorauszusehen. Vielleicht lassen sie sich nicht vermeiden, aber man muss sie voraussehen. Wenn man abwartet, bis die Krise zuschlägt, hat man versagt", meinte Drucker.

Während unseres Mittagessens lenkte Drucker das Gespräch auf eines seiner Lieblingsthemen: die gemeinnützigen Organisationen. Das war ein

Thema, auf das ich nicht vorbereitet war, da ich nie vorgehabt hatte, ein Buch über die Manager solcher Organisationen zu schreiben. Offen gestanden hatte ich mir immer vorgestellt, dass eine gemeinnützige Organisation leichter zu managen sei als ein Firmenbereich oder ein ganzes Unternehmen, das gewinnorientiert arbeiten muss. Zwei Dinge wurden mir schnell klar: Erstens war dies ein Thema, das Drucker regelrecht beflügelte, und zweitens kann man aus den Lektionen, die für gemeinnützige Organisationen gelten, auch viel für die Manager von Wirtschaftsunternehmen ableiten.

Wie bereits im dritten Kapitel erwähnt, arbeitete Drucker bereits seit den frühen 50er-Jahren als Berater für gemeinnützige Organisationen. Zu seinen Klienten zählten etwa die Hilfsorganisation CARE (bekannt durch die CARE-Pakete), die Heilsarmee, das amerikanische Rote Kreuz, der Navajo Tribal Council (die gesetzgebende Versammlung des Navajo-Stammes), die Gesundheitsorganisation American Heart Association (deren Schwerpunkt die Nothilfe bei Herzerkrankungen ist) sowie die Episcopal-Kirche in La Verne in Kalifornien, der Drucker selbst angehörte. Für diese Beratertätigkeiten verzichtete er oftmals auf Honorare.

Während der 1980er-Jahre spürte Drucker, dass gemeinnützige Organisationen seinen Rat und seine Managementerfahrung sogar noch dringender benötigten als gewinnorientierte Unternehmen. Dafür gab es zwei Gründe: Zunächst einmal, so sagte er zu mir, „haben zu viele dieser Organisationen, vor allem die größeren, keine klar formulierte Aufgabenstellung". Aber der zweite Punkt gab ihm noch sehr viel mehr zu denken. „Das zentrale Problem bei den gemeinnützigen Organisationen besteht darin, dass sie einfach keine Orientierungslinie haben. Zwar ist der Gewinn, der bei Wirtschaftsunternehmen am Ende herausschauen muss, auch nur ein ziemlich grobschlächtiger Maßstab, aber die Orientierung, die er bietet, sorgt doch für ein gewisses Mindestmaß an Disziplin."

An dieser Stelle hielt ich Drucker einen seiner eigenen Kernsätze entgegen: „Innerhalb einer Firma existieren keine Profitcenter, sondern nur Kostencenter, also Kostenstellen."

„Es ist sogar noch schlimmer", erwiderte Drucker sofort. Dazu erläuterte er mir, dass gemeinnützige Organisationen, wenn sie nicht die gewünschten Ergebnisse erzielten, sich einfach noch mehr reinhängen und immer wieder in der gleichen Weise weitermachen würden. Das gälte besonders für die kleineren, lokalen Organisationen. „Mit anderen Worten, sie können sich nicht von erwiesenermaßen erfolglosen Projekten oder Methoden trennen. Stattdessen verschleißen sie ihre besten Leute dort, wo es nichts zu gewinnen gibt oder keine Ergebnisse erzielt werden." „Sie verschleißen ihre besten Leute dort, wo es nichts zu gewinnen gibt" ist ein typisch Drucker'scher Kernsatz und ein wichtiger konzeptioneller Grundgedanke, der sowohl für Wirtschaftsunternehmen als auch für gemeinnützige Organisationen gilt.

Ein Schlecht-Wetter-Job

Selbstverständlich war sich Drucker darüber im Klaren, dass gemeinnützige Organisationen unter anderen Voraussetzungen und mit anderen Zielsetzungen arbeiten als Wirtschaftsunternehmen. Gleichwohl erkannte er als einer der Ersten, dass auch sie professionell gemanagt werden müssen. Er erzählte mir, dass die Reporter vom Fernsehen oder von den Zeitungen, die ihn zu diesem Thema interviewten, wie selbstverständlich davon ausgingen, er würde nur deswegen von den gemeinnützigen Organisationen engagiert, weil er ihnen beim Fundraising weiterhelfen sollte. Drucker wies das zurück. „Ich kümmere mich um ihre Zielsetzung, ihre Führungskonzeption, ihr Management." Darauf erwiderte ein Reporter einmal: „Aber das ist doch nichts anderes als Unternehmens-Management, oder?" Darin kommt eine gewisse Skepsis von Journalisten zum Ausdruck, die davon ausgehen, dass gemeinnützige Organisationen so etwas wie einfach gestrickte Unternehmen seien, die lediglich Geldspritzen benötigen, um überleben zu können.

Drucker belehrte sie diesbezüglich eines Besseren: „Gemeinnützige Organisationen benötigen vor allem anderen ein professionelles Management, eben weil sie keine Gewinnorientierung als rudimentäre Orientierung haben. Sie wissen inzwischen, wie sie professionelles Management als ein Führungsinstrument wahrnehmen müssen, sonst gerät bei ihnen alles aus den Fugen. Sie haben verstanden, dass sie ein Management brauchen, damit sie sich auf ihre Aufgaben, auf ihre Mission konzentrieren können."

Diese Überlegungen veranlassten Drucker schließlich dazu, das Buch *Managing the Non-Profit-Organisation* (1990) zu schreiben. Aus offensichtlichen Gründen wurde es von den Führungskräften in Wirtschaftsunternehmen nicht recht wahrgenommen. Damit ist den meisten Managern aber einer von Druckers überzeugendsten Texten zum Thema Führung entgangen, ein Kapitel, das die Überschrift „Führung ist ein Schlecht-Wetter-Job“ trägt. Die meisten Zitate in diesem Kapitel stammen aus diesem oft übersehenen Buch.

Wenn der Markt wächst, wachse mit

Ironischerweise ist gerade der Erfolg eine der maßgeblichen Ursachen für eine Krise. „Die Probleme, die sich aus Erfolg ergeben, haben mehr Unternehmen in den Ruin getrieben als Probleme, die sich aus echten Problemen ergeben. Wenn in einer Firma etwas schiefläuft, dann weiß jeder, dass er anpacken muss“, schrieb Drucker. „Erfolg hingegen bringt seine eigene Art von Euphorie hervor. Man schöpft seine Ressourcen aus. Und die Leute ruhen sich auf dem Erfolgspolster aus. Dagegen anzukämpfen ist vielleicht das Schwierigste von allem.“

Drucker führte seine eigene Laufbahn als anschauliches Beispiel an. Er verließ die New York University nach 20 Jahren, weil man an der dortigen Wirtschaftsfakultät (sie nennt sich heute Stern School of Business) beschlossen hatte, auf die steigende Nachfrage einer stetig wachsenden Studentenzahl mit Kürzungen und Einsparungen zu reagieren statt mit einer Ausweitung des Angebots. Die Fakultät beschwor mit der Entscheidung, nicht zu expandieren, ihre eigene Krise herauf, obwohl das angesichts des Marktumfeldes leicht zu vermeiden gewesen wäre.

Als Drucker in Claremont in Kalifornien unter dem Dach der dortigen Universität seine eigene Managementschule aufbaute, gab er sich große Mühe, alles richtig zu machen. „Ich habe dafür gesorgt, dass wir uns nicht übernehmen. Ich habe sorgfältig darauf geachtet, dass wir die Fakultät klein, aber fein, sprich: auf hohem Niveau, halten, uns gegebenenfalls mit Gastprofessoren, Lehrbeauftragten und Zeitkräften behelfen und eine wirkungsvolle Verwaltung aufbauen. Dann können wir das Ganze mit Erfolg betreiben. Wenn der Markt wächst, muss man mitwachsen, sonst wird man marginalisiert.“

Die wichtigsten Führungskompetenzen

Damit ein Unternehmen oder eine Organisation Erfolg hat – und zwar *dauerhaften* Erfolg – muss die Führungsspitze in der Lage sein, einem heraufziehenden Sturm immer einen Schritt voraus zu sein. In Druckers Terminologie bedeutet das „Innovation, ständige Erneuerung".

„Größere Katastrophen lassen sich ohnehin nicht abwenden", erklärt Drucker dazu, „aber man kann eine Organisation so aufbauen, dass sie jederzeit kampfbereit ist und immer eine hohe Einsatzbereitschaft zeigt. Wenn eine Krise überstanden ist, wissen alle, wie sie sich verhalten müssen, sie wissen um ihr Selbstvertrauen und dass sich alle aufeinander verlassen können. Bei der militärischen Ausbildung ist die Herstellung eines Vertrauensverhältnisses zwischen den Soldaten und ihren Offizieren das oberste Ziel, denn ohne dieses Vertrauen würde keiner kämpfen."

Drucker umriss auch den entgegengesetzten Führungstypus. Er meint, nicht jeder fürchte sich vor Krisen: „Es gibt Menschen, die sind auf Krisen wunderbar vorbereitet. Sie hassen alles andere."

Ein anschauliches und bekanntes Beispiel für eine Führungsfigur, die sich unter enormem Druck glänzend bewährte, ist für Drucker der englische Kriegspremier Winston Churchill. Drucker hält Churchill für einen der erfolgreichsten politischen Führer des 20. Jahrhunderts. Aber in den zwölf Jahren vorher, von 1928 bis zu Dünkirchen 1940, sei Churchill bestenfalls ein Zuschauer gewesen, er sei sogar „beinahe diskreditiert" gewesen. (Churchills erster Erfolg kurz nach seiner Amtsübernahme im Mai 1940 war die erfolgreiche Evakuierung der von den Deutschen eingekesselten, über 300 000 Mann starken britischen Armee über den Ärmelkanal in der Schlacht von Dünkirchen.) „Bis dahin", sagt Drucker, „bestand eben kein Bedarf für einen Churchill."

Als das politische Unheil in Europa seinen Lauf nahm und England 1939 keine andere Wahl mehr hatte, als gegen Deutschland in den Krieg einzutreten, erschien Churchill als überragende, entscheidende Figur auf der Weltbühne. Er war genau das, was sein Land in jener Zeit dringend benötigte, da er nun den „Sieg um jeden Preis" forderte und England unter „Blut, Schweiß und Tränen" zum Durchhalten gegen Hitler anfeuerte.

(Die Bewunderung war keineswegs einseitig. Winston Churchill sagte einmal: „Was mich an Peter F. Drucker wirklich beeindruckt hat, ist seine Fähigkeit, unser Denken positiv zu stimulieren. Außerdem rezensierte Churchill Druckers erstes Buch *The End of Economic Man* sehr positiv in *The Times Literary Supplement* vom 27. Mai 1939.)

Drucker stellte ferner fest: „Unglücklicherweise oder auch glücklicherweise erlebt jedes Unternehmen und jede Organisation Krisen. Das kommt mit Sicherheit. Dann hängt *wirklich* alles von der Unternehmensleitung ab."

Nach Druckers Ansicht sind Führungsfiguren vom Kaliber eines Churchill rar gesät. „Aber glücklicherweise gibt es noch genügend andere. Das sind diejenigen, die eine bestimmte Situation vorfinden und sich sagen: Dafür bin ich nicht eingestellt worden oder das habe ich so nicht erwartet. Aber ich habe eine Aufgabe zu erfüllen – und dann rollen sie die Ärmel hoch und machen sich an die Arbeit."

„Für jede große Führungsfigur gibt es einen Moment, wenn ihre Zeit gekommen ist. So tiefgründig wahr diese Feststellung ist – ganz so einfach ist die Sache doch nicht", schrieb Drucker. „In normalen, friedlichen und geordneten Zeiten wäre Winston Churchill nicht besonders effektiv gewesen. Er brauchte die Herausforderung. Dasselbe gilt für den amerikanischen Präsidenten Franklin D. Roosevelt, der eigentlich ein ziemlicher Faulpelz war. Ich glaube nicht, dass Roosevelt in den 20er-Jahren ein guter Präsident gewesen wäre. Das hätte ihm keine Adrenalinstöße versetzt.

Auf der anderen Seite gibt es Menschen, die Vorbildliches leisten, wenn alles routinemäßig abläuft, die aber mit dem Stress einer Ausnahmesituation nicht zurechtkommen. Die meisten Unternehmen brauchen Menschen, die unabhängig von den jeweiligen Umständen Führungsstärke zeigen. Worauf es ankommt, ist, dass sie in grundlegenden Kompetenzen funktionieren", gab Drucker zu bedenken. Drucker hatte klare Vorstellungen davon, welche Führungseigenschaften in guten wie in schlechten Zeiten gebraucht werden, und er benannte folgende Kompetenzen:

- **„Die Bereitschaft, die Fähigkeit und die Selbstdisziplin, zuhören zu können" steht auf Druckers Rangliste der wichtigsten Kompetenzen eines „sturmerprobten Führers" ganz oben.**
  „Das kann jeder", bestätigte er. „Sie müssen einfach Ihren Mund halten."

- **Die nächste Kompetenz „ist die Bereitschaft zu kommunizieren, sich eindeutig verständlich zu machen".**
  „Dafür braucht man unendlich viel Geduld. Da werden wir es nie weiter bringen als ein Liebhaber, der seine Angebetete belagert", schrieb Drucker ganz ehrlich. „Man muss es immer wieder sagen. Und man muss vorführen und zeigen, was man meint."

- **Die dritte Kompetenz ist, „für sich selbst keine Ausreden gelten zu lassen".**
  Drucker verlangt von einer wetterfesten Führungspersönlichkeit, dass sie sich vor allem darum kümmert, was nicht funktioniert, und immer auf den höchstmöglichen Anforderungen und Standards insistiert: „Entweder machen wir eine Sache perfekt oder wir lassen es bleiben."

- **Die letzte Kompetenz ist das „Verständnis dafür, wie unbedeutend man selbst ist im Vergleich zu der Aufgabe".**
  „Führungspersönlichkeiten brauchen eine gewisse Distanz", meinte Drucker. „Sie ordnen sich der Aufgabe unter, sie identifizieren sich nicht damit. Die Aufgabe ist immer größer als sie selbst und sie ist natürlich auch anders." Der schlimmste Vorwurf, den man Druckers Ansicht nach einer Führungsperson machen kann, ist der, dass ihr Unternehmen auseinanderfalle, sobald sie dieses verlasse. „Dann hat er oder sie nichts erreicht. Diese Leute haben vielleicht das Alltagsgeschäft gut im Griff, aber sie haben nichts Dauerhaftes, nichts Visionäres geschaffen." Führungspersonen müssen lernen, sich als Diener der Aufgaben zu verstehen, die im Sinne ihres Unternehmens erfüllt werden müssen.

Drucker war der Meinung, dass kleinliches Denken und übergroße Ich-Bezogenheit die schlimmsten Feinde wirkungsvoller Führerschaft seien. Noch einmal bemühte er die Gegenüberstellung von Churchill und Roosevelt, um unterschiedliche Führungstypen deutlich zu machen. Seiner Ansicht nach lag eine der großen Stärken von Winston Churchill darin, dass er selbst noch im hohen Alter von über neunzig die Karrieren von Nachwuchspolitikern gefördert hatte (was Drucker mit dem Nachwuchs ebenfalls tat). „Das ist ein typisches Kennzeichen für eine wirklich starke Führungspersönlichkeit, die sich von anderen starken Charakteren nicht bedroht fühlt. Roosevelt hingegen duldete vor allem in seinen letzten Jahren nur noch Ja-Sager neben sich, also niemanden, der auch nur kleine Anzeichen von Unabhängigkeit zeigte", schrieb Drucker. Das war eine für Druckers Verhältnisse wagemutige, weil heftig umstrittene Aussage. Schließlich war Roosevelt einer der beliebtesten amerikanischen Präsidenten des 20. Jahrhunderts und zweifellos eine Führungspersönlichkeit mit bemerkenswerten Stärken.

Erworbene Führungsfähigkeiten

In seinem Artikel über Führung als Schlecht-Wetter-Job und über dementsprechend wetterfeste Führungspersönlichkeiten stellte Drucker ferner die „geborenen Anführer" solchen gegenüber, die ihre Fähigkeiten sozusagen „on the job" gelernt haben. „Die meisten Führungspersönlichkeiten, die ich kennengelernt habe, wurden weder als solche geboren noch dazu gemacht. Sie haben es sich selbst beigebracht, Führungsperson zu sein. Wir benötigen viel zu viele Menschen mit Führungsqualitäten, als dass wir uns nur auf Naturtalente verlassen könnten." Um ein Beispiel für eine Führungspersönlichkeit zu geben, die weder von Natur aus talentiert war noch dementsprechend ausgebildet wurde, sondern sich von selbst dazu entwickelte, verweist Drucker besonders gerne auf Harry S. Truman, der von 1945 bis 1953 amerikanischer Präsident war. (Truman kam als Vizepräsident durch den unerwarteten Tod von Präsident Roosevelt kurz vor Ende des Zweiten Weltkrieges ins Amt. In seine Präsidentschaft fielen der Abwurf der ersten Atombombe, die Verhandlungen der Siegermächte auf der Konferenz in Potsdam mit der Folge der Teilung Europas, der Beginn des Kalten Krieges, der Marshall-Plan, die Berlinkrisen (Berliner Blockade und Luftbrücke), die Anerkennung des Staates Israel, die Gründung der Nato und der Beginn des Koreakrieges.

„Als Truman Präsident wurde, war er vollkommen unvorbereitet", erklärt Drucker. Truman sei von Roosevelt nur deswegen als Vizepräsident ausgewählt worden, weil Roosevelt das Gefühl hatte, Truman stelle keine Bedrohung für ihn dar. Drucker zeigte sich unter anderem beeindruckt von der in den USA sprichwörtlich gewordenen Einstellung zur eigenen Verantwortung: Trumans Satz *„The buck stops here“* bedeutet im Deutschen sinngemäß: Wir müssen endlich damit aufhören, den Schwarzen Peter weiterzugeben. Viel wichtiger war allerdings, dass Truman, der bei Amtsantritt über keinerlei außenpolitische Erfahrung verfügte, schnell verstand, dass das Hauptaugenmerk seiner Politik jenseits der amerikanischen Grenzen liegen musste, bei den internationalen Fragen. Er stellte eben die – laut Drucker – alles entscheidende Frage „Was muss jetzt getan werden?“

„Er unterzog sich selbst einem Schnellkurs in Sachen Außenpolitik und zwang sich gegen seinen inneren Widerstand dazu, diese für ihn neuen Aufgaben anzupacken.“

Truman war nicht die einzige Führungspersönlichkeit in Amerika, der Drucker großen Respekt zollte. Auch wenn er General Douglas MacArthur für entsetzlich eitel hielt, sah er in ihm dennoch einen der letzten großen Strategen und einen „brillanten Mann“. Aber seine Hauptstärke lag weder in seiner Intelligenz noch in seinen strategischen Fähigkeiten. „MacArthur hat ein nie wieder erreichtes Team um sich versammelt, weil er die Aufgaben an die erste Stelle rückte“, meint Drucker. Eines seiner Erfolgsgeheimnisse lag darin, dass er fähig war, Lagebesprechungen auf eine Weise zu führen, die jeder Faser seines Naturells widersprach.

Trotz seines übergroßen Egos brachte der General die Disziplin auf, sich bei jeder Besprechung anzuhören, was auch noch der letzte kleine Stabsoffizier zu sagen hatte. Für einen Mann wie MacArthur war dies eine zermürbende Prozedur, die seinem innersten Wesen ganz konträr war, aber er zwang sich dazu, weil er wusste, dass der Erfolg seiner Einheiten davon abhing. Drucker war davon überzeugt, dass dies der Schlüssel zu MacArthurs militärischen Erfolgen gegenüber eigentlich überlegenen Gegnern war.

Der Schlüssel zum Erfolg liegt in der Ausgewogenheit

Nach Druckers Ansicht besteht eine der wichtigsten Herausforderungen für Führungskräfte darin, immer die richtige Balance zwischen zu vorsichtig und zu impulsiv zu finden. Drucker sagte von sich selbst, er sei einer von denen, die Resultate immer zu früh erwarten. Um dem entgegenzuwirken, senkte er seine Erwartungen: „Wenn ich irgendein Ergebnis eigentlich innerhalb von drei Monaten erwartete, zwang ich mich dazu, mir zu sagen, gib der Sache fünf Monate Zeit. Aber ich habe auch schon Leute erlebt, die sagen drei Jahre, wenn es eigentlich drei Monate sein müssten. Wie immer, wenn es um aristotelische Weisheit geht – das oberste Gebot lautet: ‚Erkenne dich selbst'. Erkenne deine eigenen Schwachstellen."

Drucker beobachtete, dass Unternehmen öfter durch zu große Vorsicht und Unentschlossenheit Einbußen erlitten als durch Unbesonnenheit oder Risikobereitschaft. „Vielleicht fällt mir das deshalb besonders auf, weil ich selbst so übervorsichtig war, wenn ich bei der Leitung eines Unternehmens in der Verantwortung oder in der Mitverantwortung stand. Dann habe ich keine Risiken, vor allem keine finanziellen Risiken, auf mich genommen, obwohl man es hätte tun sollen", sagte Drucker zu mir.

Er war der Meinung, dass man zwischen Chance und Risiko zu einer ausgewogenen Entscheidung kommen müsse. Die erste Frage, die man sich stellt, lautet: Kann die Entscheidung zur Not rückgängig gemacht werden? Wenn man diese Frage bejahen kann, kann man in der Regel durchaus beträchtliche Risiken eingehen. „Als Nächstes", erklärte Drucker, „stellt man sich die Frage, können wir uns dieses Risiko leisten?" Ein Manager kann selbstverständlich kein Risiko eingehen, das die Firma die Existenz kostet. Kleinere Einbußen sind hinnehmbar, aber die Zukunft eines Unternehmens darf man nicht dadurch aufs Spiel setzen, dass sich eine Entscheidung als falsch erweist.

Eine besonders schwierige Situation für Manager entsteht immer dann, wenn man etwas befürworten will, das zwar große Risiken birgt, wo die Chancen aber zu verlockend sind, um die Gelegenheit vorbeiziehen zu lassen. Drucker erzählte dazu eine Anekdote aus seinem persönlichen Leben, um die Situation zu erläutern. Er war einmal Mitglied im Verwaltungsrat eines Museums, dem eine große, aber auch teure Kunstsammlung angeboten wurde. Der Preis überstieg die finanziellen Möglichkeiten des Museums bei weitem. Dennoch erhielt das Museum die Chance, ein Kaufangebot abzugeben. Als die übrigen Verwaltungsratsmitglieder Drucker fragten, was man nun machen solle, antwortete er: „Hol's der Teufel, wir kaufen. Das ist die erste und letzte Chance, die wir haben. Wenn wir die Sammlung erwerben, werden wir ein erstklassiges Museum. Irgendwie werden wir das Geld schon aufbringen."

Als ich *Managing the Non-Profit-Organisation* nach meinem Interview mit Drucker wieder las, fielen mir zwei Dinge ganz besonders auf. Erstens war dies eines der ganz wenigen Bücher Druckers, in denen er sich selbst ein wenig öffnete und, wie in seiner Autobiografie, kleine persönliche Geschichten und Anekdoten preisgab. Und seine Autobiografie bezeichnete er bekanntlich nicht als Autobiografie. (Im Epilog werde ich noch etwas dazu sagen, was zur Klärung dieses Sachverhalts beiträgt.)

Zweitens fiel mir auf, dass er trotz seines Hangs zur Selbstverleugnung doch selbst mehr Manager war, als er zugab. Er hat mir gegenüber stets betont, dass er nie etwas *gemanagt* habe, dass er über keine eigenen „internen Managementerfahrungen" verfüge. Aber er hat die Peter F. Drucker Graduate School of Management an der Claremont Graduate University erfolgreich aufgebaut und geleitet. Außerdem hat er im Verlauf vieler Jahre Hunderten von Firmen und gemeinnützigen Organisationen bei konkreten Entscheidungsfindungen beigestanden. Als er sich selbst als den „schlechtesten Manager der Welt", der über „keinerlei Erfahrung" verfüge, bezeichnete, hat er ziemlich untertrieben – um das Mindeste zu sagen. Als Lehrer, Berater und Mentor hat Drucker bei mehr Entscheidungen eine Schlüsselrolle gespielt als die meisten Vorstandsvorsitzenden in ihrem ganzen Leben.

Die wichtigste Aufgabe einer Führungskraft

Einer der größten Fehler, der sowohl bei Wirtschaftsunternehmen wie bei gemeinnützigen Organisationen vorkommt, besteht darin, dass sie „ihre besten Leute dort verschleißen, wo es nichts zu gewinnen gibt". Dieser Fehler kann eine Krise heraufbeschwören, wenn man nichts dagegen unternimmt. Es hört sich wie eine Selbstverständlichkeit an, aber die Ressource Mensch wird allzu leicht vergeudet. Um sicherzustellen, dass Sie nicht denselben Fehler begehen, stellen Sie am besten eine Liste Ihrer wichtigsten Mitarbeiter zusammen und notieren die Ergebnisse, die jeder Einzelne innerhalb des vergangenen Jahres erzielt hat. Sind Ihre besten Leute mit Aufgaben beschäftigt, bei denen sie ihre Möglichkeiten ausschöpfen und die besten Chancen wahrnehmen können? Oder werden Ressourcen damit vergeudet, dass Ihre besten Mitarbeiter ständig Brandherde löschen müssen?

Unabhängig davon, wie effektiv ein Unternehmensleiter seine Firma führt, gerät jedes Unternehmen irgendwann in eine Krise. Dann ist der Zeitpunkt gekommen, dass eine Führungskraft in Aktion treten muss. Dazu gehören mit Sicherheit Maßnahmen, die nicht von Stellenbeschreibungen gedeckt sind, aber in einer Krise beschäftigt man sich nicht mit Memos und Berichten. Stattdessen muss gehandelt werden. Dabei sollte eine Führungsperson über folgende wichtige Fähigkeiten verfügen: den Mitarbeitern mit großer Selbstdisziplin zuhören können; die Bereitschaft, ausgiebig zu kommunizieren und sich wirklich verständlich zu machen; die Bereitschaft, Verantwortung zu übernehmen und sich vor nichts zu drücken; und die Bereitschaft, das Wohl und die Ziele des Unternehmens über die eigenen zu stellen.

Drucker betonte stets, dass die stärksten Führungspersönlichkeiten die Stärke ihrer Mitarbeiter nicht fürchten, sondern fördern. Und schließlich gehen sie bei der Entscheidungsfindung mit Augenmaß vor. Sie gehen kalkulierte Risiken ein, aber sie setzen nicht wie bei einer Wette die Zukunft der ganzen Firma aufs Spiel. Die einzige Ausnahme könnte eine einmalige Chance sein, die sich eine Firma nicht entgehen lassen darf, wie an dem Beispiel mit dem Museum gezeigt wurde.

Kapitel 15
Ein Schnellkurs in Innovation

„In vielen Unternehmen besteht die Tendenz, Überkommenes, Überholtes, unproduktiv Gewordenes nicht abzuschaffen; im Gegenteil, sie halten daran fest und verschwenden weiter Geld damit. Noch schlimmer ist es, wenn die fähigsten Leute, die man hat, damit beauftragt werden, etwas Überholtes zu ‚retten.' Das ist eine echte Vergeudung der knappsten und wertvollsten Ressource, die es gibt; die Menschen, ihr Wissen und ihre Arbeitskraft sollten lieber in zukunftsgerichtete Projekte investiert werden, falls die Firma eine Zukunft haben soll."

Peter Drucker war der erste Wirtschaftsautor, der Innovation in den Mittelpunkt des Managementhandelns stellte. Im Vorwort zu seinem 1985 speziell zu diesem Thema erschienenen Buch *Innovation and Entrepreneurship* (dt.: Innovations-Management für Wirtschaft und Politik, 1985) stellte er fest, dass Wirtschaftsautoren erst in den vergangenen Jahren – er meinte die frühen 80er-Jahre – damit begonnen hätten, „Innovation und Wirtschaftshandeln mehr Aufmerksamkeit zu widmen". Er wies ferner darauf hin, dass sein Buch „den ersten Versuch darstellt, das Thema in seiner Gesamtheit und in systematischer Form darzustellen".

Zu dem Zeitpunkt, als das Buch erschien, hatte Drucker sich als Autor, Berater und akademischer Lehrer bereits dreißig Jahre lang mit diesem Thema befasst. Doch er sagte zu mir, dass er erst dann ein wirklich überzeugendes Werk ausschließlich zu diesem Thema schreiben konnte, als er selbst dafür reif war. Er erklärte mir in diesem Zusammenhang, dass er seine Beratertätigkeit sozusagen als „Labor" betrachtete; da die einzelnen Beraterauftrage aber sehr unterschiedlich waren, machte es die Sache nicht leichter. Weil es keine zwei Unternehmen oder Organisationen gab, die gleich waren, war es schwierig, Schlussfolgerungen zu ziehen, die für alle Unternehmen Gültigkeit hatten. „Es dann in Form eines Buches zu bringen, ist erst der letzte Akt, wenn Sie so wollen", sagte er zu mir. „Wenn ich mich hinsetze und es schreibe, muss das Problem vorher wirklich durchdacht und nach Möglichkeit in der Praxis auch schon erprobt sein."

Drucker hellte diesen Hintergrund mir gegenüber noch weiter auf. So sagte er mir, dass er sein erstes Seminar zum Thema Innovation bereits irgendwann im Jahr 1958 abgehalten habe und dieses Seminar letztendlich den Anstoß zur Gründung von rund einem halben Dutzend größerer Unternehmen gegeben habe. Das in Amerika bekannteste von ihnen ist Donaldson, Lufkin & Jenrette, eine 1959 gegründete Investmentbank. Ein anderer Manager, der an dem Seminar teilnahm, war damals der Vertriebsleiter der bereits „sterbenskranken" Zeitung *Saturday Evening Post*, der später die Zeitschrift *Psychology Today* gründete. Drucker ließ sich dann aber fünfundzwanzig Jahre lang Zeit, bis er ein Buch zu dem Thema schrieb, weil er noch nicht so weit war, „damit ausreichend vertraut zu sein". Er hatte es noch nicht genug getestet.

Es ist kein Zufall, dass dieses Kapitel auf das vorhergehende mit dem Thema Krisenmanagement folgt. Drucker sah in Innovation einen wesentlichen Faktor zur Vermeidung von Krisen und zur Gesunderhaltung eines Unternehmens. Selbstzufriedenheit und Selbstbezogenheit eines Unternehmens waren in seinen Augen die größten Feinde von innovativen Ansätzen. Das wurde bereits in allen seinen Managementbüchern seit *Die Praxis des Managements* deutlich.

In diesem Kapitel wird auch dargestellt, welche profunden Beiträge zwei jüngere Autoren, der Praktiker Andy Grove und der bekannte Professor und Unternehmensberater Clay Christensen, zum Thema Innovation gemacht haben. Beide stehen dabei ganz in der Tradition, die Drucker in den 1950er-Jahren begründet hat.

Die Zukunft verwirklichen

Kein Buch, das Druckers Denken umfassend darstellen möchte, würde seinem Anspruch gerecht, ohne das Thema Innovation zu behandeln. Er verwendete sehr viel Mühe darauf, Managern beizubringen, wie die Dinge waren, wie sie sein könnten und wie sie sein sollten. Für ihn war die aktive Aufgabe von Projekten eine Voraussetzung für Innovationen. Unternehmen, die es nicht schaffen, sich von Produkten zu verabschieden, „bevor diese sich von selbst obsolet machen", haben keine Chance, Innovationen tatsächlich zu verwirklichen.

Seiner Ansicht nach reiben sich Manager zu sehr in dem Alltagskleinkram ihrer Firmen auf. „Die Zukunft kommt unausweichlich", schrieb er, „und sie sieht immer anders aus als gedacht. Selbst die größten Unternehmen geraten in Schwierigkeiten, wenn sie sich auf diese Zukunft nicht eingestellt haben. Die Folge wird dann nämlich sein, dass sie ihren Rang und ihre führende Stellung verlieren – alles, was bleibt, sind gewaltige Unkosten ... Wer nicht das Wagnis eingeht, etwas Neues zu verwirklichen, wird zwangläufig mit dem viel größeren Risiko konfrontiert, auf dem falschen Fuß erwischt zu werden, wenn es dann von selbst eintritt ... Und das ist ein Risiko, das sich die größten und reichsten Unternehmen nicht leisten können und das auch den kleinsten Firmen erspart bleiben kann."

„Die Führungsspitze eines Unternehmens trägt die Verantwortung dafür, die Zukunft ihres Unternehmens zu verwirklichen", fuhr Drucker fort. „Es geht um die Bereitschaft, diese Aufgabe gezielt anzupacken, die eigentliche wirtschaftliche Aufgabe in Unternehmen, die wirklich großartige Firmen von den lediglich gut funktionierenden unterscheidet und den unternehmerischen Unternehmer vom bloßen Nachtwächter in der Managementetage."

Was soll unser Geschäftszweck sein?

Drucker legte seine Forderung, zuallererst den Geschäftszweck zu definieren, und seinen Hinweis auf den Primat des Kunden erstmals Mitte der 50er-Jahre in seinem ersten großen Hauptwerk *Die Praxis des Managements* nieder: „Der Kunde bildet die Grundlage jedes Unternehmens und erhält es am Leben."

„Weil es der Sinn und Zweck eines Unternehmens ist, Kunden zu schaffen", fuhr Drucker fort, „hat ein Wirtschaftsunternehmen zwei - und nur diese zwei - Grundfunktionen: Marketing und Innovation. Das sind die wesentlichen unternehmerischen Tätigkeiten ... Ein Wirtschaftsunternehmen unterscheidet sich insofern von allen anderen gesellschaftlichen Organisationen, als es ein Produkt oder eine Dienstleistung vermarktet."

„Die zweite unternehmerische Funktion ist daher die Erneuerung. Um wirklich ein Unternehmen zu sein, genügt es nicht, einfach nur irgendwelche Güter oder Dienstleistungen anzubieten und zu verteilen. Diese müssen vielmehr laufend verbessert werden und auch ökonomischer sein. Ein Unternehmen muss nicht unbedingt größer werden. Aber es ist unabdingbar notwendig, besser zu werden."

Drucker sagte zum Beispiel, dass auch ein niedrigerer Preis bereits eine Innovation sein könne. „Das kann aber genauso gut ein neues und besseres Produkt sein (selbst zu einem höheren Preis), es kann ein verbesserter Bedienungskomfort sein oder die Schaffung eines neuen Bedürfnisses. Es kann auch eine neue Verwendung für ein bereits existierendes Produkt sein."

Bereits in dieser frühen Phase seiner Laufbahn betrachtete Drucker Innovation als ein Prinzip, von dem das ganze Unternehmen zutiefst durchdrungen sein muss, und nicht als ein separates „Projekt", mit dem eine oder mehrere Führungskräfte beauftragt werden. „Innovation erstreckt sich auf alle Bereiche eines Unternehmens ... Innovation betrifft sämtliche Formen von Unternehmen. Selbst innerhalb der konkreten Organisation, also praktisch im Organisationsplan jeder einzelnen Firma darf man Innovation nicht als Spezialaufgabe etwa nur dem Marketing zuweisen.

Es ist so unendlich schwierig festzustellen, was beim Konsumenten letztlich den Ausschlag für seine Wert- (und Kauf-)Entscheidung gibt, dass diese Frage nur der Kunde selbst beantworten kann. Das Management braucht darüber gar nicht erst Vermutungen anzustellen – man sollte mit dieser Frage immer zum Kunden gehen und sie sich systematisch beantworten lassen."

Drucker vertrat den Standpunkt, dass sich das Management auch stets die Frage stellen muss: „Was soll unser Geschäftszweck sein?" Die Beantwortung dieser Frage hängt von den folgenden vier Faktoren ab:

- **Wie sehen das Marktpotenzial und die Trends im Markt aus?**
  Das Management muss eine Voraussage für einen Zeitraum von fünf bis zehn Jahren über die Größe des Marktes treffen – „unter der Voraussetzung, dass keine grundlegenden Änderungen der Marktstruktur oder der Technologie stattfinden". Ein Manager muss konkret bestimmen können, welche Faktoren die Märkte in der Zukunft beeinflussen.

- **„Mit welchen Veränderungen der Marktstruktur muss man rechnen?**
  Das können Veränderungen sein, die sich durch gesamtwirtschaftliche Entwicklungen ergeben, Änderungen der Mode oder des Geschmacks oder durch die Aktivitäten der Konkurrenz." Und beim Stichwort „Konkurrenz" erinnerte Drucker die Manager stets daran, dass auch die Mitbewerber allein durch die Kundenwahrnehmung zu beurteilen seien (mit anderen Worten durch die Außenansicht, nicht die Innenansicht).

- **„Durch welche Innovationen können die Bedürfnisse der Konsumenten verändert werden?**
  Wie kann man neue Bedürfnisse schaffen, bisher bestehende obsolet machen, neue Wege der Bedürfnisbefriedigung finden, die Wertmaßstäbe der Kunden verändern oder ihnen eine größere Kundenzufriedenheit verschaffen?"

- **„Welche Bedürfnisse hat der Kunde, die bisher durch die angebotenen Produkte oder Dienstleistungen nicht ausreichend befriedigt werden?"**
  Dies ist eine ganz entscheidende Frage für jede Firma. Drucker war der festen Überzeugung, dass diejenigen Unternehmen, die diese Frage

richtig beantworten, mit gesundem Wachstum rechnen können. Diejenigen, denen das nicht gelingt, hängen von der Gnade und vom Glück äußerer Umstände und Faktoren ab, „wie etwa eine allgemein gute Konjunktur. Aber wer sich damit zufriedengibt, auf der Konjunkturwelle zu schwimmen, wird auch schnell abstürzen, wenn sich die Welle bricht."

Zu vielen Unternehmen fällt es schwer, sich zu entscheiden, wo sie wachsen wollen und wovon sie sich verabschieden sollen. Drucker sagte dazu im Jahr 1982: „Eine sinnvolle Wachstumspolitik muss in der Lage sein, zwischen gesundem Wachstum, Fett und krankhaften Wucherungen genau zu unterscheiden. In allen drei Fällen handelt es sich um Wachstum, aber es ist sicherlich nicht gleichermaßen erwünscht ... In Zeiten der Inflation ist ein Großteil des Wachstums pures Fett. Einiges kann sogar schon geschwürartig sein."

Drucker riet Managern stets, sich von marginalen Aktivitäten wohlüberlegt zu verabschieden. „Von den Profitbringern von gestern sollte man sich fast immer relativ zügig lösen", erklärte er. „Möglicherweise erwirtschaften sie zwar noch Nettoerlöse. Aber sie erweisen sich auch bald als Hindernis bei der Einführung und für den Erfolg der Profitbringer von morgen."

Nur mit neuen Ideen und dank bewusst vorangetriebener Innovation kann sich ein Unternehmen von der Meute absetzen. Sobald ein Unternehmen zurückfällt, wird es schnell gefährlich. Deshalb machte sich Drucker immer wieder dafür stark, dass Unternehmen „alten Ballast" über Bord werfen, selbst wenn das Boot damit noch recht gut fährt. Aber es kostet natürlich große Überwindung und erfordert rigide Disziplin, Produkte oder Dienstleistungsangebote abzuschaffen, die durchaus gesund und profitabel *erscheinen* oder wenigstens ihre Kosten einspielen, sprich, ihr Gewicht im Boot durch ihre Ruderkraft neutralisieren.

Die Innovation organisieren

Alle Organisationen und Unternehmen, die wachsen wollen, müssen sich dementsprechend organisieren, konstatierte Drucker 1990. Drucker wiederholte immer wieder, „dass der Ausgangspunkt dafür die Erkenntnis ist, dass der Wandel keine Bedrohung darstellt, sondern eine Chance bietet".

Das Wichtigste dabei ist, diejenigen Veränderungen zu erkennen, die eine echte Chance bieten, wie etwa unerwartete Erfolge eines Unternehmens.

Um diesen Punkt zu verdeutlichen, führte Drucker zwei Beispiele an: Das erste bezieht sich auf die explosionsartige Ausweitung der weiterführenden Bildung in den Vereinigten Staaten in den 80er-Jahren. Dabei handelte es sich in seinen Augen keineswegs um einen „Luxus" oder „eine Maßnahme, die zusätzliche Mittel oder ein gutes Image verspricht. Vielmehr handelt es sich um ein zentrales Anliegen unserer Wissensgesellschaft."

Das zweite Beispiel für Wandel und Veränderung, die Managern neue Chancen eröffnen, sind der demografische Wandel und die zunehmende Segmentierung der Bevölkerung, wie sie sich in den USA abzeichnen. In den späten 1970er-Jahren begriff man bei den Girl Scouts, dass die zunehmende Segmentierung der Bevölkerung ihrer Organisation neue Chancen eröffnete. Die Organisation stellte sich darauf ein und gewann mehr Mitglieder.

„Die Botschaft lautet hier, nicht tatenlos abzuwarten", mahnte Drucker. „Stellen Sie Ihre Organisation so auf, dass sie auf systematische Erneuerung vorbereitet ist. Halten Sie nach Anzeichen für Veränderungen aktiv Ausschau, sowohl drinnen wie draußen. Betrachten Sie solche Veränderungen als Hinweise auf Innovationschancen."

Um sicherzugehen, dass der Erneuerung oberste Priorität eingeräumt wird, muss die Unternehmensführung mit gutem Beispiel vorangehen. Die Herausforderung lautet, auf allen Ebenen eine auf Innovationen gerichtete Entscheidungskultur einzuführen und aufrechtzuerhalten; gleichzeitig muss gewährleistet sein, dass das operative Geschäft uneingeschränkt weiterlaufen kann, während sich der Wandel vollzieht. Drucker arbeitete mehrere Schritte heraus, damit dies geschehen kann.

„Als Erstes müssen Sie sich so organisieren, dass Sie die Gelegenheiten überhaupt wahrnehmen können. Wenn Sie nicht aus dem Fenster sehen, können Sie auch nichts erkennen." Das ist ein ganz entscheidender Punkt, weil alle Berichte, die von den IT-Abteilungen oder vom Rechnungswesen aufbereitet werden, nur die Vergangenheit abbilden; sie beziehen sich auf das, was bereits geschehen ist. Dadurch lassen sich zwar Problembereiche aufdecken, aber sie geben keine Hinweise auf neue Marktchancen. „Wir müssen daher über die reinen Berichtssysteme hinausgehen. Wenn Sie also nach Veränderungen suchen, dann fragen Sie sich: Wenn sich hier eine Gelegenheit für uns bietet, wie sieht sie konkret aus?“

Damit das Erneuerungsbewusstsein Wurzeln schlägt, sollten Manager weitere Maßnahmen ergreifen. Der Innovationskiller Nummer eins, das machte Drucker immer wieder deutlich, sind Unternehmen und Organisationen, die versuchen, sich nach allen Seiten abzusichern, die also Innovation ohne jegliches Risiko wollen. In solchen Fällen wird zwar viel über Innovation geredet, aber wenig dafür getan. Man klammert sich letztlich doch zu sehr an die Vergangenheit.

Die nächste Herausforderung besteht darin, „das Neue zum Laufen zu bringen“. Jede neue Unternehmung und jedes neue Projekt braucht genügend Spielraum, um sich entfalten und zum Erfolg kommen zu können. Das bedeutet, dass sie als unabhängige Einheit organisiert sein müssen. „Babys gehören nicht ins Wohnzimmer, sondern ins Kinderzimmer“, sagte Drucker. „Es wäre ausgesprochen fahrlässig, die neuen Konzepte, die neuen Ideen, egal welcher Art, auf bestehende Geschäftsbereiche aufzupfropfen. Der Grund dafür liegt einfach darin, dass die Abwicklung des Tagesgeschäfts und die Bewältigung all seiner kleinen Krisen immer den Vorrang vor der Zukunftsarbeit haben wird. Mit anderen Worten, wenn man ein Zukunftsprojekt innerhalb einer bestehenden Abteilung unterbringt, dann verschiebt man immer die Zukunft. Diese Dinge müssen organisatorisch eigenständig sein. Und dabei muss man auch dafür sorgen, dass die bestehenden Aktivitäten ihrerseits nicht den Reiz des Neuen verlieren. Sonst entwickeln sie sich nicht nur kontraproduktiv, sondern sie werden regelrecht gelähmt.“

Innovation mit der Brechstange

Es gibt Situationen, in denen sich Firmen erneuern müssen, weil sie gar keine andere Wahl mehr haben. Irgendwo ist etwas passiert – irgendeine dramatische Veränderung im Markt, bei einem Mitbewerber oder durch irgendein politisches Ereignis –, was das Management zum Handeln zwingt. Wenn das der Fall ist, muss sich das Unternehmen neu erfinden oder es geht unter.

Ein klassisches Beispiel dafür ist die Gründung der Wal-Mart-Großmärkte durch Sam Walton. 1962, ungefähr zu der Zeit, als auch die Target-Märkte[1] und Kmart[2] gegründet wurden, eröffnete Sam Walton seine ersten Wal-Mart. Zu jener Zeit besaß Walton bereits rund ein Dutzend Läden, aber es waren keine Niedrigpreis-Geschäfte. Discounter machten aber damals bereits 2 Milliarden Dollar Umsatz. Walton befürchtete nun, dass er von der Discountwelle, die damals über Amerika schwappte, überrollt würde, wenn er sein Geschäftsmodell nicht änderte. Durch neuartige Konkurrenten sah sich Walton zum Handeln gezwungen. Der Rest ist Geschichte. Mit seinem extrem kostengeizigen Discountmodell, das er durch jahrelange Beobachtung seiner Mitbewerber verfeinerte und ständig verbesserte, hat Walton viele Konkurrenten zermalmt und Wal-Mart zu einem „Branchenkiller" gemacht. Aus der Firma wurde selbstverständlich der größte Einzelhandelskonzern der Welt.

Auch Andy Grove, der Mitgründer und frühere Vorstandsvorsitzende von Intel, kann von dieser Art von Erneuerung ein Lied singen, also von Veränderungen von außen, die so stark sind, dass sich eine Firmenleitung gezwungen sieht, ihre gesamte Strategie umzuwälzen. Diese Vorgänge hat er in seinem Buch *Only the Paranoid Survive* (dt.: Nur die Paranoiden überleben. Strategische Wendepunkte vorzeitig erkennen, 1997) beschrieben.

Intel war mehr als zehn Jahre lang der unangefochten führende Hersteller von Speicherchips für die Computerindustrie. Intel beherrschte diesen Markt zu beinahe 100 Prozent, weil die Firma den Vorteil hatte, der erste Hersteller überhaupt gewesen zu sein. Das sollte sich auf atemberaubende Weise ändern.

Mitte der 80er-Jahre hatten die Japaner Wege und Mittel gefunden, um die marktbeherrschende Stellung von Intel zu erschüttern. Denn die Chips, die von der japanischen Konkurrenz produziert wurden, waren nicht nur qualitativ hochwertiger, sie waren auch billiger. Grove kam selbst zu der

1) eine Art Ikea + Media Markt + H&M, Anm. d. Ü.
2) eine Art Kaufhof auf einer Riesenfläche Anm. d. Ü.

Überzeugung, dass Intel seine Probleme mitverschuldet hatte, weil das Unternehmen mit wichtigen neuen Produkten zu spät auf den Markt kam und nicht schnell genug neue Fabriken gebaut hatte.

Als die Japaner im Speicherchip-Markt die Oberhand gewonnen hatten, war das Schicksal von Intel besiegelt. Was auch immer die Firma unternahm, um ihre frühere Stellung zurückzugewinnen – alles schlug fehl. Grove beschrieb diese verzweifelte Lage später mit den Worten: „Wenn man die falsche Strategie umsetzt, geht man unter. Wenn man nicht die richtige Strategie umsetzt, geht man auch unter … Sowohl unsere Umsetzung wie unsere Strategie waren mangelhaft."

Die Situation war in der Tat dermaßen schlimm, dass Intel nicht mehr viele und keine besonders guten Optionen verblieben. „Wir brauchten dringendst eine andere Strategie bei den Speichern, damit wir nicht vollends im Morast versanken", erinnert sich Grove.

Wenn Intel das Undenkbare wahr werden ließ und sich zur Aufgabe des Speicherchipmarktes durchringen würde, würde das bedeuten, dass das Unternehmen die Cash Cow schlachten müsste, die es groß gemacht hatte. Aber Intel hatte keine andere Wahl. Grove erklärt dazu: „Wir waren von unseren japanischen Konkurrenten völlig an den Rand gedrängt worden. Es gab wirklich keine einigermaßen aussichtsreiche Option mehr, wie wir das hätten ändern können … Der Kernbereich des Unternehmens war nicht nur in ein Schlagloch geraten, sondern richtig vor die Wand gefahren. Daher blieb uns nur noch eine Verzweiflungstat."

Also fällten er und sein Mitgründer die schicksalhafte Entscheidung, aus dem Speichermarkt auszuscheiden. Ihnen blieb nichts anderes übrig, als ein Drittel der Firma in einem sehr schmerzlichen, drei Jahre dauernden Prozess zu liquidieren. Aber es gab immerhin Licht am anderen Ende des Tunnels.

Sie hatten sich entschieden, sich von nun an auf die Herstellung von Mikroprozessoren zu konzentrieren. Auch wenn dies nur einen kleineren Teil des bisherigen Geschäfts ausmachte, hatte Intel immerhin seit fünf Jahren die Mikroprozessoren für die Computer von IBM geliefert. Außerdem lag die Zukunft sowieso bei den Mikroprozessoren. Speicherchips können nicht mehr als Daten speichern, Mikroprozessoren hingegen können rechnen. Sie sind der denkende Teil in einem Computer. Nach einer schmerzvollen Übergangsphase von wenigen Jahren wurde Intel so der führende Hersteller von Mikroprozessoren in der Computerbranche.

Das Unglück für Grove und Intel lag natürlich darin, dass sie in dieser Situation nur reagierten und nicht aktiv handelten. Sie führten den Wandel erst herbei, als sie sich dazu gezwungen sahen. Das ist genau die Situation, vor der Drucker gewarnt hat, als er sagte: „Auch das größte Unternehmen gerät in Schwierigkeiten, wenn es nicht ausreichend für die Zukunft vorgesorgt hat." Intel ist „das Risiko, das Neue geschehen zu lassen, nicht eingegangen."

Andy Grove schrieb sein Buch *Only the Paranoid Survive* (dt.: Nur die Paranoiden überleben. Strategische Wendepunkte vorzeitig erkennen, 1997) hauptsächlich, um andere Manager vor solchen erdbebenartigen Verwerfungen zu warnen, die eine Firma zu einer „strategischen Wende" führen, wie er es bezeichnete. Das Ausmaß solcher Erschütterungen ist so groß, dass es ein Unternehmen aus dem Markt katapultieren kann, und zwar für immer. Grove verstand unter strategischer Wende einen „Zeitabschnitt, in dem sich die Grundausrichtung einer Firma völlig verändert".

Später fügte Grove noch hinzu, dass sich der Begriff strategische Wende „in meinem Verständnis auf größere Veränderungen im Wettbewerbsumfeld eines Unternehmens bezieht." Grove meinte, man könne nicht nur das Aufkommen neuer Technologien als strategische Wende bezeichnen. Der Anlass für solch ein Umdenken kann auch durch eine weitreichende Änderung von Gesetzesvorschriften, zusätzliche oder völlig neuartige Formen des Wettbewerbs oder neuartige Vertriebskanäle gegeben sein.

Sein persönliches Erlebnis des Kampfes von Intel gegen die Japaner ist ein hervorragendes Beispiel für solch eine strategische Wende. Ebenso war es im amerikanischen Einzelhandel Anfang der 1960er-Jahre, als das Discountgeschäft in der Branche Mode wurde. Der wichtigste Unterschied bei diesen beiden Beispielen besteht darin, dass Walton sich an die Spitze der Bewegung setzte. Bevor er sein eigenes Geschäftsmodell änderte, führte er Gespräche mit den Inhabern oder Managern dieser Discountunternehmen, stellte zahllose Fragen, sah sich in Läden der

Konkurrenten genau um und lernte daraus so viel wie möglich. Also, so würde es Drucker formulieren, veränderte er sich „bevor er sich dazu gezwungen sah". Discountmärkte waren zu jener Zeit noch bei weitem nicht die dominierende Verkaufsform im Einzelhandel, wie das heute der Fall ist; und ironischerweise sind gerade durch Waltons Wal-Mart-Märkte mehr Einzelhändler zur Aufgabe gezwungen worden als durch jeden anderen Einzelhändler davor oder danach.

Ein sicheres Anzeichen für eine bevorstehende strategische Wende kann man darin erkennen, „wenn etwas, was bisher gut funktioniert hat, auf einmal gar nicht mehr geht". Grove gab zu, bei Intel sei man in dieser Situation „völlig von der Rolle gewesen. Wir wanderten wie benommen durch eine Todeszone." Grove definierte sie als „gefährlichen Übergang zwischen der bisherigen und der neuen Art, unser Geschäft zu betreiben. „Man schreitet durch diese Wüste in dem vollen Bewusstsein voran, dass etliche Kollegen und Mitarbeiter die rettende Oase nicht erreichen werden. Die Aufgabe der Führungsspitze besteht darin, den Marsch zu diesem nebulösen Ziel weiter voranzutreiben, und es ist die Pflicht des mittleren Managements, diese Entscheidung zu unterstützen."

In *Only the Paranoid Survive* (dt.: Nur die Paranoiden überleben. Strategische Wendepunkte vorzeitig erkennen, 1997) berief sich Andy Grove mehrmals auf Peter Drucker und später erklärte er, dass er Druckers Ansichten sehr viel zu verdanken habe. „Wie viele andere große Denker", schrieb Grove im Hinblick auf Drucker, „bediente er sich einer klaren Sprache, die von Managern allgemein verstanden wurde. Dank seiner einfachen und deutlichen Aussagen hatte er einen großen Einfluss auf unzählige unserer Einzelentscheidungen. Sie haben über die Jahrzehnte nichts von ihrer Gültigkeit verloren."

Grove erklärte, die wichtigste Aufgabe bei der Umwandlung eines Unternehmens – beim Marsch durch die Todeszone – bestehe darin, „sämtliche vorhandenen Ressourcen, die für die bisherige Geschäftsidee tauglich waren, auf die neue zu übertragen", und berief sich in diesem Zusammenhang auf Drucker. „Um die Todeszone erfolgreich bewältigen zu können, besteht die vordringlichste Aufgabe darin, eine Vorstellung davon zu gewinnen, wie das Unternehmen aussehen soll, wenn man auf der anderen Seite angekommen ist."

Grove stellte nun dar, wie die Produktionsplaner bei Intel drei Jahre lang damit beschäftigt waren, die Ressourcen der Firma von der Herstellung von Speicherchips auf die Produktion von Mikroprozessoren umzustellen. „Sie mussten knappe und wertvolle Ressourcen aus einem minderwertigen Bereich in einen höherwertigen Bereich überführen." Grove wies darauf hin, dass es genau das war, was Drucker mit der Zentralaufgabe unternehmerischen Handelns meinte: Ressourcen aus Bereichen mit geringer Produktivität herausnehmen und in solchen mit höherer Produktivität und mit höheren Erträgen einsetzen. (Drucker wiederum berief sich im Hinblick auf dieses Prinzip im seinem Buch *Innovation and Entrepreneurship* auf den französischen Ökonomen J. B. Say, ca. 1800.)

Grove und Drucker stimmten darin überein, dass nicht nur materielle Ressourcen umgesteuert werden müssen, sondern genauso die Ressource Mensch: „Die knappste Ressource in jedem Unternehmen sind die *leistungsfähigen Mitarbeiter*", konstatierte Drucker.

Jedes Unternehmen in jeder Branche kann zu jedem beliebigen Zeitpunkt an solch einem strategischen Wendepunkt stehen. In den USA stellten beispielsweise Online-Broker wie TD AMERITRADE oder E*TRADE die traditionellen Brokerhäuser wie Merrill Lynch vor eine solche Situation. Praktisch über Nacht brachen diesen Millionen Dollar an Provisionen weg, weil Investoren bei den Online-Brokern plötzlich tausend Aktien für eine Provision zum Preis einer Kinokarte ordern konnten.

In seinem Buch *Only the Paranoid Survive* (dt.: Nur die Paranoiden überleben. Strategische Wendepunkte vorzeitig erkennen, 1997) machte Grove auch eine Reihe von Vorschlägen, wie eine Firma eine strategische Wende frühzeitig erkennen oder wenigstens die Auswirkungen eindämmen kann. Er hielt es für wichtig, „hilfreiche Kassandrarufer" ernst zu nehmen, also jene paranoiden Typen, die ständig fürchten, der Himmel könnte einstürzen und das Ende der Welt sei gekommen. Nach Groves Ansicht sind solche zugegebenermaßen extremen Positionen durchaus prädestiniert, einen Gezeitenwechsel vorauszuahnen, bevor sich eine strategische Wende abzeichnet; das liegt daran, dass sie sich normalerweise in der Außenwelt eines Unternehmens aufhalten und daher ganz selbstverständlich über eine Außenansicht verfügen. „Üblicherweise wissen sie wirklich mehr über Veränderungen als eine Unternehmensspitze, weil sie sich eben

‚draußen' aufhalten, wo ihnen der Wind der Realität ins Gesicht bläst", meinte Grove nachdrücklich. Diese Leute finden sich häufig im mittleren Management und in den Verkaufsabteilungen. Und man braucht sich gar keine Sorgen darüber zu machen, wie man sie findet. Sie kommen schon von selbst auf einen zu, versicherte Grove, und geben ihre Befürchtungen an das Management weiter.

Grove gab seinen Manager-Kollegen auch den Ratschlag, öfter mal zu experimentieren und „das Chaos regieren zu lassen". Wenn Unternehmen nämlich nicht immer mal wieder mit neuen Ideen, Konzepten, Ablaufveränderungen und Produkten experimentieren, werden sie von der unglaublichen Wucht solch einer strategischen Wende, die sie unvermittelt trifft, aus der Bahn geworfen.

Dieser Gedankengang spiegelt einen wesentlichen Aspekt von Druckers Denken wider. In seinen Büchern kam er jahrzehntelang auf ein eng damit verbundenes Thema, die aktive Projektaufgabe, immer wieder zu sprechen.

Drucker war stets der Ansicht, dass Manager diesen Punkt, für den sich auch Andy Grove stark machte, allzu häufig vernachlässigen. Die meisten Manager an der Führungsspitze von Unternehmen sind zu eingesponnen in die Interna ihrer Firmen, zu stark abgeschnitten vom Marktgeschehen. Sie verbringen zu viel Zeit damit, interne Probleme zu lösen, statt nach neuen Chancen und Marktlücken Ausschau zu halten.

Die Firmenleiter stellen nicht oft genug die richtigen Fragen. Sie beschäftigen sich auch nicht genug damit, Trendveränderungen zu beobachten. Gerade Letzteres wird nicht in ausreichendem Maß betrieben, meint Drucker. Nur mithilfe des rechtzeitigen Aufspürens von Trendveränderungen sind Manager in der Lage, sich auf die Art von Gezeitenwechsel einzustellen, die Grove beschrieben hat; bleiben sie unentdeckt, kann das den Absturz eines Unternehmens zur Folge haben.

Technische Umwälzungen und Erneuerungen

Peter Drucker und Andy Grove waren nicht die Einzigen, die sich über marktumwälzende Kräfte in Wort und Schrift Gedanken machten. Clayton Christensen von der Harvard Business School ist der Autor eines der erfolgreichsten Wirtschaftsbücher der 1990er-Jahre und des erfolgreichsten Buches zum Thema Innovation überhaupt: *The Innovator's Dilemma* (1997). Die amerikanische Hardcover-Ausgabe war dermaßen erfolgreich, dass für die Taschenbuch-Ausgabe eine Vorschusszahlung von 1 Million Dollar erzielt wurde, eine bis dahin unerreichte Größenordnung für ein Wirtschaftssachbuch. Auch wenn Grove von der praktischen Seite der Unternehmensleitung herkam und Christensen von der akademischen Seite (wobei er auch als Berater tätig ist), gelangten beide doch zu ganz ähnlichen Ansichten.

Das Fazit von Christensens *Innovator's Dilemma* lautet, dass meistens gerade die besonders erfolgreichen Firmen diejenigen sind, die angesichts neuer oder sich verändernder technischer Möglichkeiten blind bleiben. Clay Christensen nannte ein technisch innovatives Produkt, das einen etablierten Markt regelrecht verwüsten kann, eine „umwälzende Technologie". Andy Grove sprach in diesem Zusammenhang vom „Christensen-Effekt" und die Wirtschaftszeitschrift Forbes nannte es eine „Stealth-Attacke", nach jenen „Tarnkappenbombern", die vom Radar nicht erfasst werden können.

Eine umwälzende Technologie setzt einen neuen Wertmaßstab. Sie ist „einfacher, billiger und weniger ertragreich", stellte Christensen als wesentliche Merkmale fest. Umwälzende Technologien generieren nur geringere Erträge und geringere Gewinne. Da nur wenige Unternehmen ein Interesse daran haben, neue Produkte mit niedrigen Margen und niedrigen Gewinnen zu entwickeln, ist es keineswegs überraschend, dass gerade die größten, gut etablierten Firmen völlig überrumpelt werden, wenn sich eine technische Neuerung Bahn bricht.

Das primäre Anliegen von Clay Christensens Buch *Innovator's Dilemma* besteht darin zu ergründen, warum viele optimal geführte Unternehmen in diesem Punkt scheitern. Christensens Nachforschungen ergaben, dass gerade im Erfolg dieser Unternehmen der Keim für die anschließenden Fehlgriffe zu suchen ist: „Sie scheitern oftmals deswegen, weil es ihnen genau die Managementpraktiken, denen sie ihren Erfolg und manchmal sogar die Marktführerschaft verdanken, besonders schwer machen, selbst umwälzende Technologien zu entwickeln, die ihre Erfolgsmärkte letztlich zerstören."

Bei Christensens „umwälzender Technologie" beziehungsweise „umwälzender Innovation" handelt es sich in der Tat fast immer um eine technische Neuerung, die ein neues Produkt oder eine neue Dienstleistung hervorbringt, durch die eine bestehende Technologie ersetzt und die Dynamik im Markt völlig verändert wird. Die „strategische Wende" ist ein inhaltlich weiter ausgelegtes Konzept, weil hier auch andere Faktoren und Ereignisse als technische Neuerungen berücksichtigt werden (man denke etwa an die Auswirkungen der Prohibition auf die Schnaps-, Bier- und Weinbranche in den Vereinigten Staaten zwischen 1919 und 1933). Doch bei beiden besteht die Gefahr, dass ein Unternehmen über Nacht aus der Bahn geworfen wird. (In seinem Newsletter *Strategy & Innovation* erweiterte Christensen denn auch seinen Begriff und bezog auch andere Arten von Umwälzungen mit ein. Demnach können auch niedrigere Preise, andere Zulieferer oder Veränderungen in der Wertschöpfungskette Grund für eine Umwälzung sein.)

Hier nun eine Übersicht mit Beispielen zu neuen Techniken oder Technologien, die bestehende Techniken ablösten oder für die alten existenzbedrohend wurden:

Alte Technologie	**Neue Technologie**
Pferdekutsche	Automobil
Buchhandlung	Online-Buchversand
Fotokamera	Digitalkamera
(Buch-)Lexikon	Wikipedia

Im Schlussteil seines Buches *Innovator's Dilemma* gibt Clay Christensen in seinen Gebrauchsanweisungen für die Leser folgenden Ratschlag: Unternehmen sollten „die Verantwortung für umwälzende Technologien auf

Unternehmen übertragen, deren Kunden sie benötigen, damit die Ressourcen zu ihnen hinüberfließen".

Er hielt es auch für wichtig, dass die Verantwortung für eine technische Neuerung nicht mit der für andere, bereits eingeführte Produkte in einen Topf geworfen wird. Stattdessen empfahl er den Unternehmen, dafür kleinere Ausgründungen einzurichten, für die auch kleine Gewinne bereits ein Erfolgsanreiz sind. Genau dieselbe Empfehlung hat auch Drucker gegeben, wie weiter oben bereits erwähnt wurde.

Drittens riet Christensen Managern dringend, „einen Notfallplan" auszuarbeiten. Sie sollten nicht alles darauf setzen, „dass schon beim ersten Mal auf Anhieb alles klappt". Sie sollten den Versuch, technische Neuerungen in kommerzielle Produkte umzuwandeln, auch als „Chance, etwas dazuzulernen" begreifen und gegebenenfalls korrigierend eingreifen.

„Rechnen Sie nicht mit einem Durchbruch", lautet seine Devise zum Schluss. Manager sollten rasch handeln und sich immer außerhalb ihrer angestammten Märkte umsehen. Denn dort sind die neuen Märkte. Gerade die Merkmale, die ein neues Produkt für einen kleineren, erst im Entstehen begriffenen Markt interessant machen, machen es in der Regel für angestammte Märkte ungeeignet.

Wegen solcher eher unkonventioneller Denkweisen war *Innovator's Dilemma* ein vielversprechender Neuansatz und wurde daher von Rezensenten, in der Geschäftswelt wie auch in der akademischen Welt enthusiastisch aufgenommen.

Sowohl Grove als auch Christensen waren voll des Lobes für Peter Drucker. Bei einer Konferenz der Academy of Management im August 1998 bekannte Grove öffentlich, wie ihm die Lektüre von *Die Praxis des Managements,* auch noch dreißig Jahre nachdem das Buch geschrieben worden war, einen neuen Weg gewiesen habe. Christensen bezeichnete Drucker als einen „geistigen Terroristen", weil er Bomben gelegt habe, „die manchmal erst nach vielen Jahren in den Köpfen ahnungsloser Leser hochgehen, wenn sie durch ein dementsprechendes Ereignis ausgelöst werden".

Ein Schnellkurs in Innovation

Drucker war der erste Wirtschaftsautor, der das Thema Innovation systematisch behandelte. Der wichtigste Punkt dabei ist, Innovation systematisch zu betreiben. „Wenn Sie nicht aus dem Fenster sehen, können Sie auch nichts erkennen", mahnte Drucker und er sagte außerdem: „Die Zukunft kommt unausweichlich. „Sie sieht immer anders aus als gedacht. Selbst die größten Unternehmen geraten in Schwierigkeiten, wenn sie sich auf diese Zukunft nicht eingestellt haben. Die Folge wird dann nämlich sein, dass sie ihren Rang und ihre führende Stellung verlieren."

Andy Grove von Intel und Professor Clay Christensen schrieben beide in ihren Büchern über machtvolle Kräfte, die Märkte umwälzen können; durch sie können sich Unternehmen gezwungen sehen, sich tiefgreifend zu verändern, andernfalls werden sie marginalisiert. Aber schon lange bevor Grove den Begriff „strategische Wende" und Christensen den Begriff „umwälzende Technologie" prägten, warnte Peter Drucker bereits vor ähnlichen Gefahren, ohne derart pathetische Schlagwörter zu verwenden. Obwohl sein Werk ebenso bahnbrechend war wie das von Grove und Christensen, gab es in der Presse wenig Resonanz auf seine Erkenntnisse. Das ist nicht weiter verwunderlich, denn dies zieht sich wie ein roter Faden durch Druckers gesamte Karriere, vor allem in der späteren Phase. In den 90er-Jahren war Drucker mit seinen Wirtschaftsbüchern, die bereits seit einem halben Jahrhundert erschienen, kein Neuling mehr. Auch wenn sich seine Bücher nach wie vor gut verkauften (Zehntausende, die man allerdings den Hunderttausenden von Grove und Christensen gegenüberstellen muss), so hielten ihn viele doch für etwas überholt.

Grove und Christensen hingegen waren neu und sogar hip, weswegen sich die Presse auf ihre Werke stürzte. So bildete beispielsweise das Wirtschaftsmagazin *Forbes* sowohl Grove als auch Christensen im Jahr 1997 auf der Titelseite ab (bei Christensen hängt ein gerahmtes Exemplar im Büro). In diesen Jahren – bis zu seinem Tod Ende 2005 – müsste man lange suchen, bis man ein Bild von Drucker auf dem Titel von einem der bedeutenderen Wirtschaftsmagazine wie *Forbes* oder *Business Week* findet.

Epilog

Von dem Ungeheuer zu dem Lamm – Menschen, die Peter Drucker geformt haben

„In all den Büchern, die ich im Verlauf von fünfzig Jahren geschrieben habe, waren meine Hauptanliegen stets Dezentralisierung, Diversifizierung und der Hinweis darauf, das Organisation von organisch kommt; gleichwohl geht es in meinen Büchern immer um Ideen, also um Abstraktionen. Mir kommt es darauf an, dass Manager meine Lehren und Gedanken anwenden können. Anerkennung in der akademischen Welt war mir dagegen nicht wichtig. Ich wollte etwas bewegen.“

Dieses Buch ist über einen Zeitraum von fünf Jahren entstanden. Allerdings dachte ich schon viel früher darüber nach, genau genommen, seit ich als Verleger mein erstes Buch über Jack Welch herausbrachte (Robert Slater: *The New GE: How Jack Welch Revived an American Institution*, 1991). Denn damals wurde mir bewusst, welche tief gehende Verbindung zwischen Welch, General Electric und Drucker bestand. Ich wollte mehr über diesen rätselhaften Menschen hinter den Kulissen in Erfahrung bringen, der Management als eigenständige Disziplin „erfunden“ hatte, ohne jemals selbst etwas gemanagt zu haben. „Weshalb hatte sein Werk so großen Einfluss gewonnen?“ lautete die erste Frage, die mir durch den Kopf ging, nachdem ich mitbekommen hatte, was er bei General Electric bewirkt hat. Es interessierte mich, was diesen Mann im Innersten bewegte, der sich selbst lediglich als „Schriftsteller“ bezeichnete, der aber das Vertrauen der angesehensten Unternehmensführer unserer Zeit besaß.

Nach meinem ganztägigen Interview mit Drucker war ich über ein Jahr lang damit beschäftigt, die Tonbandkassetten zu transkribieren. Wegen seines starken Akzents und seiner Schwerhörigkeit und weil ich das nur zwischendurch erledigen konnte, wenn ich neben meiner anderen Arbeit Zeit dafür fand, dauerte es so lange. Das führte dazu, dass ich das Interview monatelang immer wieder „durchlebte“; viele seiner Aussagen gingen mir deshalb immer wieder im Kopf herum.

Während dieser Zeit las ich auch einige seiner Bücher zum zweiten oder dritten Mal. Natürlich waren die Bücher die gleichen geblieben, aber unter dem Eindruck des Interviews gewann ich vielen Stellen eine neue Bedeutung ab. Drucker verfügt über außergewöhnliche Geistesgaben, was für einen Schriftsteller Vorzug und Bürde zugleich sein kann.

Als ich seine Werke wiederlas, wurde mir immer deutlicher bewusst, was für ein unglaublich gedankenreicher Autor Drucker war, allerdings sind seine Bücher nicht immer leicht zu lesen und manchmal ist es schwer, seinem Gedankengang zu folgen. Seine Ideen beziehungsweise Konzepte, wie er sie zu nennen pflegte, waren im Allgemeinen besser als die Sätze, mit denen er sie beschrieb. Auch in seinen wirklich bahnbrechenden Büchern finden sich Abschnitte oder Kapitel, die nur schwer verständlich sind.

Drucker hat einen Hang zu Wiederholungen, Abschweifungen und zum Ausbreiten tiefgründiger Gedanken und führt den Leser dadurch weit weg vom eigentlichen Thema. Bisweilen kommt es einem so vor, als seien ihm die Gedanken beim Schreiben weit vorausgeeilt und er hätte nun Mühe, hinterherzukommen. Er neigte dazu, zu viele Gedanken in ein Buch zu packen, da fehlte ihm ein Korrektiv, eine Art innerer Lektor, der den Text in der Spur hielt. Ich habe mich oft gefragt, wie viel Hilfe er tatsächlich von Verlagslektoren in Anspruch nahm, und hege den Verdacht, dass er sich beim Verfassen seiner Bücher wenig reinreden ließ und Hilfe, die ihm vielleicht angeboten wurde, eher zurückwies. Als Verleger fragte ich mich natürlich auch, wie es wohl gewesen sein muss, Druckers Bücher herauszubringen.

Ich konnte es kaum erwarten, ein bestimmtes Buch wieder zu lesen, nämlich Druckers persönlichstes Buch, das er auch als sein Lieblingsbuch bezeichnete, *Adventures of a Bystander* (dt.: Zaungast der Zeit, 1981), das im Allgemeinen als seine Autobiografie bezeichnet wird, aber es hat eher den Charakter eines Memoirenbuches. Drucker meinte dazu, das sei ein Buch, das er nur für sich selbst geschrieben hat. Im Untertitel der britischen Ausgabe ist Druckers Absicht treffend zusammengefasst: *Other Lives in My Times* (zu deutsch etwa: Aus dem Leben meiner Zeitgenossen). Das gibt einen guten Anhaltspunkt für den Inhalt des Buches, das lebendige Porträts von Menschen enthält, die großen Einfluss auf Peter Drucker hatten.

„Dieses Buch ist weder eine vollständige ‚Geschichte unserer Zeit', auch nicht einmal ‚meiner Zeit', noch ist es eine Autobiografie", stellte er in seinem Vorwort klar. Doch das musste genügen, denn so wie es war, war es nun einmal Druckers nächste Annährung an eine Autobiografie. Er war einfach zu bescheiden, um ein Buch hauptsächlich über sich selbst zu schreiben. Außerdem sei er nicht interessant genug, um ein Memoirenwerk über sich selbst zu verfassen.

„Zaungäste haben keine eigene Geschichte", schrieb er. „Sie sind mit dabei, wenn etwas passiert, aber sie spielen nicht mit. Man kann sie nicht einmal als Publikum bezeichnen. Bei einem Bühnenstück, wenigstens bei einem improvisierten Bühnenstück, hängen der Fortgang der Handlung und jedes einzelne Rollenschicksal ja auch von der Reaktion des Publikums ab, aber ein Zaungast findet nur Widerhall in sich selbst. Weil er die Dinge nur vom Rande her beobachtet, nimmt er Dinge wahr, die weder die Schauspieler noch das Publikum sehen können. Vor allem nimmt er die Dinge anders wahr, als es Schauspielern und Publikum möglich ist. Die Wahrnehmung eines Zaungasts ist eine gebrochene Wahrnehmung – sie entspricht eher einem Prisma als der bloßen Reflexion eines Spiegels."

Diese Selbstbezeichnung, dass er mehr Zaungast und Zuschauer als aktiv Handelnder gewesen sei, brachte Drucker in Interviews öfter zur Sprache. Anfangs dachte ich, das sei hart am Rande zur falschen Bescheidenheit. Aber er wiederholte diese seine Geschichte fast bis zum letzten Atemzug. Noch sechs Monate vor seinem Tod sagte er zu John Byrne von *Business Week*, dass er seine besten Arbeiten Anfang der 1950er-Jahre geschrieben habe, und bezeichnete seine restlichen Werke als „marginal".

Dieses Interview mit John Byrne so kurz vor seinem Tod war recht enthüllend. An diesem Tag war Drucker in schlechter geistiger und gesundheitlicher Verfassung. Vielleicht war er aus diesem Grunde in seiner Selbsteinschätzung so negativ und so pessimistisch im Hinblick auf sein geistiges Vermächtnis. Er litt an Darmkrebs und hatte sich 2004 die Hüfte gebrochen. (Ich stand noch in Briefkontakt mit ihm, als das passierte, und er hatte mir vom Krankenbett aus kurz geschrieben.) „Man betet nicht für ein langes Leben, sondern für einen leichten Tod", war ein Satz, den er öfters wiederholte.

Drucker betonte bis zum Schluss, dass er sich immer am meisten für Menschen interessiert habe – andere Menschen. So schrieb er einmal, er habe nie „auch nur einen einzigen uninteressanten Menschen kennengelernt. Wie immer konformistisch, konventionell oder langweilig Menschen erscheinen mögen, sie werden in dem Augenblick interessant, wenn sie anfangen, davon zu sprechen, was sie tun, wissen oder wofür sie sich interessieren. In dem Moment wird jeder zum Individuum."

„Ich selbst bin völlig uninteressant", sagte er zu dem Journalisten von *Business Week*. „Ich bin eigentlich nicht introvertiert", antwortete er auf die Frage nach seinem geistigen Vermächtnis. „Ich würde mir zugute halten, dass ich einigen hervorragenden Leuten dabei geholfen habe, das Richtige zu tun. Ich bin ein Schriftsteller und Schriftsteller haben kein aufregendes Leben. Meine Bücher, meine Arbeit, ja, das ist etwas anderes", sagte er mutlos.

Ein Mensch, der sich so stark für andere Menschen interessiert, muss von ihnen auch beeinflusst worden sein, dachte ich mir. Wenn ich den Menschen hinter seinen Worten und Werken wirklich verstehen wollte, dann müsste ich die Menschen kennen, die großen Einfluss auf *ihn* hatten.

Zum Glück sprach Drucker immer gern über andere Menschen – in unserem Interview, in seinen Büchern und in seinen zahllosen Artikeln. Er ließ keinen Zweifel daran, welche Führungspersönlichkeiten er am meisten bewunderte, welche am allerwenigsten und welche er beispielsweise für korrupt hielt.

Auf der Bühne der Weltgeschichte galt Druckers allerhöchste Bewunderung Winston Churchill in seiner Rolle beziehungsweise in seiner Funktion als Kriegspremier.[3] Als Politiker vor dem Zweiten Weltkrieg fand Drucker Winston Churchill weniger beeindruckend. Jener Churchill war ein Mann der Reserve, aber kein politischer Faktor. Drucker glaubte, dass Ereignisse einen Menschen zu einer historischen Gestalt machen können, zumindest können sie das Beste aus ihm herausholen.

Was amerikanische Präsidenten anbelangt, galt seine größte Bewunderung Harry S. Truman für die Art, wie dieser in sein Amt hineinwuchs, doch für Franklin D. Roosevelt und John F. Kennedy hatte Drucker sehr viel weniger übrig. Er war der Meinung, das Roosevelt unsicher war und sich durch stärkere Menschen bedroht fühlte, weswegen er nach Möglichkeit jeden in seiner Umgebung entfernte, der ihm gefährlich werden konnte.

Über Kennedy sagte er, dieser habe mehr Charisma besessen als jeder andere amerikanische Präsident, aber er habe letztlich nichts zustande gebracht. Das sind natürlich umstrittene und unpopuläre Ansichten über diese beiden Präsidenten, besonders die über Roosevelt, der allgemein zu den gefeiertsten politischen Führern des Jahrhunderts gezählt wird.

Aber Druckers Einschätzungen von Premierministern und Präsidenten sagen uns wenig über ihn selbst. Um darüber etwas zu erfahren, müssen wir in seine Lebensvergangenheit zurück und uns diejenigen Menschen ansehen, die Drucker am meisten berührt und beeinflusst haben, diejenigen, an die er sich erinnerte und über die er Jahrzehnte später noch schrieb.

3) Winston Churchill kam im Mai 1940 als Nachfolger seines zurückgetretenen Vorgängers Chamberlain ins Amt des britischen Premierministers. Chamberlain war mit seiner Verständigungspolitik gegenüber Hitler gescheitert. Churchill führte Großbritannien kompromisslos gegenüber den Nazis letztlich erfolgreich durch den Krieg. Wenige Monate nach Kriegsende wurde er im Juli 1945 von den Briten abgewählt. Eine zweite Amtszeit als Premierminister von 1951 bis 1955 verlief vergleichsweise unspektakulär – Anm. d. Ü.

Die folgenden fünf Abschnitte schildern fünf bedeutende Wendepunkte in Druckers Leben. Sie erheben keinerlei Anspruch, auch nur so etwas wie eine Kurzbiografie darstellen zu wollen. Sie sind lediglich als biografische Momentaufnahmen gedacht, Schnappschüsse sozusagen, die zu verschiedenen Zeiten aufgenommen wurden. Jeder dieser Momente hat ihm eine wichtige Lehre erteilt – und natürlich auch uns, den Zaungästen *seines* Lebens.

Die Anfänge

Die Geschichte von Druckers Kindheit ist oft erzählt worden. Seine Eltern waren wohlhabend und hochgebildet. Der Vater Adolph war ein „hoher Beamter" und seine Mutter Caroline war Ärztin. Der kleine Peter wuchs in einer Doppelhaushälfte in einem ruhigen Wiener Vorort auf; das Haus war nach einem Entwurf des bekannten österreichischen Architekten Josef Hoffmann – einer der Wegbereiter der Moderne – gebaut worden.

Der bemerkenswerte Aspekt in diesen Kindheitstagen Druckers dürften die Abendessenseinladungen seiner Eltern gewesen sein. Zwei- bis dreimal pro Woche waren Intellektuelle, Anwälte, hohe Beamte und andere im Hause Drucker zu Gast. Zu den bedeutendsten Gästen zählten etliche Mitglieder des „Wiener Kreises".

Zu dieser hochkarätigen Gruppe von Philosophen und Wissenschaftstheoretikern gehörten einige der intellektuell führenden Köpfe in Österreich; sie waren Vertreter des sogenannten „logischen Empirismus". Diese Denkrichtung postulierte, dass „verifizierbare Erfahrung und Beobachtung als einzige Erkenntnisquelle infrage kommt; logische Analyse unter Zuhilfenahme symbolischer Logik ist die wichtigste Methode zur Lösung philosophischer Probleme."

Ein häufiger Gast im Hause Drucker war der bekannte Ökonom Joseph Schumpeter, einer der bedeutendsten Wirtschaftswissenschaftler des 20. Jahrhunderts, der überdies auch beruflich mit Druckers Vater in Verbindung stand. Schumpeter stellte als einer der Ersten die Bedeutung der „Entrepreneure", der schöpferisch tätigen Unternehmer (im Gegensatz zum bloßen „Kapitalisten"), heraus; ihrem Unternehmergeist verdanke die Gesellschaft technologischen Wandel und Erneuerung und damit auch sozialen Wandel. Auch später in Harvard vertrat er den Standpunkt, dass Großunternehmen die treibenden Kräfte für Innovation sind, da sie über die notwendigen Ressourcen für Forschung und Entwicklung verfügen.

Im Alter von acht Jahren begegnete Peter Drucker einmal Sigmund Freud. Freud und Druckers Familie aßen zufällig im gleichen Restaurant zu Mittag und verbrachten die Ferien in der Nähe des gleichen Sees.

„Erinnere dich immer daran", sagte sein Vater zu dem kleinen Peter nach der Begegnung, „dass du gerade den bedeutendsten Menschen in ganz Österreich kennengelernt hast, vielleicht sogar den bedeutendsten Menschen von ganz Europa."

„Noch wichtiger als der Kaiser?", fragte Peter.

„Ja, noch wichtiger als der Kaiser", bestätigte sein Vater.

Peter Drucker hat diesen Tag nie vergessen, und er hat auch nicht vergessen, was er bei den Soireen in seinem Elternhaus lernte. Auch wenn das Gesprächsniveau für einen so jungen Menschen wie den kleinen Peter ziemlich abgehoben gewesen sein dürfte, war es ihm erlaubt, an diesen Zusammenkünften teilzunehmen, bis es für ihn um halb zehn Zeit war, ins Bett zu gehen. Allerdings verpasste er nicht viel, weil um halb elf alle aufbrechen mussten, um den letzten Zug in die Wiener Innenstadt zu erwischen. Drucker sagte später in Anspielung auf die angeregten Gespräche an jenen Abenden : „Das war meine wichtigste Bildungsstätte."

Auf jeden Fall wurde hier der Grundstein für seine umfassende Bildung gelegt. In den Theorien und Grundüberzeugungen so bedeutender Denker wie der des Wiener Kreises und eines Joseph Schumpeter kann man auch die Ansätze für Druckers eigenes späteres Gedankengebäude erkennen. Auch Druckers intensives Interesse an so vielen geistigen und künstlerischen Belangen – Malerei, Philosophie, Religion, Naturwissenschaften, Recht, Soziologie, Wirtschaft, Literatur – ist ein Reflex auf die sehr verschiedenen Menschen, die regelmäßig in das Haus der Druckers kamen, um sich hier im Gespräch über ihre Gedanken und Interessen auszutauschen.

Es gab natürlich noch viele andere, mit denen Drucker im Lauf seines Lebens in Berührung kam. Man müsste ein eigenes Buch schreiben, um das alles zu dokumentieren, und Drucker hat dies in der Tat in *Adventures of a Bystander* (dt.: Zaungast der Zeit) gemacht, das den Ausgangspunkt und die Grundlage für diesen Epilog bildet. Wie viele andere seiner Bücher ist *Adventures of a Bystander* keine leichte Lektüre, trotz der Schätze, die man darin findet, wenn man sich etwas bemüht.

Drucker bezeichnet dieses Buch als eine „Ansammlung von Kurzgeschichten, die jede für sich selbst stehen könnte. Aber es handelt sich auch um den Versuch eines Zeitporträts – ein Versuch, das Gefühl, das Aroma, die Essenz einer Epoche einzufangen und zu vermitteln, die nur sehr wenige der heute noch lebenden Menschen bewusst erlebt haben: die Zwischenkriegszeit in Europa, die 30er-Jahre mit dem New Deal in den USA und die unmittelbare Nachkriegszeit in Amerika nach dem Zweiten Weltkrieg."

Dieses ehrgeizige Ziel erreicht das Buch zweifellos, aber ich habe noch etwas anderes darin gefunden. Ich fand Drucker selbst darin – den Menschen, den ich in seinen anderen Büchern, seinen Artikeln, unserem Interview und in den Büchern, die über ihn geschrieben wurden, nicht zu fassen bekam. Denn erst unter diesen Menschen, in dem „Leben anderer Menschen" kommt die einzigartige Persönlichkeit von Peter Drucker zum Vorschein.

„Eine dumme alte Frau"

Das erste Kapitel von *Adventures of a Bystander* (dt.: Zaungast der Zeit) ist seiner Großmutter gewidmet, einer bizarren alten Dame, die sich kein noch so einfallsreicher Drehbuchautor hätte einfallen lassen können.

Peter Druckers Grußmutter war im Alter von vierzig Jahren Witwe geworden. Sie wurde von etlichen Leiden geplagt, etwa von Rheuma, das ihr Herz schädigte, schwerer Arthritis, wodurch ihre Gelenke und vor allem ihre Finger schmerzhaft anschwollen, und als ob das noch nicht gereicht hätte, war sie so gut wie taub. Trotz dieser Gesundheitsprobleme war die alte Dame unentwegt in der Stadt unterwegs. Drucker erinnert sich insbesondere an ihren schwarzen Regenschirm, den sie auch als Stock benutzte und an ihre Einkaufstasche, „die mehr wog als sie selbst".

Sie wurde von allen „Großmama" genannt, auch von ihren eigenen Töchtern und den Nichten. Jedes Familienmitglied konnte seine eigenen Großmama-Geschichten erzählen und diese handelten fast immer von einer exzentrischen älteren Dame, die nur das tat, was sie für richtig hielt und sich nie Gedanken darüber machte, wie lächerlich das in den Augen anderer erscheinen mochte.

Dass sie allgemein als der „Familiendepp" bezeichnet wurde, störte sie selbst am allerwenigsten. Sie bezeichnete sich sogar selbst bei jeder Gelegenheit als „dumme, alte Frau". Ihre verblüffenden Fragen und die Dinge, die sie anstellte, waren dafür die beste Bestätigung.

So hatte ihr verstorbener Ehemann ihr beispielsweise „ein Vermögen" hinterlassen, das aber von der Inflation Anfang der 20er-Jahre vollkommen aufgezehrt wurde, sodass sie „arm wie eine Kirchenmaus" war. Aber selbst Druckers Vater, den Drucker als den „Schatzmeister der Familie" bezeichnete, gelang es nicht, ihr klarzumachen, was es mit der Inflation auf sich hatte, so sehr er sich auch bemühte.

Hierzu noch ein Beispiel: Wegen ihrer sich ständig verschlechternden finanziellen Situation verfügte sie nur noch über eine kleine Wohnung mit zwei Zimmern. Wenn sie das Gefühl hatte, sie könnte in dieser Enge irgendetwas nicht mehr gebrauchen und darauf verzichten, packte sie das eine oder andere ihrer Besitztümer in ihre Einkaufstasche und trug es zur Bank. Zu dieser Zeit hatte sie nur noch „ein paar Groschen" auf dem Konto. Aber ihr verstorbener Ehemann war der Gründer der Bank und bis zu seinem Tod ihr Direktor, sodass man die alte Dame mit allem Respekt behandelte, der der Witwe des Gründers gebührte.

Nun kam sie also an, um den Inhalt ihrer Einkaufstasche in ihrem Bankdepot abzulegen. Der neue Direktor versuchte ihr zu erklären, dass man keine „Gegenstände" in einem Bankdepot deponieren könne, nur Geld.

Großmama beschimpfte ihn daraufhin als „bösen und undankbaren Mann“, ließ sich ihr Guthaben auszahlen und eröffnete ein neues Konto – in einer anderen Filiale derselben Bank!

Diese Eigentümlichkeiten einer „dummen, alten Frau“ sind aber nur eine Facette des Charakters dieser alten Dame, die Drucker offensichtlich sehr mochte. Denn sie behandelte jeden, den sie kannte, mit großer Höflichkeit und erinnerte sich stets daran, was den Menschen, denen sie begegnete, besonders am Herzen lag, auch wenn sie sie lange Zeit nicht gesehen hatte.

Selbst die Prostituierte vor ihrer Wohnung wurde von Großmama mit großer Zuvorkommenheit behandelt. Kein Mensch wollte mit dieser Frau etwas zu tun haben, aber Großmama wünschte ihr stets eine guten Abend, erkundigte sich, ob sie in der kalten Nacht auch warm genug angezogen sei, und stieg, wenn nötig, auch die fünf Stockwerke in ihrem Haus bis zu ihrer Wohnung hinauf und wieder hinunter, um ihr einen Hustensaft zu bringen.

Alle hielten ihre Großmama für etwas einfältig, aber sie tat auch Dinge, die anderen nicht eingefallen wären. So benötigte man in Österreich – wie auch im gesamten übrigen Europa mit Ausnahme Russlands – vor 1918 keinen Pass, wenn man ins Ausland verreisen wollte. Aber nach dem Zusammenbruch der „alten Donaumonarchie“ gaben sich die Regierungen alle erdenkliche Mühe, das Reisen zu erschweren, und verlangten von jedermann Pässe und Visa. Um an diese Dokumente zu gelangen, musste man stundenlang anstehen, um am Ende oft nur zu erfahren, dass noch irgendwelche weiteren oder andere Papiere benötigt wurden.

Doch Großmama kürzte diese Prozedur ab. Druckers Vater war ein höherer Beamter im österreichischen Außenwirtschaftsministerium. Daher wandte sie sich an den Büroboten und es gelang ihr, nicht nur einen, sondern vier verschiedene Pässe (einen britischen, österreichischen, tschechischen und ungarischen) zu erhalten.

Als Druckers Vater erfuhr, was sie getan hatte, war er außer sich: „Ein Bürobote des Ministeriums ist ein Staatsbeamter und darf nicht für private Zwecke missbraucht werden!“, rief er. Worauf Großmama ganz ruhig erwiderte: „Das weiß ich. Aber bin ich nicht auch Teil des Staates?“

Die beste Geschichte um seine Großmutter stammt aus der Zeit, bevor er sie zum letzten Mal sah. Drucker gibt sie mit spürbarem Stolz in *Adventures of a Bystander* wieder. Anfang der 30er-Jahre fuhr er gemeinsam mit seiner Großmutter in einer Straßenbahn durch Wien, als ein junger Mann mit einer Hakenkreuzbinde am Arm zustieg. Großmama hielt es nicht lange auf ihrem Sitz. Sie stand auf, stupste den jungen Nazi mit ihrem Regenschirm an und sagte: „Mir ist es ja gleichgültig, was für politische Ansichten Sie vertreten; vielleicht bin ich ja auch in dem ein oder anderen Punkt sogar Ihrer Meinung. Immerhin wirken Sie auf mich wie ein intelligenter, wohlerzogener junger Mann. Aber meinen Sie nicht auch, dass dieses Ding" – und dabei zeigte sie auf die Hakenkreuzarmbinde – „für andere Menschen eine Art Beleidigung darstellt? Andere Menschen wegen ihrer Religion zu diffamieren, zeugt nicht gerade von guten Manieren. So wie es keine guten Manieren sind, sich über die Akne anderer Menschen lustig zu machen. Sie wollen doch auch nicht Pickelgesicht genannt werden, oder?"

Drucker schrieb, dass er vor lauter Angst, was nun folgen würde, den Atem anhielt. Schon damals wurde den Nazis beigebracht, „auch alte Frauen ohne Mitleid zu verprügeln". Doch zu Druckers Erleichterung zog der junge Nazi die Hakenkreuzbinde vom Ärmel und stopfte sie in seine Tasche. Als er ein paar Stationen weiter ausstieg, lüftete er sogar noch seinen Hut vor der alten Dame. Obwohl die gesamte Familie entsetzt war, als sie davon erfuhr, waren alle zugleich beeindruckt und amüsiert von dem, was passiert war.

Zu jener Zeit gehörte Druckers Vater noch zu denen, die vergeblich versuchten, die Nazis aus Österreich fernzuhalten. „Am besten wäre es, wenn Großmama den ganzen Tag über mit der Straßenbahn unterwegs wäre", sagte er lachend.

Damals fing Drucker an, die Vorstellung von Großmama als „dummer, alter Frau" zu hinterfragen.

„Es ging ja nicht alleine darum, dass ihre vermeintliche Einfalt durchaus funktionierte", schrieb er. „Sie umging die Behördenschikanen der Nachkriegszeit, ohne stunden- oder tagelang in der Schlange zu stehen. Sie brachte ihren Lebensmittelhändler dazu, ihr einen Rabatt zu gewähren. Sie brachte den jungen Nazilümmel dazu, seine Armbinde abzunehmen."

Drucker vermerkt nebenbei, dass er „sich schon seit Jahren mit Nazis herumstritt und heftige Diskussionen führte, aber sie zeigten nicht die geringste Einsicht. Und hier kam seine Großmutter an und richtete einfach einen Appell an die guten Manieren und es funktionierte."

Auch wenn man sie nicht als klug im landläufigen Sinne bezeichnen konnte, kam Drucker immer mehr zu der Überzeugung, dass sie eher über eine Art „Weisheit verfügte, die etwas anderes ist als Klugheit, Gebildetheit oder die berühmte schnelle Auffassungsgabe. Natürlich wirkte sie ein wenig lächerlich, aber was wäre, wenn sie letztlich recht hatte?"

Drucker schloss mit der Bemerkung, seine Großmama „stand fest auf dem Boden vertrauter Grundwerte. Diese versuchte sie in das 20. Jahrhundert hinüberzuretten, zumindest in ihr Lebensumfeld."

Druckers bedeutendste Lehrer

Peter Drucker sollte sich im Lauf seines Lebens als erstklassiger Lehrer erweisen, der als Professor sogar Berufungen nach Harvard und an andere angesehene Institutionen ablehnte. Seinerseits hatte er aber niemals bessere Lehrerinnen als in der vierten Klasse.

Sie hießen Fräulein Elsa und Fräulein Sophie und waren Schwestern.

Fräulein Elsa war die Schulleiterin der Schule, die Drucker besuchte, und zwar seit deren Eröffnung zwölf Jahre zuvor. Sie war außerdem Druckers Klassenlehrerin, also erteilte sie ihren Kindern vier Stunden pro Tag an sechs Tagen in der Woche Unterricht.

Am Anfang des Schuljahres erklärte Fräulein Elsa, dass sie in den ersten drei Wochen hauptsächlich mit Quizfragen und Tests herausfinden wolle, was die Kinder bereits wüssten. Der kleine Peter Drucker war von diesen Aussichten zunächst nicht besonders begeistert, aber es stellte sich als recht lustig heraus. Das lag daran, dass Fräulein Elsa die Schüler aufforderte, auch sich selbst und die anderen zu beurteilen. Am Ende dieser drei Wochen setzte sie sich mit jedem Einzelnen zusammen und fragte ihn, was er seiner Meinung nach besonders gut gemacht habe.

Sie bestätigte Drucker, dass er sehr gut im Lesen war, aber er brauchte noch mehr Übung im Aufsatzschreiben. Deshalb vereinbarte sie mit ihm, dass er pro Woche zwei Aufsätze schreiben sollte; einen mit einem Thema, das sie ihm geben wollte, und einen mit einem Thema, das er sich aussuchen konnte.

Zum Schluss sagte sie ihm noch, dass er seine Leistungen im Rechnen zu schlecht einschätze. Er sei eigentlich sogar sehr gut. Der junge Schüler war überrascht. Denn andere Lehrer hatten bisher immer gesagt, er sei schlecht im Rechnen. „Das liegt daran, dass deine Ergebnisse oft nicht stimmen", erklärte sie geduldig. „Und sie stimmen deshalb nicht, weil du nicht ordentlich nachrechnest und kontrollierst. Du machst auch nicht mehr Fehler als andere, aber du gibst dir keine Mühe, deine Rechenaufgaben zu kontrollieren. Deshalb rutschen dir zu viele durch. Also werden wir in diesem Jahr mit dir insbesondere das Nachrechnen üben. Damit ich sichergehen kann, dass du das tust, bekommst du die Aufgabe, die Rechenaufgabe aller fünf Kinder in deiner Reihe und in der Reihe vor dir nachzurechnen." Fräulein Elsa sagte Drucker, sie sollten sich einmal in der Woche zusammensetzen, um zu überprüfen, ob er Fortschritte machte.

Wenn ein Schüler zu übermütig wurde oder sich etwas Schlimmes zuschulden kommen ließ, indem er beispielsweise von anderen abschrieb, dann hielt uns Fräulein Elsa „eine Standpauke, die sich gewaschen hatte". Aber die Kinder wurden nie vor versammelter Klasse heruntergeputzt, sondern immer nur unter vier Augen.

Fräulein Elsa konzentrierte sich also auf die Stärken jedes einzelnen Schülers und setzte ihm kurzfristige wie auch langfristige Ziele, um seine Stärken weiterzuentwickeln. Dann und nur dann kümmerte sie sich auch um dessen Schwächen. Dann gab sie das Feedback, das die Schüler benötigten, um ihre Leistung zu verbessern und „sich eine Richtung zu geben". (Daraus sollte später einer von Druckers Managementgrundsätzen erwachsen: Er forderte, den Mitarbeitern Feedback zu geben, damit sie sich „selbst eine Richtung geben können", denn „alle Entwicklung ist Selbstentwicklung").

Am Beginn des Schuljahres machte Fräulein Elsa Peter sehr deutlich, dass sie ihn für die Sachen, die er gut konnte, nicht ausdrücklich loben müsse oder wolle, das brauche nicht besonders erwähnt zu werden. Aber sie würde uns „wie ein Racheengel verfolgen, wenn wir uns nicht anstrengen, in den Bereichen, wo wir noch nicht so gut waren, besonders dort, wo man sich einfach nur verbessern musste".

Auf die Frage, was Fräulein Elsa für die Kinder denn nun zu so einer großartigen Lehrerin gemacht habe, erklärte Drucker: „Sie war kein bisschen ‚kindorientiert' ..., sondern ihr Interesse war einzig darauf gerichtet, dass wir etwas *lernen*. Natürlich kannte sie schon nach einer Woche die Namen ihrer Schüler, deren Eigenheiten und vor allem deren Stärken ... Wir liebten sie nicht, aber wir respektierten sie sehr."

„Im Gegensatz dazu war Fräulein Sophie völlig kindorientiert", schrieb Drucker. Die Schüler „schwärmten immer um sie her". Drucker beschrieb, wie immer eines von den Kindern bei ihr auf dem Schoß saß und selbst die älteren Schüler hatten keine Scheu, zu ihr zu rennen, wenn irgendetwas nicht in Ordnung war.

Die Kinder überschütteten Fräulein Sophie mit ihren kleinen Problemen, teilten aber auch ihre kleinen Triumphe mit ihr. Auch wenn sie sich nie an die Namen der Schüler erinnern konnte, hatte sie für jeden ein anerkennendes Tätscheln oder eine Umarmung übrig, und sie lobte viel und gratulierte jedem, wenn er etwas erreicht hatte.

Sie unterrichtete Kunst und Handarbeit in einer Art Atelier. Drucker beschreibt diesen Raum als einen magischen Ort, wo es alles gab, was ein Kind sich darin nur wünschen konnte, wie Staffeleien, Buntstifte, Pinsel, Werkzeuge, Hämmer, bis hin zu Nähmaschinen für Kinder. Fräulein Sophie überließ die Kinder weitgehend sich selbst, indem sie sie einfach ausprobieren ließ – „dabei bot sie stets ihre Hilfe an, erteilte aber nie Ratschläge und übte keinerlei Kritik".

Fräulein Sophie unterrichtete ihre Schüler „nonverbal und völlig gelassen". Wenn sich ein Kind mit Zeichnen oder Schnitzen beschäftigte, schaute sie höchstens eine Weile zu und ergriff dann allenfalls mit ihrer sehr kleinen Hand (sie war sehr zierlich) die Hand des Kindes und führte sie so lange, bis der Junge oder das Mädchen verstanden hatte, wie es ging. Und wenn ein Kind überhaupt nicht zeichnen konnte, nahm sie einen Stift oder einen Pinsel zur Hand und malte damit „ganz einfache geometrische Linien, aus denen sich dann aber die Figur einer Katze wie von selbst ergab“. Irgendwann erkannte dann auch der Schüler, was dabei herauskommen sollte, und fing laut an zu lachen. Dann lächelte auch Fräulein Sophie und das war „das einzige Lob, das sie bei ihrem Unterricht je erteilte, aber für den jeweiligen Schüler bedeutete es das höchste Glück“. Nie, niemals kritisierte sie ein Kind, egal wie schwerfällig es auch lernen mochte.

Drucker bezeichnete Fräulein Elsa als „die perfekte Ausprägung der sokratischen Methode“ und Fräulein Sophie als „Zen-Meisterin“.

Drucker machte daran anschließend ein erstaunliches Geständnis. Er gab zu, dass er sich auf jeden Fall auch mit einer Lehrtätigkeit verdingt hätte, weil er als junger Mann dringend auf einen Broterwerb angewiesen war, aber ohne diese beiden überragenden Lehrerinnen hätte er es nie gemacht.

„Wenn ich mich nicht an Fräulein Elsa und Fräulein Sophie hätte erinnern können, hätte ich es nie gewagt, selbst eine Lehrtätigkeit anzufangen.“ Aus dieser Erfahrung heraus wusste Drucker, „dass es möglich ist, Lehren und Lernen auf hohem Niveau mit großer Intensität und großer Freude zu betreiben. Diese beiden Frauen haben für mich dafür einen Maßstab gesetzt und das Vorbild dafür gegeben.“

Das Ungeheuer und das Lamm

Im Frühjahr 1932 hatte sich Drucker entschlossen, Frankfurt zu verlassen, denn er war sich vollkommen darüber im Klaren, was es für Deutschland bedeutete, wenn die Nazis an die Macht kämen. Drucker war 1927 aus Österreich nach Deutschland gekommen, um in einer Import-Export-Firma in Hamburg ein Praktikum zu absolvieren. Nach einem knappen Jahr zog er nach Frankfurt um, um dort in einer Merchant-Bank der europäischen Filiale einer Wall-Street-Firma zu arbeiten. Doch der Börsenkrach von 1929 bereitete diesem Berufsweg schnell ein Ende und durch Zufall fand Drucker eine Stelle als Finanzkorrespondent bei der damals populärsten Zeitung Frankfurts. Drucker machte dort rasch Karriere und wurde innerhalb von zwei Jahren verantwortlicher Redakteur für Auslands- und Wirtschaftsnachrichten.

Drucker sagte, dass er seinen schnellen beruflichen Aufstieg weniger sich selbst verdanke als vielmehr dem Zustand Europas nach dem Ersten Weltkrieg. „Der Grund dafür, dass ich schon mit Anfang zwanzig zum Ressortleiter bei einer führenden Frankfurter Tageszeitung aufstieg, lag weniger darin, dass ich so gut war, sondern darin, dass die Generation vor mir im Krieg praktisch ausgelöscht wurde. Es gab einfach keine Dreißigjährigen mehr, als ich zwanzig war; sie lagen auf den Soldatenfriedhöfen von Flandern und Verdun, von Russland und am Isonzo ... Die Menschen können sich heutzutage – vor allem in Amerika – kaum vorstellen, wie die Nachwuchsführungsschicht in Europa durch den Ersten Weltkrieg dezimiert wurde."

Drucker war ein heller Kopf und schaffte es 1931 auch noch (mit zweiundzwanzig Jahren), seine Doktorarbeit in Völkerrecht und Staatsrecht abzuschließen.

Neben seiner Vollzeitarbeit als Journalist hatte er noch einen Lehrauftrag an der Juristischen Fakultät und schrieb Artikel für andere Zeitschriften. Inzwischen hatte er auch schon das Gefühl, dass ihn die Arbeit für die Zeitung nicht mehr ausfüllte, und sah sich nach einer anderen Tätigkeit um. Gleichzeitig bereitete er sich darauf vor, Deutschland zu verlassen. Drucker konnte sich nicht vorstellen, dass es mit Hitler und den Nazis gutgehen würde, deshalb fasste er einen Plan, „der es den Nazis unmöglich machen würde, dass sie mit mir und gleichfalls ich mit ihnen irgendetwas zu tun bekäme".

Drucker nahm sich vor, ein Buch zu schreiben, nein, etwas Kleineres, „eher eine Art Aufsatz oder Pamphlet über Deutschlands einzigen politischen Philosophen, den Staatsrechtler Friedrich Julius Stahl", der ebenfalls Jude war (1802–1861). Ein zustimmendes Buch über diesen Verteidiger der Freiheit bedeutete nach Druckers Worten „einen Frontalangriff gegen den Nazismus". Wie Drucker vorausgeahnt hatte, wurde es von den Nazis sogleich verbrannt. Trotzdem war es Drucker wichtig, sein Anliegen unbeirrt weiterzuverfolgen: „Ich wollte mit absoluter Klarheit deutlich machen, wo ich stand. Und ich wusste, dass ich um meiner selbst willen sicherstellen musste, dass ich meine Stimme erhoben hatte, selbst wenn es niemanden kümmerte."

Drucker veröffentlichte vier Jahre nach dem Buch über Stahl ein weiteres kleines Buch, auch eher eine Broschüre unter dem Titel *Die Judenfrage in Deutschland,* das ebenfalls verbrannt wurde. Das einzige noch existierende Exemplar befindet sich in der Österreichischen Nationalbibliothek und trägt einen Verwaltungsstempel mit einem Hakenkreuz.

Drucker war nicht überrascht, dass Hitler die Reichstagswahlen gewann und am 31. Januar 1933 an die Macht kam. Er beobachtete das Aufkommen der Nazis schon seit Jahren mit Furcht und Sorge und hatte schon 1927 (als sie bei den damaligen Reichstagswahlen starke Verluste hinnehmen mussten) völlig richtig vorhergesagt, dass sie eines Tages doch noch an die Macht kommen würden.

Insbesondere ein Ereignis überzeugte Drucker ein für allemal davon, dass er Deutschland verlassen musste. Dies war eine Fakultätskonferenz in Frankfurt, die erste und einzige, an der er jemals teilnahm. Es war die erste unter der Leitung eines frisch ernannten Kommissars der Nazis und sie verlief katastrophal.

Die erste Ankündigung lautete, dass alle Fakultätsmitglieder jüdischer Abstammung mit sofortiger Wirkung von der Universität ausgeschlossen und ohne weitere Gehaltszahlung entlassen würden. Danach wurde es noch schlimmer, denn der Nazi-Kommissar erging sich in einer vulgären Tirade. Er bedrohte jedes einzelne Fakultätsmitglied: Entweder sie gehorchten den Befehlen von oben oder sie würden in Konzentrationslager gesteckt. Da entschloss sich Drucker, Deutschland innerhalb von zwei Tagen zu verlassen. Als er nach Hause kam, waren die Druckfahnen seines Buches über Stahl gerade angekommen, wofür Drucker sehr dankbar war. Er las die Fahnen noch am selben Abend. Gegen zehn Uhr war er davon völlig ermüdet, aber überraschenderweise klopfte jemand an seine Tür. Er sagt, dass sein Herzschlag einen Moment aussetzte, als ein Sturmtrupp vor seiner Tür stand. Allerdings war er wieder einigermaßen beruhigt, als er dessen Anführer erkannte, einen Mann namens Hensch, ein früherer Kollege vom *Frankfurter General Anzeiger* – die Zeitung, für die Drucker gearbeitet hatte.

Drucker erinnert sich, dass die beiden bemerkenswertesten Dinge an Hensch seine zauberhafte jüdische Freundin (von der er sich trennte, als

Hitler an die Macht kam) und seine Mitgliedschaft sowohl in der Kommunistischen Partei wie in der NSDAP waren.

Hensch hatte bereits vernommen, dass Drucker seine Arbeit bei der Zeitung wie seinen Lehrauftrag aufgegeben hatte, und wollte ihn davon abhalten, bei der Zeitung aufzuhören. Davon wollte Drucker aber nichts wissen.

Daraufhin änderte Hensch seine Taktik und erging sich in einem Lamento, wie sehr er Drucker beneide, dass er selbst bei weitem nicht so „clever" sei und sich wünsche, er könnte ebenfalls die Arbeit dort aufgeben. Aber das gehe nicht. Er brauche Geld und er wolle eine angesehene Stellung und Macht. Aufgrund seiner niedrigen Parteimitgliedsnummer in der NSDAP (was bedeutete, dass er schon sehr lange dabei war und zu den „alten Kämpfern" zählte) sei er nun eben wer. „Denken Sie an meine Worte", sagte er zu Drucker, *„von jetzt an werden Sie von mir hören."*

In diesem Augenblick öffnete sich für Drucker ein Fenster in die Zukunft. Er wusste, dass Hitler seine Ankündigungen, die er in seinem Buch *Mein Kampf* niedergelegt hatte, wahr machen würde (das Buch war ein Flop, als es 1925 veröffentlicht wurde, aber es wurde nach Hitlers Machtübernahme zum Bestseller und verkaufte sich fast ebenso gut wie die Bibel). Das Buch enthielt bereits den Plan für Krieg und Völkermord, von denen Europa in den folgenden Jahren heimgesucht werden sollte. „Plötzlich sah ich, was alles auf uns zukommen würde, die ganze schreckliche, unmenschliche Bestialität."

Drucker sagte bereits in seinem ersten „richtigen" Buch den Holocaust voraus. Es erschien 1939 in New York auf Englisch: *The End of Economic Man: A Study of the New Totalitarism* (es handelt sich nicht um ein Managementbuch). An dem Abend, als Hensch ihn besuchte, wusste Drucker, dass es Hitler gelingen würde, seine umfassende Tötungsmaschinerie in Gang zu setzen. Hensch war ein durchschnittlicher, unauffälliger Mensch und das bedeutete, dass es Hunderttausende, ja Millionen andere wie ihn gab, die bereit waren, Hitlers Tötungsmaschine zu bedienen.

Drucker kam 1937 in den Vereinigten Staaten an und hörte nie mehr etwas von Hensch. Aber kurz nachdem die Nazis besiegt waren, fiel sein Blick 1945 zufällig auf eine kurze Notiz in der *New York Times*:

> „Reinhold Hensch, einer der gesuchtesten Nazi-Kriegsverbrecher, beging Selbstmord, als er im Keller eines zerbombten Hauses in Frankfurt von amerikanischen Truppen entdeckt wurde. Hensch, der stellvertretender Leiter der SS war und den Rang eines Generalleutnants bekleidete, kommandierte die berüchtigten Exekutionskommandos und war verantwortlich für die Vernichtungskampagne gegen Juden und andere „Feinde des nationalsozialistischen Staates“ ... Er war so brutal, grausam und blutrünstig, dass er selbst bei seinen eigenen Männern als ‚das Ungeheuer‘ verschrien war.“

Drucker gelang es 1933, Deutschland in Richtung Wien zu verlassen, und er ging, wie geplant, einige Wochen später nach England. Dort kannte er einen einzigen Menschen: den renommierten deutschen Journalisten Graf Albert Montgelas, der Londoner Korrespondent für die Ullstein-Zeitungsverlage in Berlin war. Kurz bevor Drucker Wien verließ, schickte er Montgelas eine Nachricht und war freudig überrascht, als er von dem Grafen eine telegrafische Antwort erhielt, in der dieser ihn bat, so schnell wie möglich zu kommen: „Ich brauche Sie.“

Als Drucker ankam, löste der Graf gerade sein Büro auf, da er ebenfalls kurz nach der Machtergreifung der Nazis seinen Posten aufgegeben hatte.

Montgelas war zutiefst beunruhigt, weil ein damals berühmter deutscher Journalist, Paul Scheffer, der seit 1930 auf Posten in New York gewesen war, ein Angebot angenommen hatte, das die Nazis ihm gemacht hatten: Er sollte Chefredakteur des angesehenen *Berliner Tageblatts* werden. Fünfzig Jahre lang erfreute sich die Zeitung eines Rufs, der nur mit dem der *New York Times* oder der *Times* in London vergleichbar war. Scheffer hatte den Aufstieg von Franklin D. Roosevelt vom Gouverneur von New York zum Präsidenten der USA beobachtet und journalistisch begleitet und wollte vor seiner Rückkehr nach Deutschland nun nur noch über dessen Amtseinsetzung berichten. Montgelas wollte Scheffer die Übernahme des Chefredakteurs-Postens mit Druckers Hilfe unbedingt ausreden.

(Anmerkung der Redaktion: Drucker schreibt eindeutig, dass Montgelas Ullstein-Korrespondent war; der Ullstein-Verlag gab das große hauptstädtische Konkurrenzblatt heraus, die altehrwürdige Vossische Zeitung. Das Ber-

liner Tageblatt gehörte hingegen zum Mosse-Verlag. Beides waren „jüdische“ Verlage.)

Scheffer war kein Dummkopf. Er war sich völlig darüber im Klaren, was die Nazis im Schilde führten, aber er glaubte, er könne etwas dagegen tun. „Gerade weil es so entsetzlich ist, muss ich diese Aufgabe übernehmen“, sagte er. „Ich bin der Einzige, der bei der Zeitung das Schlimmste verhüten kann. Die Nazis können auf mich und das *Berliner Tageblatt* nicht verzichten ... Sie brauchen jemanden wie mich, der sich im Westen auskennt, der weiß, mit wem man reden kann und auf wen man hören muss. Sie brauchen mich, weil keiner von ihnen eine Ahnung hat von der Welt außerhalb Deutschlands.“

Montgelas fragte Scheffer, ob er nicht befürchte, von den Nazis „nur als Feigenblatt benützt zu werden, um den Anschein der Seriosität zu wahren und das Ausland an der Nase herumzuführen“. Zudem hatte Scheffer ein schriftliches, von dem legendären *Time*-Verleger Henry Luce persönlich (auf *Time*-Briefpapier) unterzeichnetes Angebot in der Tasche: Wenn er wollte, konnte er europäischer Chefkorrespondent für *Time, Fortune* und ein damals in der Planung befindliches Illustrierten-Projekt werden (aus dem das berühmte *Life*-Magazin hervorgehen sollte); für später wurde ihm sogar der Chefredakteursposten in Aussicht gestellt. Bereits Scheffers Frau hatte ihren Mann dringend gebeten, das Angebot von Luce anzunehmen.

Doch Scheffer wollte von alledem nichts hören. Er meinte, er sei die Übernahme des Postens in Berlin seinem Mentor „schuldig“, dem bisherigen Chefredakteur Theodor Wolff, einem Juden, der wenige Wochen nach der Machtergreifung auf Druck der Nazis seinen Posten räumen und aus Deutschland fliehen musste. So überstürzten sich die Ereignisse in jenem turbulenten Frühjahr 1933. Scheffer meinte, die Übernahme des Postens auch seinem Land schuldig zu sein, und ließ sich nicht davon abbringen.

Von Anfang an wurde er von den Nazis genau in der Weise benutzt, wie Drucker und Montgelas es befürchtet hatten. „Er wurde mit Titeln, Geld und Ehrungen überhäuft“, schrieb Drucker. „Um zu zeigen, dass alle Geschichten, die über die Nazis und die Art und Weise, wie sie die Pressefreiheit einschränkten, in Umlauf waren, nichts als dreckige Lügen der Juden seien, verwiesen sie eben auf die Ernennung des anerkannten Scheffer zum Chefredakteur. Wenn dann doch irgendwelche Nachrichten über Gräueltaten der Nazis ruchbar wurden, wurde Scheffer in die westlichen Botschaften oder zu Treffen mit ausländischen Korrespondenten geschickt, um ihnen zu versichern, es handle sich lediglich um vereinzelte Exzesse, die nicht wieder vorkommen sollten."

Zwei Jahre nachdem Scheffer den Posten übernommen hatte und er und das *Berliner Tageblatt* in dieser Weise von den Nazis als publizistisches Feigenblatt missbraucht worden waren, „verschwand er spurlos", so Drucker – das Erscheinen der Zeitung wurde 1939 endgültig eingestellt.

In einem Kapitel seines Buches *Adventures of a Bystander*, das mit „Das Ungeheuer und das Lamm" überschrieben ist, macht sich Drucker Gedanken darüber, wofür diese beiden Menschen – Reinhold Hensch und Paul Scheffer – exemplarisch stehen. Er verweist in diesem Zusammenhang auf die deutsch-amerikanische Philosophin Hannah Arendt, die in ihrem Buch über den Organisator der Judenvernichtung, Adolf Eichmann, den Begriff von der „Banalität des Bösen" geprägt hat. Drucker hingegen bezeichnet dies als eine „höchst unglückliche Formulierung".

„Das Böse ist niemals banal. Menschen, die Böses tun, sind es in der Tat oft", konstatierte Drucker. „Das Böse bemächtigt sich der Henschs und Scheffers dieser Welt gerade deshalb, weil es so ungeheuerlich und Menschen bisweilen so trivial sind ... und weil das Böse niemals banal ist, Menschen es aber sehr oft sein können, darf man sich niemals und unter keinen Umständen mit den Bösen einlassen – denn die Bedingungen werden immer vom Bösen diktiert. Der Einzelne wird immer zum Werkzeug des Bösen, so ist es bei den Henschs, die glauben, sie könnten das Böse vor den Karren ihres persönlichen Ehrgeizes spannen, und so ist es auch bei den Scheffers, die gutgläubig meinen, sich mit dem Bösen einlassen zu können, um Schlimmeres zu verhüten."

Drucker beendet dieses Kapitel mit der Frage, wer mehr Schaden angerichtet habe, das Ungeheuer oder das Lamm? „Was ist schlimmer, Henschs sündiges Streben nach Macht oder Schäffers Hybris und sündiger Stolz? Vielleicht gehören beide jedoch gar nicht zu den größten Vergehen der Menschen, sondern die wirklich große Sünde der Menschheit überhaupt ist vielleicht die heutige generelle Indifferenz des 20. Jahrhunderts, die sich in dem Verhalten des Biochemikers widerspiegelt, der weder tötet noch lügt, aber sich weigert, bei der ‚Kreuzigung des Herrn' – um das Bild aus dem Evangelium zu verwenden – als Zeuge aufzutreten."[4]

Dies sind nur einige wenige Menschen – und Ereignisse –, die Peter Drucker auf seinem Lebensweg geformt haben. Es gibt noch zahllose andere. Ich habe diese wenigen ausgewählt, weil es sich dabei um Menschen handelte, deren Einfluss besonders nachhaltig wirkte. Sie berührten ihn in einer Weise, wie es bei anderen nicht der Fall war.

Diese Begegnungen hatten indes weniger Einfluss auf Druckers Denken, vielmehr formten sie seinen Charakter. Dieses Thema ist in Druckers Werken und in seinem Leben immer präsent. Sie gaben ihm seine offene, tolerante Weltsicht mit auf den Weg.

Die Menschen, die Drucker als Kind bei den Abendeinladungen im Hause seiner Eltern kennenlernte, weckten sein Interesse an einer Vielzahl von Dingen, wie Politik, Kunst, Naturwissenschaften, Recht, Wirtschaft und vieles andere. Sie erweiterten seinen geistigen Horizont, eine Vorbereitung auf all das, was ihn später beschäftigen sollte.

Seine Großmutter war natürlich alles andere als eine „dumme, alte Frau". Sie lehrte ihn durch ihre Art Bescheidenheit und Lebensweisheit. Außerdem besaß sie großen Mut, eine Eigenschaft, die auch Drucker in hohem Maß auszeichnete. Beide boten, jeder auf seine Art, den Nazis die Stirn. Seine Großmutter tat dies bei der Episode in der Straßenbahn und Drucker mit seinen verfemten Schriften.

Fräulein Elsa und Fräulein Sophie zeigten Drucker, dass das Unterrichten eine faszinierende Tätigkeit sein kann. Er räumte ein, dass er ohne dieses

---

4) Bei dem „Biochemiker" handelt es sich um einen sehr angesehenen Professor der Frankfurter Universität, laut Drucker in *Adventures of a Bystander* „nobelpreiswürdig", der für seine liberale Gesinnung bekannt war.
In *Adventures of a Bystander* schildert Drucker die Fakultätssitzung mit dem Nazi-Kommissar etwas ausführlicher: Der Nazi brüllte schlimmer als auf einem Kasernenhof herum, die jüdischen Universitätsmitglieder wurde praktisch fristlos entlassen – aber es erhob sich nicht ein Wort des Widerspruchs. Nur der besagte Biochemiker stand auf und fragte, ob er denn weiterhin Mittel für die Physiologie-Forschung bekäme … Anm. d. Ü.

Beispiel seiner beiden Lehrerinnen in der vierten Klasse sein Leben vielleicht nicht auf seine Art dem Unterrichten anderer Menschen gewidmet hätte.

Beide Frauen lehrten ihn, sich auf seine Stärken zu konzentrieren. Fräulein Elsa brachte ihm bei, sich auf die Resultate zu konzentrieren, weil es die Ergebnisse sind, die am Ende stimmen müssen. Um durch Lernen etwas zu erreichen, muss man wissen, was man am besten kann, und man sollte diejenigen Bereiche kennen, in denen man sich noch verbessern kann. Die Art, wie Fräulein Elsa vorging, nachdem sie die Schüler zur Selbsteinschätzung aufgefordert hatte, ermöglichte es den Kindern, ihre eigenen Stärken zu erkennen, auf deren Grundlage sie sich weiterentwickeln konnten. Daraus wurde auch ein wesentlicher Ansatz in Druckers Managementlehre. In *Die Praxis des Managements* schrieb er: „Jeder Manager muss diejenigen Informationen erhalten, die er braucht, um seine eigene Leistung messen und beurteilen zu können. Er muss sie so frühzeitig erhalten, dass er auch die notwendigen Veränderungen im Hinblick auf die erwünschten Ergebnisse vornehmen kann."

Drucker erlebte beide Weltkriege, eine Erfahrung, die nur noch wenige lebende Schriftsteller am Ende des 20. Jahrhunderts teilten. Durch seine Begegnungen mit dem Ungeheuer und dem Lamm bekamen der Faschismus und der Nazismus für ihn ein Gesicht. Er beobachtete den Aufstieg der Nazis zur Macht aus nächster Nähe von den späten 20er-Jahren an bis zu Hitlers Machtübernahme 1933. An dem Abend, als Hensch, der später „das Ungeheuer" genannt wurde, ihn kurz vor seiner Abreise aus Deutschland aufsuchte, erkannte Drucker, welche Zukunft dem Land bevorstand. Er betrachtete den Nazismus in erster Linie als gesellschaftliches Phänomen; erst sehr viel später wurde sein Buch *The End of Economic Man* aus diesem Grund von der akademischen Welt zurückgewiesen.

Drucker beobachtete außerdem, dass die Todsünde des Hochmuts ebenso zerstörerisch sein kann wie ein Ungeheuer von der Art des Reinhold Hensch. Paul Scheffers Glaube – „nur ich kann das Schlimmste verhindern" – führte direkt in den Abgrund. Trotz seiner guten Vorsätze wurde Scheffer schnell zu einem Komplizen der Nazis. Er war ihr Aushängeschild auf der internationalen Bühne, der ihnen eine Zeitlang nach außen einen gewissen legitimen Anstrich gab. Indem er zu verschleiern half, was unter der Naziherrschaft in Deutschland vorging, lieferte er etlichen Politikern im Ausland möglicherweise einen Vorwand, sich auf eine neutrale Position zurückzuziehen.

Im Ergebnis beurteilt Drucker das Lamm als genauso fatal und destruktiv wie das Ungeheuer. Beiden verdankt er anschauliche Vorstellungen – dadurch, dass er diese beiden Männer kannte, wusste er genau, wogegen er sich wenden musste. In allen seinen Büchern, in seiner gesamten Lehr- und Beratungstätigkeit ging es ihm immer darum, Wissen zu verbreiten und zum Gebrauch des Verstandes anzuregen, unsere Institutionen zu stärken und anderen zu zeigen, dass es sich lohnt, dasselbe zu tun. Drucker war zeit seines Lebens ein äußerst bescheidener Mensch, der sich nie zu Hochmut oder Stolz hinreißen ließ. Wenn er einen Fehler gemacht hatte, gab er dies ohne Umschweife zu, zog seine Lehren daraus und fuhr mit seiner Arbeit fort.

Nach Meinung der Drucker-Biografin Elizabeth Haas Edersheim war Druckers unmittelbares Erleben der Krisenzeiten nach dem Ersten Weltkrieg – bei Kriegsende 1918 war Drucker neun Jahre alt, 1933 war er dreiundzwanzig – für sein gesamtes weiteres Leben prägend: „Peters Leidenschaft war die direkte Folge des Niedergangs der europäischen Wirtschaft um 1930, den er selbst erlebte.", schrieb sie in *The Definitive Drucker* (dt.: Peter F. Drucker – Alles über Management, Redline Wirtschaft, 2007, S. 32).

„Das Versagen und der Zusammenbruch, den er in den 30er-Jahren beschrieb, standen seiner Auffassung nach in direkter Verbindung mit dem schlechten Management in der Regierung und in der Wirtschaft. Er war überzeugt, dass das Fehlen eines entwicklungsfähigen Motors in der europäischen Wirtschaft Adolf Hitler erst an die Macht brachte."

Weiterhin erklärt sie: „Der Aufstieg von Faschismus und Kommunismus bestätigte Druckers Ansicht, dass in jeder Gesellschaft ein entscheidendes Bedürfnis nach dynamischen Unternehmen besteht. Ohne ökonomische Möglichkeiten, so schrieb er im Jahr 1933, „stellten die Menschen in Europa erstmals fest, dass die Existenz in dieser Gesellschaft nicht von Rationalität und Vernunft bestimmt wird, sondern von blinden, irrationalen und dämonischen Kräften". Nach seiner Meinung isoliert das Fehlen eines ökonomischen Motors die Menschen und lässt sie destruktiv werden."

Druckers erste zwei Bücher (die beiden von den Nazis unterdrückten Broschüren zählen hier nicht mit) befassten sich mit diesen Themen. Druckers erstes Buch *The End of Economic Man: A Study of the New Totalitarism* kam im Frühjahr 1939 in New York heraus. Schon kurz nach seiner Veröffentlichung erlangte es sehr viel Aufmerksamkeit, vor allem, wenn man bedenkt, dass es sich um ein Erstlingswerk handelte. Es enthielt eine genaue Voraussage des Holocaust.

Churchill war voll des Lobes über dieses Buch. Nachdem er britischer Premierminister geworden war, ordnete er an, dass Druckers Buch zur Grundausrüstung jedes Offiziersanwärters in Großbritannien gehören musste. (Das andere Buch, das zu dieser Ausrüstung gehörte, war *Alice im Wunderland* von Lewis Carroll. Als Drucker davon hörte, meinte er, da habe jemand aber einen eigenartigen Sinn für Humor.)

Auch wenn das Buch erst ein halbes Jahr vor Beginn des Zweiten Weltkrieges veröffentlicht wurde, so hatte Drucker schon sehr viel früher mit dem Schreiben begonnen, nämlich bereits kurz nach Hitlers Machtübernahme 1933. Die Art und Weise, wie das Buch von der akademischen Welt ignoriert und ablehnend behandelt wurde, war schon ein Vorzeichen für Druckers gesamte übrige berufliche Laufbahn. In den 1960er- und 1970er-Jahren wurde das Buch von der Gelehrtenwelt einfach nicht zur Kenntnis genommen, erzählte Drucker. Der Grund dafür war, dass es nicht in die beiden vorherrschenden Erklärungsmuster für das Aufkommen des Nazismus passte: Das eine besagte, der Nazismus sei ein „hauptsächlich deutsches Phänomen", das andere, es handle sich um „das letzte Aufbäumen des Kapitalismus".

Druckers Buch hingegen „behandelte den Nazismus – und den Totalitarismus insgesamt – als eine *gesamteuropäische* Krankheit, die im Hitler-Deutschland nur ihre extremste und wahrlich krankhafteste Ausprägung fand, wobei der Stalinismus aber auch nicht wesentlich anders und nicht wesentlich besser war. Das wurde „nicht als politisch korrekt" angesehen", lautet Druckers resignierter Kommentar dazu.

Der andere Grund, warum das Buch seiner Meinung nach ignoriert wurde, lag darin, dass es ein „komplexes gesellschaftliches Phänomen als gesellschaftliches Phänomen behandelte". – „Das wird immer noch als Ketzerei betrachtet", schrieb er 1994.

Im Jahr 1942 veröffentlichte Drucker das Buch *The Future of Industrial Man* (dt.: Die Zukunft der Industriegesellschaft, 1967), das seiner mehrjährigen Studie über General Motors und der Veröffentlichung seines ersten Wirtschaftsbuchs *Concept of the Corporation* unmittelbar vorausging. In diesem Buch vertritt Drucker den Standpunkt, „dass die fundamentalste Institution in einer Industriegesellschaft eine Gemeinschaft sein muss, die einen Status verleiht, und eine Gesellschaft, die ihren Mitgliedern eine Funktion überträgt. Die Gesellschaft braucht hierzu eine bestimmte Institution. Bisher nenne ich diese Institution allerdings noch nicht Unternehmen."

Drucker sagte, dass das Wort *Unternehmen* bis in die erste Nachkriegszeit nach dem Zweiten Weltkrieg nicht verwendet wurde; möglicherweise sei er der Erste gewesen, der das Wort in Sinne eines „großen Wirtschaftsbetriebs" in *Concept of the Corporation* gebraucht habe. In *Industrial Man* vertritt er den Standpunkt, dass sich die moderne Industriegesellschaft, wie sie sich zu jener Zeit abzeichnete, von allen vorausgegangenen Gesellschaftsformen unterscheide. „Sie ist anders strukturiert als die Gesellschaften des 19. und des frühen 20. Jahrhunderts, mit anderen Anforderungen, anderen Werten und anderen Chancen."

In diesen ersten beiden Büchern kann man schon den Drucker erkennen, der das moderne Management, wie wir es heute kennen, als eigenen Bereich des gesellschaftlichen Lebens herausarbeitet und „erfindet". Er betrachtete auch den Nazismus und den Totalitarismus als „gesellschaftliche" Phänomene. In *The Future of Industrial Man* sah er die aufkommende moderne Industriegesellschaft, die aufkommenden Großunternehmen (die man noch nicht so bezeichnete) als etwas, das sich von den Wirtschaftsinstitutionen des späten 19. Jahrhunderts wie denen des frühen 20. Jahrhunderts deutlich unterschied. Und dieser Unterschied besteht nicht nur hinsichtlich der Struktur oder der äußeren Form – es geht auch um andere Chancen und Werte.

Während der ersten Stunde meines Gespräches mit ihm, ließ er sich darüber aus, wie er das Management als gesellschaftliche Einrichtung begriffen und darzustellen versucht habe. Niemand habe bis dahin ein Wirtschaftsunternehmen als eine gesellschaftliche Einrichtung betrachtet. „Das hatte zwar keinen langanhaltenden Effekt, aber es hatte den größten Einfluss", stellte Drucker fest.

Drucker sagte zu mir, wenn es die beiden vorangegangenen Bücher nicht gegeben hätte, dann wäre *Concept of the Corporation* nie erschienen. Sein Verlag publizierte *Concept* nur deswegen, weil Druckers erste beiden Bücher sehr erfolgreich waren. Und wäre *Concept* nicht erschienen, dann hätte der Peter Drucker, wie wir ihn kennen – der Erfinder des Managements – möglicherweise einen ganz anderen Lebens- und Berufsweg eingeschlagen. Das möchte ich mir lieber nicht ausmalen.

Danksagung

Ohne die enge Zusammenarbeit mit Peter F. Drucker wäre dieses Buch nie zustande gekommen. Als Dr. Drucker von meinem Vorhaben erfuhr, bot er mir jede erdenkliche Hilfe an und löste dieses Versprechen auf vielerlei Weise ein. Ich stehe tief in seiner Schuld und werde mich seiner immer als eines großen, außergewöhnlichen Menschen erinnern, der er tatsächlich war.

Eine Reihe von Kollegen und Freunden haben das Manuskript in einem frühen Stadium gelesen und haben Verbesserungsvorschläge gemacht und alle waren so freundlich, dem Buch schriftliche Testimonials mit auf den Weg zu geben. Zu diesen sehr geschätzten Freunden und Kollegen gehören: Warren Bennis, Philip Kotler, Robert J. Herbold, Barbara Bund, Jack Zenger, Christopher Bartlett und Bill McDermott. Ich danke ihnen sehr, dass sich alle diese vielbeschäftigten Menschen die Zeit genommen haben, das Manuskript zu lesen und ihre Vorschläge dazu zu machen.

Die Portfolio-Gruppe im Penguin-Verlag ist ein unvergleichliches Team. Zuallererst möchte ich Adrian Zackheim erwähnen, der nicht nur der Begründer der Portfolio-Reihe ist, sondern auch mein Herausgeber (und mein Chef!). Von verlegerischer Seite hat er allein den Sinn und Zweck eines Buches erkannt, dessen Absicht es war, den Menschen Drucker und zugleich dessen wichtigste Ideen und Konzepte in einem einzigen Werk vorzustellen.

Courtney Young war mit ihren vielen hilfreichen und richtigen Vorschlägen wie immer die zuverlässigste Lektorin, die man sich wünschen kann. Außerdem möchte ich Will Weiser, Maureen Cole und Daniel Lagin für das perfekte Layout danken, Noirin Lucas für die herstellerische Betreuung und Joseph Perez für seinen inspirierten Umschlagentwurf.

Dank schulde ich weiterhin meiner Agentin Margret McBride und ihrem tollen Team – Donna Debutis, Faye Atchison und Anne Bomke. Dank ihrer Bemühungen ist das Buch viel besser geworden.

Unendlich viel Unterstützung verdanke ich meiner Familie. Meine Frau Nancy und die beiden Zwillinge Noah und Joshua ließen mir immer genug Zeit zum Schreiben, auch wenn ich dabei den einen im rechten und den anderen im linken Arm hielt. Sie sind das Wichtigste in meinem Leben und geben allem, was ich tue seinen Sinn. Ich kann mich einfach nur glücklich schätzen, dass ich sie habe.

Und zum Schluss möchte ich auch meiner Mutter und meinem Vater danken, die mich zu dem gemacht haben, was ich heute bin.

Quellenverzeichnis

Ohne die enge Zusammenarbeit mit Peter F. Drucker hätte dieses Buch nicht in dieser Form erscheinen können. Neben dem ausführlichen Interview, das er mir gewährte, gab er mir großzügig die Erlaubnis, nach Belieben aus allen seinen Büchern zu zitieren (sowie aus allen Büchern, die über ihn geschrieben wurden). Von seinem ersten Wirtschaftsbuch *Concept of the Corporation* (dt.: Das Großunternehmen) bis zu *Management Challenges for the 21st Century* (dt.: Management im 21. Jahrhundert) bilden seine Worte und seine Lehren den eigentlichen Stoff dieses Buches und dafür stehe ich tief in seiner Schuld. Viele der hier verwendeten Zitate stammen aus dem Gespräch, das ich am 22. Dezember 2003 in seinem Haus in Claremont in Kalifornien mit ihm führte. Weitere stammen aus den Briefen, die wir vor und nach diesem Interview noch austauschten. Gleichwohl stammt der Löwenanteil der Drucker-Zitate in diesem Buch aus den Werken, die unten aufgeführt sind.

Das mit Abstand nützlichste Buch von allen war *The Practice of Management* (dt.: Die Praxis des Managements), sein frühes Meisterwerk, das 1954 in Amerika erschien. Es war seiner Zeit weit voraus und ist möglicherweise das beste Buch über Management, das jemals geschrieben wurde. Andere Zitate stammen aus *Managing for Results* (1964, dt.: Sinnvoll wirtschaften, 1965) und *The Effective Executive* (1967, dt.: Die ideale Führungskraft, 1967), den beiden besten seiner früheren Werke. *Management Challenges for the 21st Century* (1999, dt.: Management im 21. Jahrhundert, 1999), eines von Druckers letzten Büchern, bot unschätzbare Einsichten über seine aktuellen Meinungen zu einer Reihe von wichtigen Themen. *Adventures of a Bystander* (1979, dt.: Zaungast der Zeit, 1981) Druckers einzigartiges Memoirenwerk, war die Hauptquelle für das Material, das im Epilog Verwendung fand.

Außerdem gab es noch weitere Artikel und Bücher, die sich bei der Ausarbeitung dieses Buches als unverzichtbar erwiesen haben. Im Anschluss findet sich eine ausführliche Liste mit Quellenangaben. An dieser Stelle möchte ich jedoch auf einige besonders hilfreiche Quellen ausdrücklich hinweisen: Dank John Byrnes ausgezeichneter Titelgeschichte in *Business Week* „Der Mann, der das Management erfand“, die nur wenige Tage nach Druckers Tod erschien, konnte ich einige wichtige, pointierte Details über Drucker und sein Denken in der letzten Phase seines Lebens ergänzen.

Durch das Buch von Elizabeth Haas Edersheim *The Definitive Drucker* (2006, dt.: Peter F. Drucker – Alles über Management, 2007) konnte ich einige Lücken, insbesondere über Druckers allererste Schriften (neben anderem), füllen.

Das Interview, das Rich Karlgaard mit Peter Drucker geführt hat und das am 19. November 2004 in Forbes.com erschien, trug auch noch einmal dazu bei, Druckers Denken auf seinem neuesten Stand ein Jahr nach meinem Gespräch mit ihm und ein Jahr vor seinem Tod zu präsentieren.

John Micklethwaits und Adrian Wooldridges Buch *The Witch Doctors: Making Sense of the Management Gurus* (1996) erwies sich als hervorragendes Nachschlagewerk, dem ich sehr treffende Zitate und einiges an Hintergrundinformation entnehmen konnte.

Weitere Bücher, die sich als besonders hilfreich erwiesen, sind: *Only the Paranoid Survive* (dt.: Nur die Paranoiden überleben. Strategische Wendepunkte vorzeitig erkennen, 1997) von Andy Grove (1996), *The Innovator's Dilemma von Clayton Christensen* (1997), *Execution* von Larry Bossidy und Ram Charan (2002), *The Extraordinary Leader* von John Zenger und Joseph Folkman (2002) sowie *Now Discover Your Strength* (dt.: Entdecken Sie Ihre Stärken jetzt!, 2002) von Marcus Buckingham und Donald Clifton (2001).

Literaturliste

Bitte beachten: eine detaillierte Zitatenliste mit spezifischen Quellenangaben findet sich auf meiner Website: JeffreyKrames.com oder insidedruckersbrain.com

Beatty, Jack. *The World According to Drucker.* (dt.: Die Welt des Peter Drucker, 1998) New York: Free Press, 1998.

Bezos, Jeff. 1997, 1998, 1999, 2000 jährlicher Brief an die Aktionäre von Amazon.com.

Bossidy, Larry und Ram Charan. *Execution: The Discipline of Getting Things Done.* (dt.: Managen heißt machen, 2002) New York: Crown Business, 2002.

Buckingham, Marcus und Donald Clifton. *Now, Discover Your Strengths.* (dt.: Entdecken Sie Ihre Stärken jetzt!, 2002) New York: Free Press, 2001.

Byrne, John. „The Man Who Invented Management." *BusinessWeek,* 28. November 2005.

Christensen, Clayton. *The Innovator's Dilemma: When New Technologies Cause Great Firms to Fail.* Cambridge: Harvard Business School Press, 1997.

Collins, Jim. *Good to Great: Why Some Companies Make the Leap ... and Others Don't.* (dt.: Der Weg zu den Besten, 2003) New York: Collins, 2001.

Collins, Jim. Aus dem Vorwort von *The Daily Drucker: 366 Days of Insight and Motivation for Getting the Right Things Done.* New York: Collins, 2003.

Colvin, Geoffrey. „Blue Cross Blue Shield." *Fortune,* 16. Oktober 2006.

Drucker, Peter F. *The End of Economic Man.* New York: Heinemann, 1939. Transaction edition, 1994.

Drucker, Peter F. *The Future of Industrial Man* (dt.: Die Zukunft der Industriegesellschaft, 1967). New York: The John Day Company, 1942.

Drucker, Peter F. *Concept of the Corporation.* New York: The John Day Company, 1946.

Drucker, Peter F. *The Practice of Management* (dt.: Die Praxis des Managements, 1956). New York: Harper & Row, 1954 (Verlängerung des Copyright 1982).

Drucker, Peter F. *Managing for Results* (dt.: Sinnvoll wirtschaften, 1965). New York: Harper & Row, 1964.

Drucker, Peter F. *The Effective Executive* (dt.: Die ideale Führungskraft, 1967). New York: Harper & Row, 1967.

Drucker, Peter F. *Technology, Management and Society.* New York: HarperCollins, 1970.

Drucker, Peter F. *Management: Tasks, Responsibilites, Practices.* New York: Harper & Row, 1974.

Drucker, Peter F. *The Changing World of the Executive.* New York: Times Books, 1982.

Drucker, Peter F. *Innovation and Entrepreneurship* (dt.: Innovations-Management für Wirtschaft und Politik, 1985). New York: HarperCollins, 1985.

Drucker, Peter F. „The Coming of the New Organization." *Harvard Business Review,* Januar – Februar 1988.

Drucker, Peter F. *Managing the Non-Profit Organization.* New York: HarperCollins, 1990.

Drucker, Peter F. *Managing for the Future.* New York: Plume, 1993.

Drucker, Peter F. *The Post-Capitalist Society* (dt.: Die postkapitalistische Gesellschaft, 1993). New York: HarperCollins, 1993.

Drucker, Peter F. *Adventures of a Bystander* (dt.: Zaungast der Zeit) New York: HarperCollins, 1998.

Drucker, Peter F. *Peter Drucker on the Profession of Management.* Cambridge: Harvard University Press, 1998.

Drucker, Peter F. *Management Challenges for the 21st Century* (dt.: Management im 21. Jahrhundert, 1999). New York: Collins, 1999.

Drucker, Peter F. *The Essential Drucker: The Best of Sixty Years of Peter Drucker's Essential Writings on Management* (dt.: Was ist Management – Das beste aus 50 Jahren, 2002). New York: Collins, 2001.

Drucker, Peter F. *Managing in the Next Society.* New York: St. Martin's Press, 2002.

Drucker, Peter F. Brief an Jeffrey A. Krames, 14. November 2003.

Drucker, Peter F. „Clayton Christensen on Peter Drucker." Thought Leader's Forum, Peter F. Drucker Biography, The Peter F. Drucker Foundation for Nonprofit Organizations.

Drucker, Peter F. und Joseph A. Maciariello. *The Effecitve Executive in Action: A Journal for Getting the Right Things Done.* New York: Collins, 2005.

Edersheim, Elizabeth Haas. *The Definitive Drucker* (dt.: Peter F. Drucker – Alles über Management, Redline Wirtschaft, 2007). New York: McGraw-Hill, 2007.

Grove, Andrew S. *Only the Paranoid Survive* (dt.: Nur die Paranoiden überleben. Strategische Wendepunkte vorzeitig erkennen, 1997). New York: Doubleday Currency, 1996.

Grove, Andrew S. „Andy Grove on Intel." *Upside*, 12. Oktober 1997.

Grove, Andrew S. Academy of Management speech, San Diego, Kalifornien, 9. August, 1998.

Grove, Andrew S. Interview mit John Heilemann. *Wired* magazine, Juni 2001.

Humby, Clive, Terry Hunt, und Tim Phillips. *Scoring Points: How Tesco Continues to Win Customer Loyality.* London: Kogan Page, 2007.

Karlgaard, Rich. Peter Drucker Interview mit Rich Karlgaard, „Peter Drucker on Leadership." Forbes.com, 19. November, 2004.

Kennedy, Carol. *Guide to the Management Gurus* (dt.: Management Gurus. 40 Vordenker und ihre Ideen, 1998). London: Random House, UK, fünfte Ausgabe, 1991.

Krames, Jeffrey A. *What the Best CEOs Know.* New York: McGraw-Hill, 2003.

Lafley, A. G., aus dem Vorwort, in Edersheim, *The Definitive Drucker* (dt.: Peter F. Drucker – Alles über Management, Redline Wirtschaft, 2007).

Magee, David. *How Toyota Became #1.* New York: Portfolio, 2007.

Micklethwait, John und Wooldridge, Adrian. *The Witch Doctors: Making Sense of the Management Gurus.* New York: Times Books, 1997.

Montgomery, David. *Fall of the House of Labor.* Boston: Cambridge University Press, 1989.

O'Toole, James. *Leadership A to Z: A Guide for the Appropriately Ambitious.* New York: Jossey-Bass, 1999.

Rothschild, William E. *The Secret to GE's Success.* New York: McGraw-Hill, 2007.

Spector, Robert. *Amazon.com: Get Big Fast* (dt.: amazon.com, 2000). New York: HarperBusiness, 2000.

Tichy, Noel M. und Stratford Sherman. *Control Your Destiny or Someone Else Will.* New York: Doubleday Currency, 1993.

Watson, Thomas J. *Father, Son & Company: My Life at IBM and Beyond* (dt.: Der Vater, der Sohn und die Firma. Die IBM-Story, 1996). New York: Bantam Books, 1991.

Welch, Jack. *Jack: Straight from the Gut* (dt.: Was zählt – Die Autobiographie des besten Managers der Welt, 2001). New York: Warner Books, 2001.

Zenger, John H. HR.com Webcast, 1. Juli, 2005.

Zenger, John H., und Joseph Folkman. *The Extraordinary Leader: Turning Good Managers into Great Leaders.* New York: McGraw-Hill, 2002.

Register

O

P

R

S

T

U

V

W

X

Z

Jeffrey K. Liker

Der Toyota Weg

14 Managementprinzipien des weltweit erfolgreichsten Automobilkonzerns

ISBN 978-3-89879-188-5
Preis 34,90 Euro (D),
35,90 Euro (A), sFr. 59,00
432 Seiten

Jeffrey K. Liker/David P. Meier

Praxisbuch Der Toyota Weg

Für jedes Unternehmen

ISBN 978-3-89879-258-5
Preis 34,90 Euro (D),
35,90 Euro (A), sFr. 59,00
601 Seiten

Jeffrey K. Liker/David P. Maier

Toyota Talent

Erfolgsfaktor Mitarbeiter – wie man das Potenzial seiner Angestellten entdeckt und fördert

ISBN 978-3-89879-350-6
Preis 34,90 Euro (D),
35,90 Euro (A), sFr. 59,00
363 Seiten

:::::Lust auf mehr? www.ftd.de/bibliothek:::::

Rolf Elgeti

Der kommende Immobilienmarkt in Deutschland

Warum kaufen besser ist als mieten

ISBN 978-3-89879-373-5
Preis 34,90 Euro (D),
35,90 Euro (A), sFr. 59,00
252 Seiten

Daniel Nissanoff

Future Shop

Konsumgesellschaft im Wandel

ISBN 978-3-89879-259-2
Preis 29,90 Euro (D),
30,80 Euro (A), sFr. 49,90
248 Seiten

Howard Moskowitz/Alex Gofman

Selling Blue Elephants

Wie man Produkte kreiert, von denen der Konsument heute noch nicht weiß, dass er morgen nicht mehr auf sie verzichten kann

ISBN 978-3-89879-349-0
Preis 34,90 Euro (D),
35,90 Euro (A), sFr. 59,00
272 Seiten